資料庫基本理論與實作

第二版

蔣定安

編著

東華書局

國家圖書館出版品預行編目資料

資料庫基本理論與實作／蔣定安編著.—二版.—
臺北市：臺灣東華，民 91
　面；　公分

ISBN　957-483-124-8（平裝附磁片）

1. 資料庫 2. 資料庫管理系統

312.974　　　　　　　　　　　　91001940

版權所有・翻印必究

中華民國九十一年二月二版
中華民國一〇〇年九月二版（五刷）

資料庫基本理論與實作

（外埠酌加運費匯費）

編著者　蔣　　　定　　　安
發行人　卓　　　鑫　　　淼
出版者　臺灣東華書局股份有限公司
　　　　臺北市重慶南路一段一四七號三樓
　　　　電話：（02）2311-4027
　　　　傳真：（02）2311-6615
　　　　郵撥：0 0 0 6 4 8 1 3
　　　　網址：www.tunghua.com.tw

行政院新聞局登記證　局版臺業字第零柒貳伍號

序

　　隨著電腦日益普及與網際網路蓬勃發展，您可能深刻體會到電腦所帶來給我們的好處與便利，對於企業而言，電腦更是今時今日不可或缺的工具，藉由電腦，即使是再複雜的作業流程，透過資料庫也可以幫助我們輕鬆地管理成千上萬的資料。但是資料庫程式設計不僅需要理論背景的支持，還需要與實務相結合，方能相輔相成。環顧目前坊間關於資料庫方面介紹的書籍，不是純粹介紹理論方面的書籍，就是純粹介紹純設計與應用方面的書籍，然而理論與實際往往有一段差距。有鑑於此，筆者將這幾年的教學經驗，與初學者學習資料庫程式設計所面臨到的一些問題，作一整理，期望對於一些想學習資料庫程式設計的莘莘學子有所助益。

　　本書與坊間一般資料庫程式設計教材最大不同之處，乃是針對各個重要觀念作深入的探討，同時，所附之範例皆為目前一般商業資料庫設計的做法。從資料庫的基本理論開始介紹，進而介紹如何分析一個系統、設計一個系統，兼具理論性與實作可行性。

本書主要從三個層面作切入：理論面、技術面與實務面，並且以目前流行的主從式架構與階層式架構，配合完整的實例的介紹，藉此加深讀者的印象。由於時間倉促，加上各種商業資料庫種類繁多，無法一一加以介紹，雖然本書撰寫力求完善，難免有未竟之處與疏漏地方，希望各位先進不吝指教是幸。

感謝長庚護理學院王亦凡副教授熱心參與本書校正工作，使本書內容更為精進，感謝安佳資訊股份有限公司專案經理李紹綸及王毅新先生提供範例程式與技術支援，使本書內容更為豐富，在此特別致謝。

蔣定安 謹識於台北

2000 年 7 月

目　錄

序

第一章　資料庫簡介　　　 *1*

    1.1　什麼是資料庫 2
    1.2　為什麼需要資料庫 3
    1.3　資料模型 7
    1.4　綱目與瞬間值 8
    1.5　資料庫管理系統的架構與資料獨立性 9
    1.6　資料庫語言 13
    1.7　資料庫管理師 16
    1.8　資料庫的使用者 17
    1.9　資料庫系統結構 18
    1.10　摘　要 20

第二章　實體關係式模型　23

2.1 實體關係式模型的重要性 ………………………… 24
2.2 實體與實體類型 ……………………………………… 26
2.3 關係和關係類型 ……………………………………… 30
2.4 關係類型中的各種約束 …………………………… 32
2.5 弱實體類型與其他種類的關係 …………………… 36
　　2.5.1　弱實體類型 ………………………………… 36
　　2.5.2　高次元關係類型和具有遞歸性的關係
　　　　　類型 …………………………………………… 39
　　2.5.3　特殊化和一般化 …………………………… 40
　　2.5.4　聚合集 ……………………………………… 44
2.6 摘　要 ………………………………………………… 45

第三章　關係式資料模型　49

3.1 關係式資料模型的基本觀念 …………………… 50
　　3.1.1　關係式資料庫的結構 …………………… 50
　　3.1.2　鍵 …………………………………………… 53
　　3.1.3　關係資料庫綱目和完整性約束 ………… 54
　　3.1.4　關係式資料庫的更新動作 ……………… 57
3.2 實體關係式模型與關係式模型間的轉換 ……… 59

3.2.1 實體類型的轉換 59

3.2.2 二次元關係類型的轉換 63

3.2.3 高次元關係類型的轉換 65

3.2.4 特殊化和一般化的轉換 66

3.3 關係式代數 68

3.3.1 選擇（Select）和投射（Project）操作 70

3.3.2 集合操作子 75

3.3.3 聯結操作子 78

3.3.4 除法操作子 82

3.3.5 關係式代數的完全集合 84

3.4 摘　要 84

第四章　關係式資料庫查詢語言──SQL　91

4.1 SQL 的資料定義語言 92

4.1.1 SQL 的 CREATE 指令和資料類型 92

4.1.2 SQL 的 DROP 指令 96

4.1.3 SQL 的 ALTER TABLE 指令 97

4.2 SQL 的查詢表達式 98

4.2.1 SQL 的基本結構 98

4.2.2 集合操作運算 102

4.2.3 別名和虛值 106

4.2.4　集合成員操作運算與重新命名 **107**

　　4.2.5　集合比較操作運算 **110**

　　4.2.6　EXIST 函數 **112**

　　4.2.7　字串的比較 **113**

　　4.2.8　聚合函數與其他的功能 **114**

　　4.2.9　SQL 的表達能力 **118**

4.3　SQL 的更新陳述 **119**

　　4.3.1　INSERT 指令 **119**

　　4.3.2　UPDATE 指令 **121**

　　4.3.3　DELETE 指令 **122**

4.4　SQL 的景象 **123**

　　4.4.1　CREATE VIEW 指令 **124**

4.5　摘　要 **127**

第五章　關係式資料庫案例研究　　*131*

5.1　如何建立一個資料庫 **132**

5.2　如何建立一個表格 **135**

5.3　如何設立主鍵與複合鍵 **146**

5.4　如何建立表格之間的關聯性 **151**

5.5　SQL Server 與主從式架構 **160**

第六章 關係式資料庫設計理論　　*163*

6.1	功能相依	**164**
	6.1.1　基本觀念	**164**
	6.1.2　功能相依的推理法則	**167**
	6.1.3　鍵	**170**
6.2	關係綱目設計原則簡介	**171**
	6.2.1　要清楚的表達每個關係綱目和屬性的語意	**172**
	6.2.2　無更新異常現象產生	**174**
	6.2.3　無遺失聯結分解	**177**
	6.2.4　保留所有的相依性	**181**
	6.2.5　盡量避免虛值的產生	**184**
6.3	正規化形式（分解法）....................................	**186**
	6.3.1　第一階正規形式	**186**
	6.3.2　第二階正規形式	**189**
	6.3.3　第三階正規形式	**194**
	6.3.4　波亦師-高德正規形式	**196**
	6.3.5　討　論	**198**
6.4	正規化形式（合成法）....................................	**199**
6.5	第四階正規形式	**205**
6.6	摘　要	**210**

第七章 索引檔及查詢式的處理　　215

- **7.1** 索　引 **216**
  - 7.1.1 主索引 216
  - 7.1.2 集結索引 218
  - 7.1.3 次索引 219
  - 7.1.4 SQL Server 中如何建立索引鍵 221
- **7.2** 最佳化處理步驟 **226**
- **7.3** 操作子的執行策略 **228**
  - 7.3.1 利用索引來執行選擇操作運算 228
  - 7.3.2 聯結操作子的執行策略 231
- **7.4** SPJ Query 查詢動作的先後順序 **233**
  - 7.4.1 利用啓發式方法對關係式代數做最佳化處理 233
  - 7.4.2 關係式代數的基本轉換法則 239
  - 7.4.3 利用啓發式方法對關係式代數做最佳化處理的演算法 241
- **7.5** 依據語意做最佳化處理 **242**
- **7.6** 摘　要 **243**

第八章　並行控制　　245

- **8.1** 交易處理 …………………………………… **246**
- **8.2** 交易狀態 …………………………………… **247**
- **8.3** 為何需要並行控制 ………………………… **249**
- **8.4** 排程的序列化能力 ………………………… **251**
- **8.5** 兩階段鎖定協定 …………………………… **253**
- **8.6** 交易在 SQL Server7.0 的執行情形 ……… **255**
  - 8.6.1　交易在 Visual Basic 的執行情形 ……… 256
  - 8.6.2　交易在 Active Server Page 的執行情形 … 261

第九章　Visual Basic 使用者介面設計　　267

- **9.1** 如何設定 ODBC …………………………… **270**
- **9.2** Visual Basic 範例程式原始碼 …………… **275**

第十章　Active Server Page 使用者介面設計　　319

- **10.1** 如何安裝 IIS4.0 …………………………… **320**

目錄

| 10.2 | 如何設定 IIS4.0 | 326 |
| 10.3 | Active Server Page 範例程式原始碼 | 328 |

第十一章　資料分析　　*397*

11.1	資料倉儲 (Data Warehouse)	398
11.2	線上分析處理	401
	11.2.1　星狀架構	402
	11.2.2　案例介紹	403
11.3	資料採掘	412
	11.3.1　資料採掘計劃的執行步驟	413
	11.3.2　資料採掘的方法	414
	11.3.3　案例研究	418
11.4	結　論	420

Chapter 1

資料庫簡介

今日，資料庫及其相關技術已被廣泛的使用於各個不同的領域中。一般而言，凡使用到電腦系統的企業組織大都會使用到資料庫，所以資料庫的使用對於電腦應用方面的成長有很大的影響；尤其在此資訊化的社會中，資訊是非常重要的，誰擁有充足的資訊，誰便能掌握全局並贏得先機。資料庫系統是被設計用來管理大量資訊的系統，所以資料庫系統對於一個企業組織而言，是一個非常重要的資源。本章將對資料庫系統及相關名詞做一個簡單的介紹。

1.1 什麼是資料庫

所謂「資料庫」(database) 是指針對某特定需求而被收集在一起的相關資料，而「資料庫管理系統」(DataBase Management System, DBMS) 則是由一群程式所組成，使用者可以利用資料庫管理系統的程式來建立和維護資料庫。一般而言，資料庫管理系統主要目的是提供使用者一個有效率和方便的工作環境去存取資料，所以資料庫管理系統是一個具有一般用途的軟體系統。使用者可以利用資料庫管理系統的程式，針對不同的需求去設定、建立、操作和維護不同的資料庫。常見商業化的資料庫管理系統引擎有 Access， SQL Server 和 Oracle 等。

但由於資料庫管理系統是一個具有一般用途的軟體系統，所以資料庫管理系統會提供許多一般性的功能。然而對於某些特殊需求或是一個簡單的資料庫而言，並非每一功能都需要或適用。所以在有些時候，基於執行效率或經濟等因素的考量，我們並不是一定需要使用資料庫管理系統去建立和維護一個資料庫；反而，我們可以自己撰寫程式，針對不同的需求去設定、建立、操作和維護不同的資料庫。換言之，就是自己撰寫出適合自己使用的資料庫管理系統。但不管是採用那一種形式的資料庫管理系統，我們皆必須利用軟體來設定、建立、操作和維護資料庫。所以「資料庫系統」(database system) 可視為由這些軟體和資料庫所組合而成的。

1.2 為什麼需要資料庫

在以往，電腦皆採用「*檔案處理系統*」(file processing system) 的方法來處理資料。其處理方法是依據每一個企業組織單獨的需求來設計程式，再根據所寫的程式去設計所需要的檔案結構，而不考慮企業組織整體的需求。所以在此發展模式下，每一組程式和檔案皆自成一個系統，彼此互不相關。同時，由於各檔案處理系統彼此間互不相關，所以各系統所使用的程式語言與檔案結構亦可能會不同，因而增加了系統維護的困難度。而且在此發展模式下，當一有新的需求產生時，便須撰寫新的程式和建立新的檔案，而不管該檔案資料是否早已存在於檔案處理系統中，而造成資料重複與資料不一致的問題。

現在我們則是採用「資料庫方式」來處理資料。對一個企業組織而言，當我們採用資料庫方式來發展一個系統時，我們會先依據一個企業組織的整體需求做分析考量，將所有相關的資料都利用一樣的資料結構存於資料庫中，讓不同的使用者皆可利用資料庫的資料來發展所需的應用程式。所以在此發展模式下，當一有新的需求產生和所需的資料也早已存在於資料庫，則使用者便可直接利用資料庫的資料發展所需要的程式，而不需要另外再建立新的檔案。

試考慮圖 1.1 的「員工管理系統」和「計劃流程控制系統」。圖 1.1 (a) 是利用傳統檔案處理方式來處理同一個企業組織中兩個不同的系統，而圖 1.1(b) 則是利用資料庫方式來處理同一個企業組織的「員工管理」和「計劃流程控制」兩系統。現在我們就利用圖 1.1 來討論使用資料庫方式的好處。

● 能減少多餘的資料和能避免資料不一致性的情形發生：在傳統的檔案處理系統中，每一組程式和檔案皆自成一個系統，彼此互不相關。所以同樣的檔案資料可能會出現於許多的地方，而造成資料重複出現的

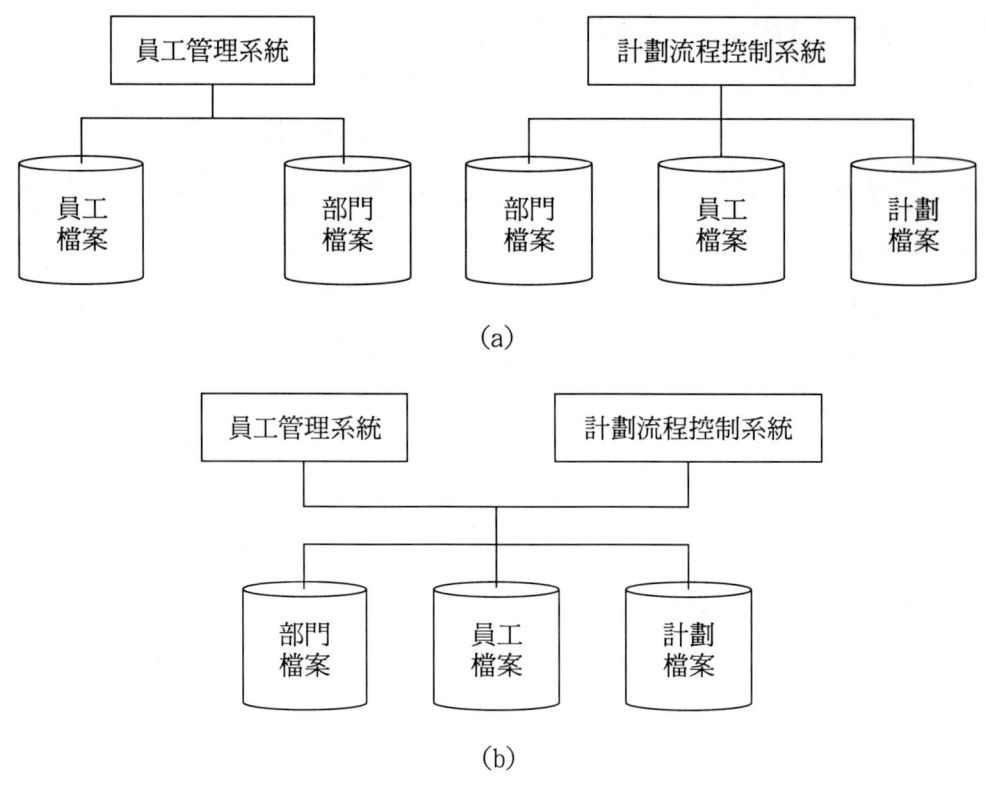

圖 1.1 (a) 傳統檔案處理方式；(b) 資料庫方式

狀況，我們稱這些重複的資料為**多餘的** (redundancy) 資料。這種資料重複的現象不但會造成記憶體的浪費，同時更會造成**資料不一致** (data inconsistency) 的情形。所謂「資料不一致」是指同樣的資料會有許多不同的版本同時出現於系統中。當資料有不一致的現象發生時，我們將無法辨別資料的正確性，而使資料庫的資料變成沒用的資訊。

例如，在圖 1.1(a) 中，我們可以很明顯的看出「員工」資料和「部門」資料都同時重複出現於「員工管理」和「計劃流程控制」兩個不同的系統中。此時，若我們經由「計劃流程控制系統」去更改某一位員工的資料時，則會造成該員工的資料在「計劃流程控制系統」與「員工管理系統」分別有兩個不一樣的版本，而產生資料不一致的問題；而此時我們將無法辨別那一份版本的員工資料才是正確的。而相對的，在圖 1.1(b) 中則沒有此種資料重複的現象，所以當資料被修改時，不會發生此種資料不一致的問題。

在此我們必須要說明一件事，那就是在實際的資料庫運用上，有時候為了增加查詢效率或其他技術上的理由，我們會允許某部份的資料重複出現於資料庫中，但是在同時，資料庫管理系統必須要有能力對這些資料做追蹤管理，並且在執行任何資料更新動作時，也能同時顧及這些重複的資料，以維護資料的一致性。而此種同時更新的方式被稱之為**並行更新法** (propagating update)。

- **能共享資料**：由於在傳統的檔案處理系統中，每一個檔案的結構皆和其所屬的程式結合在一起，所以若要修改一個檔案的結構時，則其所屬的程式亦必須同時被修改。而且由於各檔案處理系統彼此間互不相關，所以各系統所使用的程式語言與檔案的結構也可能會不同，所以要利用原來的檔案來發展新的應用程式將是一件非常困難的事。換言之，資料很難被共享。

  事實上，對一個資料庫系統而言，資料不僅是指存於資料庫中的資料，同時亦包含存於**系統目錄** (system catalog) 的**資料總覽** (meta-data)。一般而言，資料總覽是用來描述資料庫的架構、資料儲存的格式和各種約束等資訊。因為資料總覽的存在，所以資料庫系統具有自我描述的能力。但因為資料庫管理系統是一個一般用途的軟體，並非針對某一特定資料庫而設定的，所以對一個特定資料庫而言，要存取該資料庫的資料時，資料庫管理系統必須先參考系統目錄的資料總覽，然後才能夠正確的存取該資料庫的資料。由於資料總覽的存在，所以資料庫系統具有**程式-資料間獨立**的特性 (program-data independence)，此特性讓我們要修改一個檔案的結構時，僅須修改系統目錄的資料總覽而不用修改程式。同時，也因為所有的資料皆由資料庫管理系統直接集中管理和每一個檔案的結構皆採用同一的標準，所以不但所有應用程式皆可共享資料庫的資料，同時，不同的使用者也可以很容易的利用資料庫中原有的資料來撰寫新的應用程式。

- **能夠讓許多不同的使用者同時使用系統**：為提高系統的執行效率，許多資料庫系統皆允許不同的使用者能同時存取資料庫的資料。但當許多使用者同時對資料庫做存取更新的動作時，則有可能會發生資料錯誤的情形，所以資料庫管理系統必須提供某種**並行控制** (con-currency control) 程式來防止此類問題的發生。但是在傳統的檔案處理系統中，由於各個檔案是分布於不同的系統中，而且檔案間也是獨立互不相關的，所以要撰寫此類的監控程式是一件非常困難的事。

- **可加強資料的安全性**：由於在資料庫系統中，所有的資料皆集中管理，所以嚴密的安全維護是非常重要的，否則資料庫系統的安全性將比傳統檔案處理系統還不安全。我們要知道在一個企業組織中，並非每一個使用者都可以任意的存取公司內所有的資料。而由於在資料庫系統中，我們可以很容易對每個使用者設限，規定每個使用者存取某些資料的權利 (restricting unauthorized access)，而提高了資料的安全性。

- **能維護資料的正確性**：資料庫的資料皆必須滿足一些**一致性的約束** (consistency constraints)。而這些約束可分為許多種，例如，每一位員工的身分證號碼都不可以重複、員工的身分證號碼是由 10 個字元所組成和員工的年齡必須大於 17 歲和小於 65 歲都是屬於不同種類的約束。由於資料庫系統具有程式-資料間獨立的特性，所以在資料庫系統中，我們可以利用資料總覽來描述這些約束，而與程式無關；但是在傳統的檔案處理系統中，這些約束都會直接撰寫於應用程式中，若此時要修改或新增加某些約束，則我們必須修改程式，所以在檔案處理系統中，要維護資料的正確性是一件很困難的事。而在資料庫系統中，我們僅須修改系統目錄的資料總覽的約束既可。

由上述幾個問題的比較，可明顯的看出使用資料庫系統的好處。而除了上述優點外，使用資料庫系統的尚有其他的優點；舉例而言，由於在發展一個資料庫系統時，我們必須依據整體的需求做分析考量，將所有相關的資料利用一樣的資料結構存於資料庫中，所以在發展過程中，資料庫設計者可以調和各個相衝突的作業需求，並可確保各種資料文件的標準化。

1.3 資料模型

所謂「**資料模型**」(data model) 是指一組工具，我們可以利用它來描述資料庫的架構；在此所謂「資料庫的架構」是指資料庫中各種不同**資料的類型** (data type)，各種**一致性的約束** (consistency constraints) 和資料與資料間各種不同的**關係** (reltionships)。而除了上述的功能外，大部份的資料模型也提供一組基本的操作指令，我們可以利用這些操作指令來存取資料庫的資料。資料模型的種類大致可分為：**以物件為基礎的資料模型** (objected-based data model)、**以資料錄為基礎的資料模型** (record-based data model) 和**實體的資料模型** (physical data model)。

在以物件為基礎的資料模型中，最常見到的資料模型是**實體關係資料模型** (Entity-Relationship data model，E-R model)。實體關係資料模型是利用**實體** (entities)、**屬性** (attributes) 和各實體間的**關係** (relationships) 等觀念來描述一個真實世界。其中，實體是用來表示真實世界中的物件，屬性則是用來描述實體的特性，而關係則是用來描述實體間相互的關連。我們將於第二章時詳細討論此一資料模型。在有些教科書中又將此資料模型歸類於**高階資料模型** (high-level data model) 或是**觀念資料模型** (conceptual data model)。

在以資料錄為基礎的資料模型中，最常見到的資料模型是**關係式資料模型** (relational data model)、**網狀式資料模型** (network data model) 和

階層式資料模型 (hierarchical data model)。此類的資料模型又被稱之為**實作資料模型** (implementation data models)。目前市面上最常見的商業化資料庫管理系統，Access，SQL server 和 Oracle 皆是依據關係式資料模型設計完成的。所以我們將只著重於關係式資料模型的介紹。

實體的資料模型又稱為**低階資料模型** (low-level data model)，它是用來描述資料庫內資料實際存取的方式和**路徑** (access path)。本書將於第七章時僅就**索引** (index) 的觀念做簡單的介紹。

1.4 綱目與瞬間值

一個資料庫系統的資料不僅包含了資料庫本身的資料，同時亦包含了用來描述該資料庫結構和內容的資料，而這種用來描述資料庫結構和內容的資料，我們稱之為「**資料庫綱目**」(database schema) 或是資料總覽。而所謂資料庫設計就是去設計一個資料庫的綱目。當一個資料庫綱目被設計完成後，便很少會再去改變它。而相對於資料庫綱目，資料則正好相反，它經常會被更新。在此，我們對在某一特定時間，存放於資料庫的資料稱之為該「**資料庫的瞬間值**」(database instances) 或是該「**資料庫的狀態**」(database state)。

通常一個資料庫內會有許多不同的綱目，每個綱目我們皆可利用**資料定義語言** (Data Definition Language，DDL) 來定義它。資料定義語言將於第 1.6 節再介紹。為方便表示資料庫的綱目，我們可以利用綱目圖來表示每一個綱目的結構。例如，在圖 1.1(b) 中，資料庫的每一個資料檔案的綱目都可以利用圖 1.2 的綱目圖來表示。一般而言，除了剛設計完成的資料庫外，對每一特定的資料庫狀態而言，每一個綱目皆擁有其所屬的瞬間值。當資料庫的瞬間值都滿足資料庫綱目所描述的結構和約束時，我們稱此資料庫狀態是屬於**合法的狀態** (legal state)。事實上，當

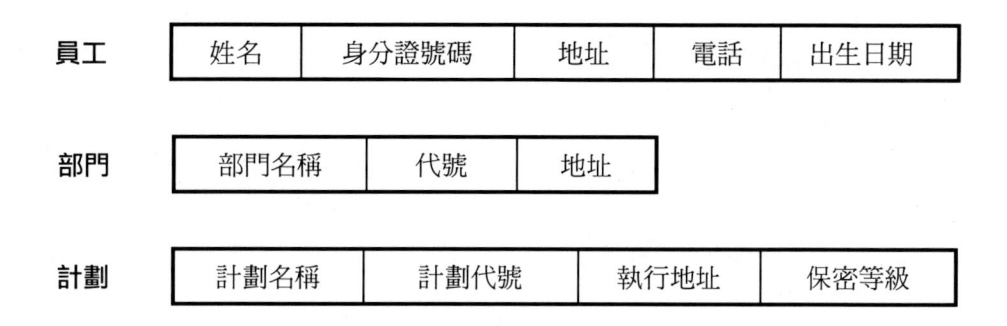

| 員工 | 姓名 | 身分證號碼 | 地址 | 電話 | 出生日期 |

| 部門 | 部門名稱 | 代號 | 地址 |

| 計劃 | 計劃名稱 | 計劃代號 | 執行地址 | 保密等級 |

圖 1.2　關於圖 1.1(b) 資料庫的綱目

我們在對一個資料庫執行更新作業，修改資料庫的資料時，我們便是將資料庫的狀態由一個合法的狀態轉換至另一個合法的狀態。而如果更新後資料庫的狀態是不合法時，則資料庫系統將會拒絕此一更新動作以維護資料的正確性。 在有些教科書中，資料庫綱目又稱之為該資料庫的**內涵** (intension)，而資料庫狀態則稱之為該資料庫的**外涵** (extension)。

1.5　資料庫管理系統的架構與資料獨立性

資料庫管理系統的主要目的是提供使用者一個有效率和方便的工作環境去查詢和儲存資料。為達到此目的，美國國家標準協會系統綜合規劃委員會 (ANSI/SPARC) 的資料庫管理小組訂定了一個資料庫系統的組織架構，此架構被稱之為 ANSI/SPARC 架構。訂定此架構最主要目的除了是將使用者的應用程式和資料庫的實體分開外，同時並將資料庫中一些複雜的資料結構隱藏起來以方便資料庫系統的使用者使用。又由於此資料庫系統的架構分為三大層次，所以 ANSI/SPARC 架構又被稱之為**三個綱目的架構** (three-schema architecture)。在此我們要先說明，並非所有的資料庫管理系統都要依據此三大層次來設計，但一般而言，ANSI/SPARC 架構的確能代表大部份資料庫管理系統設計的原則。

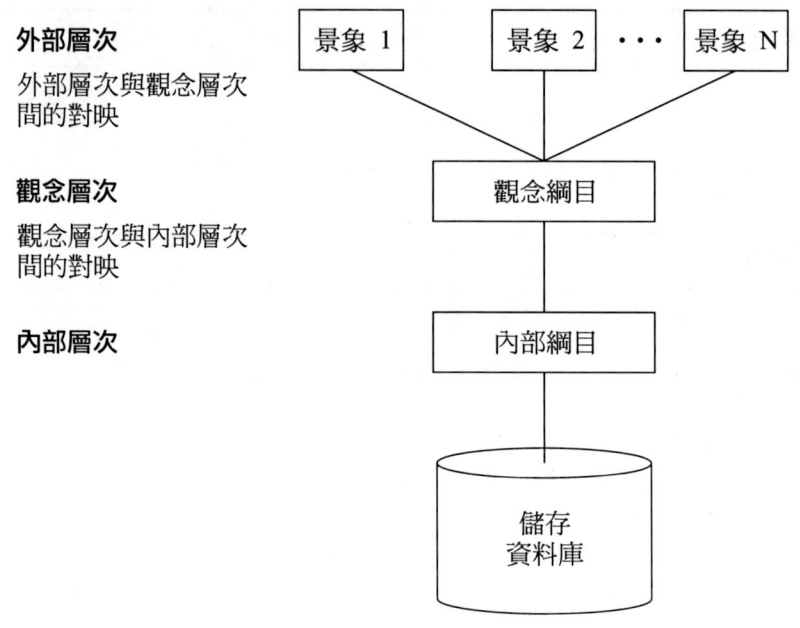

圖 1.3 ANSI/SPARC 架構

如圖 1.3 所示，整個 ANSI/SPARC 架構可分為三大層次：**內部層次** (internal level)，**觀念層次** (conceptual level) 及**外部層次** (external level)。大體來說：

1. **內部層次**：又稱為實體層次。此層次含有一個內部綱目。此內部綱目是利用實體的資料模型來描述資料實際存取的方式和路徑。

2. **觀念層次**：此層次含有一個觀念綱目。觀念綱目是利用實作資料模型或高階資料模型來描述資料庫的內容，同時並將資料實際存取的方式隱藏起來。此時，資料庫的內容是指資料庫中存有那些資料、約束以及資料與資料間有那些關係。

3. **外部層次**：又稱為**景象層次** (view level)。此層次包含了許多個外部綱目或使用者景象。由於每一群體的使用者可能僅對資料庫的某一部份資料有興趣，所以每一個外部景觀都可利用實作資料模型或高階資料

```
外部層次
    type  使用者景象   A = record        type  使用者景象   B= record
          姓名         : string;                員工姓名      : string;
          身分證號碼   : string;                出生日期      : string;
          地址         : string;           end;
    end;
```

```
觀念層次
    type  員工         = record
          NAME         : string;
          ID           : string;
          ADDRESS      : string;
          PHONE        : string;
          BDATE        : string;
    end;
```

```
內部層次
    type  儲存員工資料記錄 = record (length)= 75)
          prefix       : byte(10);
          name         : byte(8);
          Id#          : byte(10); index;
          address      : byte(30);
          Phone#       : byte(9);
          bdate        : byte(8);
    end
```

圖 1.4　ANSI/SPARC 架構之案例

模型來描述使用者有興趣的那一部份資料，而將資料庫其他部份的資料隱藏起來，經此外部景觀的使用者將無法看到隱藏起來的資料。從另一個角度而言，由於並非每一個使用者都可以任意的存取資料庫內所有的資料，所以我們可以很容易的利用外部景觀來對每個使用者設限，規定每個使用者存取某些資料的權利，限制使用者不會看到不該

11

看到的資料，而強化了資料庫的安全性。

為說明 ANSI/SPARC 架構三個層次的抽象觀念。在圖 1.4 中，我們將利用一般的程式語言來定義員工資料庫中各個層次的綱目。

- 在內部層次中，我們詳細的描述了有關於員工資料儲存的方式。其中，每一個員工儲存資料錄的長度都是 75 個位元組，而**錄首** (prefix) 的長度則為 6 個位元組，它是用來儲存控制用的資訊。此外，在儲存的員工資料錄中，我們並利用「身分證號碼」欄位建立了一個索引以加速資料檢索的速度。

- 在觀念層次中，我們定義了有關於員工資料庫的觀念綱目。由此綱目可知每個員工的基本資料皆是由「姓名」，「身分證號碼」，「地址」，「電話」和「出生日期」等欄位所組成的。而且每個欄位皆有其特定的名稱和資料類型。

- 在外部層次中則定義了兩個不同的使用者景象。由於在使用者景象 A 中並不需要員工的「地址」和「出生日期」等兩項資料，所以這兩個欄位沒有出現於該使用者景象中；基於同樣的理由，「身分證號碼」，「地址」和「電話」等三個欄位也不會出現於使用者景象 B 中。

在此例中，我們可以注意到同樣的事物都可用不同的名稱來表示。例如，在使用者景象 A 中，我們利用「姓名」來表示員工的姓名；在使用者景象 B 中，我們則用「員工姓名」來表示員工的姓名；而在觀念綱目中，我們則用「NAME」來表示員工的姓名。雖然這三個屬性名稱不一樣但是卻都代表著同樣的資料。而事實上，屬性「姓名」和「員工姓名」的值都是由屬性「NAME」的值轉換得來的。而此種轉換的關係，我們可以分別藉由兩個不同的外部層次與觀念層次間的**對映** (mapping) 來轉換此種關係，而不會產生錯誤。

在 ANSI/SPARC 架構中，資料實際上是存於儲存資料庫中。當使用者經過其所屬的景象要求存取資料庫中的資料時，資料庫管理系統須先將其要求經過兩層的轉換才能夠真正的存取資料庫中的資料，而這兩層轉換分別稱為外部層次與觀念層次間的對映和內部層次與觀念層次間的對映。但是在執行此對映時，則會浪費一些時間降低了資料庫管理系統的執行效率。但採用 ANSI/SPARC 的架構最大的好處是它可讓資料庫管理系統具有資料獨立性。所謂「**資料獨立性**」(data independence) 是指當我們更改某一層次的綱目時，僅須更改該層次與上一層次間的對映關係而不需要更改上一層的綱目。而資料獨立性又可分為兩種：邏輯的資料獨立性和實體的資料獨立性：

1. **邏輯的資料獨立性**：是指當我們要變更觀念綱目時，我們僅須修改外部層次與觀念層次間的對映關係，而不必修改外部綱目或應用程式。換言之，原有的應用程式仍可繼續使用，而不必重寫。

2. **實體的資料獨立性**：是指當內部綱目有所改變時，我們僅須修改觀念層次與內部層次間的對映關係，而不必修改上一層次的觀念綱目。通常修改內部綱目的主要原因是要改進資料庫管理系統的執行效率。

1.6 資料庫語言

一般而言，資料庫管理系統皆提供**資料定義語言** (DDL) 和**資料操作語言** (Data Manipulation Language, DML)。現分別敘述如下：

資料定義語言

資料定義語言是用來詳細敘述和定義一個資料庫的結構和內容。對於一個屬於 ANSI/SPARC 架構的資料庫管理系統而言，**外部資料的定義語言** (external DDL) 或**景象的資料定義語言** (view DDL) 是用來定義該資料庫的外部綱目；觀念資料的定義語言則是用來定義該資料庫的觀念綱目，而**儲存定義語言** (Storage Definition Language, SDL) 則是用來定義該資料庫的內部綱目。基本上，在資料庫管理系統中都有一個**資料定義語言的編譯器** (DDL compiler)，此編譯器主要的功用是將資料定義語言的陳述重新編譯成**資料總覽** (mata-data)，最後並將結果存入系統目錄或**資料字典** (data dictiorary) 中，以提供該該資料庫系統正常運作所需要的資訊。事實上，在一個資料庫系統中，當使用者要存取和修改資料庫中的資料時，都必須先查詢參考系統目錄中的資料，以確保操作的正常。

資料操作語言

　　資料操作語言則是用來存取和更新資料庫中的資料。基本上，資料操作語言可分為**程序化的資料操作語言** (procedural DML) 和**非程序化的資料操作語言** (nonprocedural DML) 兩種。

1. **程序化的資料操作語言**：又稱為**低階的資料操作語言** (low-level DML)。在使用此類操作語言查詢資料時，使用者不但要指出要找尋**那些** (what) 資料，同時更要詳細定義出**如何** (how) 去找尋這些資料。通常，此類操作語言一次僅能檢索出一筆資料，而當我們要檢索多筆資料時，則此類資料操作語言必須內藏於類似 C 等一般用途的程式語言中一起使用，方能檢索出所有所需的資料，所以此類操作語言又稱之為 **record-at-time DML**。

2. **非程序化的資料操作語言**：又稱為**高階的資料操作語言** (high-level DML) 或是**宣告式的資料操作語言** (declarative DML)。在使用此類操作語言查詢資料時，像關係式資料模型中的標準查詢語言 SQL，使用者僅須定義出要檢索那些資料，而不用去定義如何去找尋這些資料。由於此類操作語言一次能檢索出許多筆資料，所以此類操作語言又稱之為 **set-at-time DML**。而在執行資料庫查詢時，我們除了可單獨使用此類的操作語言與系統交談去查詢所需的資料外，有時候亦可將此類的操作語言內藏於其他一般用途的程式語言中，一起去定義某一個查詢的動作並檢索出所需的資料。

　　由上述兩種操作語言的特性可以很明顯的看出，非程序化的資料操作語言會比程序化的資料操作語言更容易學習和使用。但是在使用非程序化資料操作語言查詢資料時，由於使用者不用去定義如何去尋找資料，所以利用非程序化資料操作語言所寫程式的執行效率將會比利用程序化資料操作語言所寫程式的執行效率慢。在第七章我們將介紹各種查詢最佳化處理的技巧以改進利用非程序化資料操作語言所寫程式的執行效率。在了解這些基本觀念後，我們即可以使用 SQL Server 的 Query Analyzer 以改進程式的執行效率；或自己在撰寫程式時，可利用這些觀念，撰寫出執行效率較好的查詢或分析程式。

　　當資料操作語言是內藏於其他一般用途的程式語言中一起使用時，則此一般用途的程式語言被稱之為**主語** (host language)，由於此時資料操作語言是主語的一部份，所以該資料操作語言又被稱為**資料子語** (data sublanguage)。當母語和資料子語兩種語言混合在一起使用時，我們可以很容易的辨識出何者為主語和何者為資料子語時，則此種結合方式我們稱之為疏鬆結合。例如，當我們使用 VB 和 SQL 來對資料庫操作時，VB 即為主語，而 SQL 則為子語。反之，若難以區分，則此種結合方式稱之為**緊密結合** (tightly coupled)。比較此兩種結合方式，由於緊密結合時，兩種語言皆採用相同的語法，所以對使用者而言，緊密結合式的語言較方便使用者使用。雖然，現行的資料庫管理系統大多採用疏鬆結合式的語言，但是較新的資料庫管理系統則大都採用緊密結合式的語言。例如，在最近的物件導向資料庫管理系統中，可採用 C++ 同時作為該系統的母語和資料子語。在資料庫領域，查詢是一個要求檢索所需資訊的陳述。所以在資料操作語言中，負責找尋資料的那一部份的資料操作語

15

言又被稱為**查詢語言** (query language)。但一般在實際使用上，資料操作語言常直接被稱之為查詢語言。

1.7 資料庫管理師

資料庫管理師 (DataBase Administrator, DBA) 是負責管理整個資料庫系統的人。資料庫管理師主要的工作有：

1. **設定資料庫綱目**：首先，資料庫管理師必須依據整個企業組織公司的整體需求，決定出資料庫中應包含有那些資訊內容。然後再設計出所需的資料庫綱目；而通常此處所指的綱目是指資料庫的觀念綱目。此觀念綱目將經由資料庫管理系統中的 DDL 編譯器編譯後存入系統目錄中，以提供資料庫系統正常運作所需的資訊。

2. **設定儲存結構和資料擷取的方法**：資料庫管理師在決定資料是以何種方式儲存於資料庫後，便可用儲存定義語言 (SDL) 定義出該資料庫的內部綱目以及內部層次和觀念層次間的對映關係。

3. **負責資料庫綱目的修改**：雖然資料庫綱目在設定後就很少改變，但是當必須要改變時，則一定要經由資料庫管理師來作修改，而更改後的綱目仍須經由 DDL 編譯器編譯，並將結果存入系統目錄中。

4. **負責儲存結構的修改**：資料庫管理師必須負責維持整個資料庫系統的執行效率以滿足企業組織的營運需求，所以在有些時候，資料庫管理師必須要修改資料庫的儲存結構和資料存取的方法以改進系統的執行效率。但當資料庫管理師在修改儲存結構和資料存取方法時，也要同時調整內部層次和觀念層次間的對映關係，使觀念綱目得以保持不變。

5. **負責授權使用者存取資料的使用權利**：由於並非每一個使用者都有權

利存取資料庫中所有的資料,所以資料庫管理師須針對不同的使用者授與不同的權利,以規定使用者可以存取資料庫內那些部份的資料。

除了上述的工作外,資料庫管理師的責任尚包括定義資料庫內的完整性約束,定義資料的安全性,協助使用者,決定資料備份和回復的方式等工作。

1.8 資料庫的使用者

依據使用者和資料庫系統交談的方式,我們可將資料庫系統的使用者概分為:**應用程式設計人員** (application programmers)、**臨時的使用者** (casual users) 和**一般的使用者** (naive users) 三種。

1. **應用程式設計人員**:此類電腦專業人員會經常依照公司企業的需求而開發新的應用程式。由於這些程式不僅包含了資料擷取的動作,同時更包括了一些報表的製作、各種邏輯的分辨、資料的計算…等動作,所以他們在撰寫應用程式時,通常會結合母語和資料操作語言一起使用。

2. **臨時的使用者**:此類使用者並不會經常存取資料庫內的資料,但是每次使用時,可能皆會需要不同的資訊。所以此類使用者通常會直接利用查詢語言與系統交談檢索出所需的資料庫內之資料。

3. **一般的使用者**:此類使用者會經常並且固定的利用已經撰寫好的**應用程式介面** (application interfaces) 來查詢和更新資料庫內特定部份的資料。例如:銀行的櫃台營業員必須經常利用已寫好的應用程式來處理客戶的存提款作業。

1.9 資料庫系統結構

　　整個資料庫系統主要組成部份為資料庫和資料庫管理系統。其中資料庫和系統目錄是儲存於磁碟上,而資料庫管理系統是一個用來管制所有資料庫作業的複雜軟體系統。由圖 1.5 中可看出資料庫系統包含了許多組成模組,各模組皆有其本身的工作。現在我們就各個組成模組的功能作簡單的介紹。

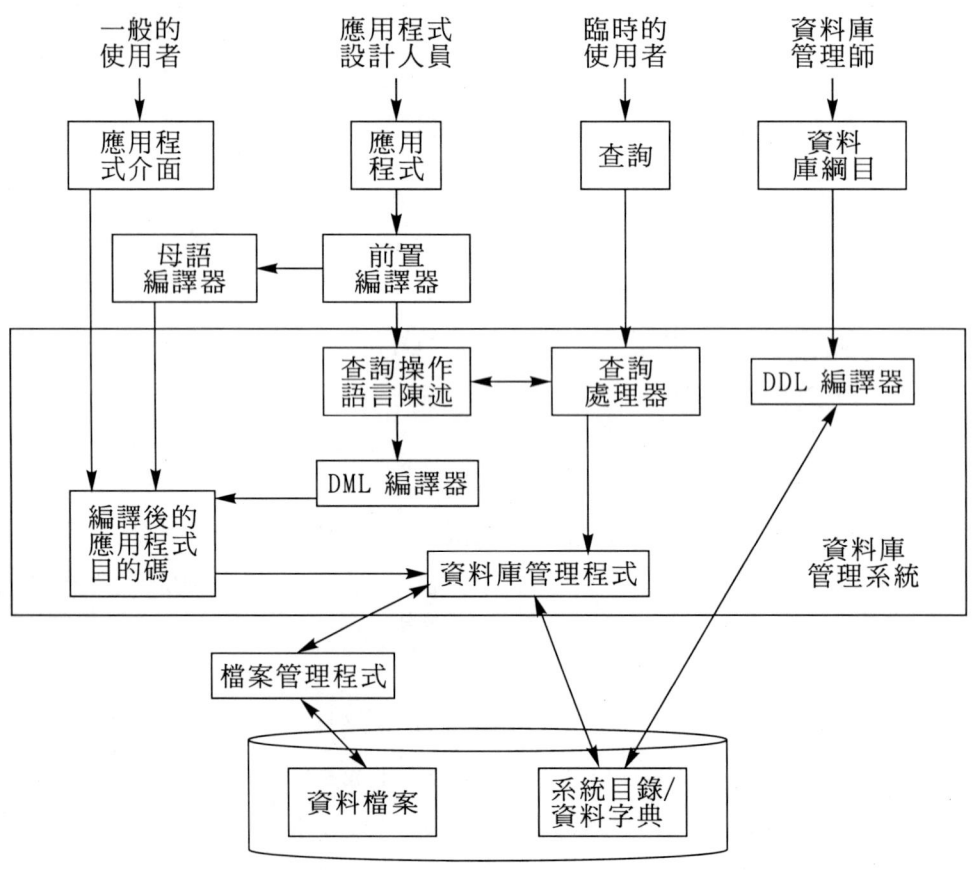

圖 1.5　資料庫系統結構

1. **檔案管理程式** (file manager)：負責將資料存於磁碟上。

2. **資料庫管理程式** (database manager)：最基本的工作是經由**傳統作業系統** (operating system) 所提供的檔案管理程式對資料庫作儲存，檢索和更新資料的工作。而除了小型的資料庫管理系統外，大部份的資料庫管理程式中還提供並行控制，**備份** (backup)，**復原** (recovery)，安全性維護和系統**執行效率監視程式** (performance monitoring) 等功能。

3. **查詢處理器** (query processor)：將查詢語言轉換成資料庫管理程式所能了解的指令。如配合**查詢最佳化處理器** (query optimizer) 一起使用時，則查詢處理器會將使用者的要求轉換成對等但更有效率的形式，使查詢速度變快。

4. **資料定義語言編譯器** (DDL compiler)：將 DDL 陳述編譯成資料總覽並存於系統目錄／資料字典中。

5. **資料操作語言編譯器** (DML compiler)：將 DML 陳述編譯成可執行的應用程式**目的碼** (object code)。

6. **前置編譯器** (precompiler)：可說是應用程式的預先處理器。前置編譯器主要功能是將應用程式中的 DML 陳述和母語分離開來。此時包含於母語中所有的 DML 陳述皆會被轉換成母語的**程序呼叫** (procedure call)。然後母語將被送至母語編譯器中編譯，而 DML 陳述則被送至 DML 編譯器中編譯。最後再經連結器將前述兩項編譯後結果**連結** (link) 成可執行的應用程式目的碼。

7. **系統目錄／資料字典**：儲存有關於資料庫結構和內容的資訊。例如：檔案名稱，每個檔案儲存的方式，資料類型，綱目間對映方式一致性的約束和資料間的關係。

8. **資料檔案**：是指儲存資料庫本身。

1.10 摘　要

　　資料庫是指針對某特定需求而被搜集在一起相關的資料,而資料庫管理系統則是由一群程式所組成,使用者可利用資料庫管理系統中的程式來建立和維護資料庫。資料庫管理系統主要的目的是提供使用者一個有效率和方便的工作環境去查詢和儲存資料。換言之,資料庫系統必須具有資料抽象化的特性,將資料庫中一些資料存取方式,複雜的資料結構和資料維護等細節隱藏起來以方便資料庫系統的使用者使用。為達到此目的,在 ANSI/SPARC 架構中將資料庫系統分為內部層次,觀念層次及外部層次三大層次。

　　對一個資料庫系統而言,資料庫內會有許多的綱目,依照 ANSI/SPARC 的架構,這些綱目中分別為一個內部綱目,一個觀念綱目和許多個外部綱目。而所謂資料獨立性是指更改某一層的綱目時,僅須更改兩層次間的對映關係而不需要更改上一層的綱目。資料獨立性又可分為邏輯的資料獨立性和實體的資料獨立性兩種。

　　資料庫綱目用來描述資料庫結構和內容的資料。當我們在設計一個資料庫時,我們可利用資料庫定義語言來表示該資料庫的綱目,當資料庫綱目設定完成後,便很少再去改變它。而此資料定義語言的陳述會被重新編譯並將結果存入系統目錄或資料字典中。而此時存於系統目錄中的資料通常被稱之為資料總覽。而相對於資料庫綱目,資料庫內資料則正好相反,它會經常被更新。在此我們對在某一特定時間資料庫內的資料稱之為該資料庫的瞬間值。

　　所謂「資料模型」是指一組觀念的工具,我們可以利用它來描述資料庫的結構;一般而言,資料模型的種類大致可分為:以物件為基礎的資料模型、以資料錄為基礎的資料模型和實體的資料模型。以物件為基礎的資料模型中,最常見到的資料模型是實體關係資料模型和物件導向資料模型,在有些教科書中又將此資料模型歸類於高階資料模型或是觀念資料模型。在以資料錄為基礎的資料模型中,最常見到的資料模型是關係式資料模型、網狀式資料模型 和階層式資料模型。而實體的資料模型又稱為低階資料模型,它是用來描述資料庫內資料實際存取的方式和路徑。

資料操作語言則是用來存取更新資料庫中的資料。資料操作語言可分為程序化的資料操作語言和非程序化的資料操作語言兩種。在使用程序化的資料操作語言查詢資料時,使用者不但要指出所需的資料,同時更要定義出如何去找尋這些資料。而在使用非程序化的資料操作語言時,使用者僅須定義出要找尋那些資料,而不用去定義如何去找尋這些資料。

資料庫管理師是管理整個資料庫系統的人。資料庫管理師主要的工作有: 設定資料庫綱目、設定儲存結構和資料存取的方法、負責資料庫綱目的修改、負責儲存結構的修改、負責授權使用者存取資料的使用權利、定義資料庫的完整性約束、定義資料的安全性、協助使用者、決定資料備份和回復的方式等工作。而依據使用者和資料庫系統交談的方式,我們可將資料庫系統的使用者概分為應用程式設計人員,臨時的使用者和一般的使用者等三種。

資料庫系統包含了許多組成模組,各模組皆有其本身的工作。而這些模組分別為檔案管理程式,資料庫管理程式,查詢處理器,資料定義語言編譯器,資料操作語言編譯器,前置編譯器,系統目錄/資料字典和儲存資料庫本身。

習 題

1.1 解釋下列名詞:

- ♦ 資料庫 (database)
- ♦ 資料庫管理系統 (DataBase Management System,DBMS)
- ♦ 資料庫系統 (database system)

- 資料獨立性 (data independence)
- 程式-資料間的獨立性 (program-data independence)
- 系統目錄 (system catalog)
- 資料模型 (data model)
- 母語 (host language)
- 資料子語 (data sublanguage)
- 查詢語言 (query Language)

1.2 比較檔案處理系統與資料庫系統間的差異性。

1.3 比較檔案處理系統與資料庫系統間的優缺點。

1.4 說明 ANSI/SPARC 的資料庫系統架構。

1.5 說明 ANSI/SPARC 的資料庫系統架構的優缺點。

1.6 說明邏輯的資料獨立性和實體的資料獨立性有何不同？說明為何實體的資料獨立性比較容易達成。

1.7 說明程序化的資料操作語言和非程序化的資料操作語言有何不同？

1.8 說明資料庫綱目和資料庫瞬間值有何不同？

1.9 說明使用緊密結合語言的優點。

1.10 說明資料庫管理師的主要工作。

Chapter 2

實體關係式模型

實體關係式模型 (Entity-Relationship Model, ER model) 是一種高階的觀念資料模型。由於在一個真實的世界中，資料庫是由許多不同的實體和實體間的關係所組成，所以在資料庫設計過程中，資料庫設計人員可以利用實體關係式模型直接來描述整個資料庫的架構。但由於近來對於資料庫應用的要求愈趨複雜，為適應漸趨複雜的需求，所以又有許多研究者提出許多新的觀念，以方便表達所設計出的資料庫綱目。因此本章所介紹的實體關係式模型亦將結合這些新的觀念以適應目前資料庫設計的需要。本章所介紹的實體關係式模型在其他書中亦被稱之為**加強型的實體關係式模型** (Enhanced-ER model，EER model)。

2.1 實體關係式模型的重要性

圖 2.1 簡單的描述了資料庫設計的基本步驟。由圖 2.1 可看出：資料庫設計的第一步便是收集和分析使用者的需求。此步驟主要目的是：確認整個企業組織的需求，同時將收集和分析後的資訊以很簡潔的方式記載下來。第二步驟為資料庫觀念綱目的設計。在此步驟中，我們將依據第一步驟中所得的結果和實體關係式模型的觀念，建立一個類似圖 2.2 的**實體關係圖** (ER diagram)。此實體關係圖詳細的描述了整個資料庫的觀念綱目或資料庫的邏輯架構。採用實體關係圖來表示資料庫綱目最大的好處是：圖形表示法可以很容易的被一般非技術人員所了解；因此實體關係圖可被資料庫設計人員用來當成與使用者溝通的工具，以方便確認所設計之資料庫綱目的正確性。同時在此步驟中，我們亦會加入一些資料處理動作的敘述，如輸入和輸出的資料類型等，以便確定資料庫系統所產生的資訊能滿足使用者的需求。因為在此階段中，實體關係式模型並未牽涉到任何實作，所以至此，整個設計過程皆與任何商品化的資料庫管理系統無關。

第三步驟則是依據所使用的資料模型，企業組織的政策，軟硬體的成本等因素和其他各種技術上的理由，選擇一個適用於該企業組織使用

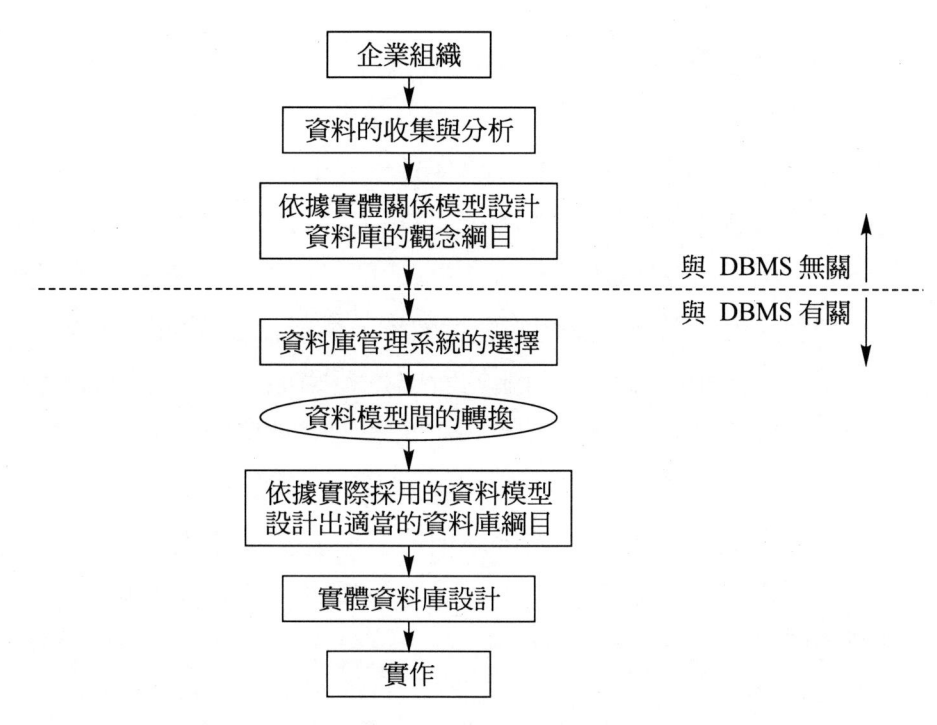

圖 2.1　資料庫設計的步驟

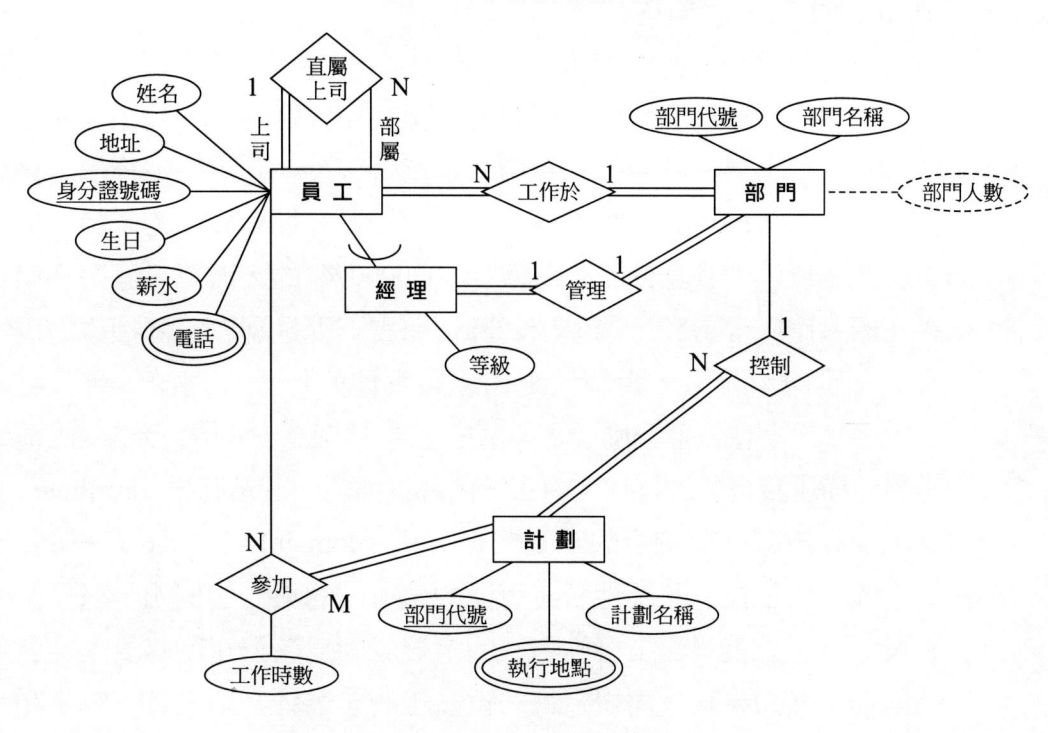

圖 2.2　實體關係圖

的資料庫管理系統。第四步驟則是依據實際所採用的資料模型，如關係式資料模型，將第二步驟所設計出的觀念綱目轉換成所需的表示法；然後再將轉換後所得的資料庫綱目作進一步的改進與修正，以避免其他問題的產生。第五步驟則是考慮資料實際存放的方式以增進系統存取資料的效率。例如，在 SQL Server 中，我們可以將資料庫分存於不同的檔案群組和硬碟上，以提昇系統的執行效率。最後一步驟則為實作的部份。

總之，由第二步驟可明顯的看出實體關係式模型的重要性。尤其在設計一個大型的資料庫時，由於在此階段，整個設計過程皆與任何商品化的資料庫管理系統無關，且設計人員又用實體關係圖來表示資料庫綱目，所以在此階段，設計人員不但能很容易與使用者溝通，以確保資料庫設計的正確性，同時更可以避免在系統實作後，還要再去修改資料庫設計的情形發生。

2.2 實體與實體類型

實體關係資料模型是利用實體、屬性和各實體間的關係等觀念來描述一個真實世界。其中，「實體」是指一個存在且可以被分辨的物體。此處所指的實體可分為實際存在的物體和具有抽象觀念的個體。例如，對於姓名為丁太且身分證號碼為 A000000094 的人而言，即是一個實際存在的實體；但對於一門學校的課程而言，則是屬於一個抽象的事物。每一個實體皆藉由一組屬性來描述該實體的特性。例如，員工可藉由「姓名」，「身分證號碼」，「生日」，「年齡」，「電話」，「地址」等屬性描述該實體的特性。對每一個屬性而言，其**屬性值** (attribute value) 必須存在於某一個特定的範圍或**定義域** (domain) 內。所以一個屬性的「定義域」是指：該屬性所有可能的值所成的集合。例如，對一個公司企業而言，該公司員工「姓名」的定義域則為該公司所有員工姓名所成的集合；又如果該公司規定每一位員工的年齡皆必須大於 18 歲和小於 65 歲，則「年齡」的屬性值皆必須在此範圍內。當一個屬性的值不存在於所屬的定義域中時,則該屬性的值一定是一個不合法的值。對一個特定的實體而言,每一個屬性皆存在一個屬性值。

【範例 2.1】

圖 2.3 是在描述一位員工的實體。依據圖 2.3 中的屬性可知該名叫丁太的員工是出生於 1972 年 10 月 10 日,年齡 29 歲,家住台北市和平東路 1 號,身分證號碼為 A000000094,且其電話為 9999998 和 9999999 兩支。

在圖 2.3 中的實體有許多不同類型的屬性。當屬性的值可經由某種方式計算或推論而獲得時,則此類屬性被稱之為**衍生屬性** (derived attribute);例如,員工的年齡可經由該員工的生日計算出來,所以「年齡」是一個衍生屬性。而當一個屬性的值具有多重值時,則此類屬性我們稱為**多重值屬性** (multivalued attribute)。例如,「電話」就是一個多重值屬性。當一個屬性的值是由幾個其他屬性的值所組合而成時,則此類屬性我們稱之為**複合式屬性** (composite attribute)。例如,因為「地址」是由「城市」和「街道」兩個屬性所組成,所以屬性「地址」是一個複合式屬性。當屬性的值是單一而且不可分時,此類屬性的值我們稱為**單原值** (atomic value)。而當一個屬性的值為單原值時,則此類屬性我們稱之為**簡單型屬性** (simple attribute 或 atomic attribute)。例如,屬性「身分證號碼」便是一個簡單型屬性。

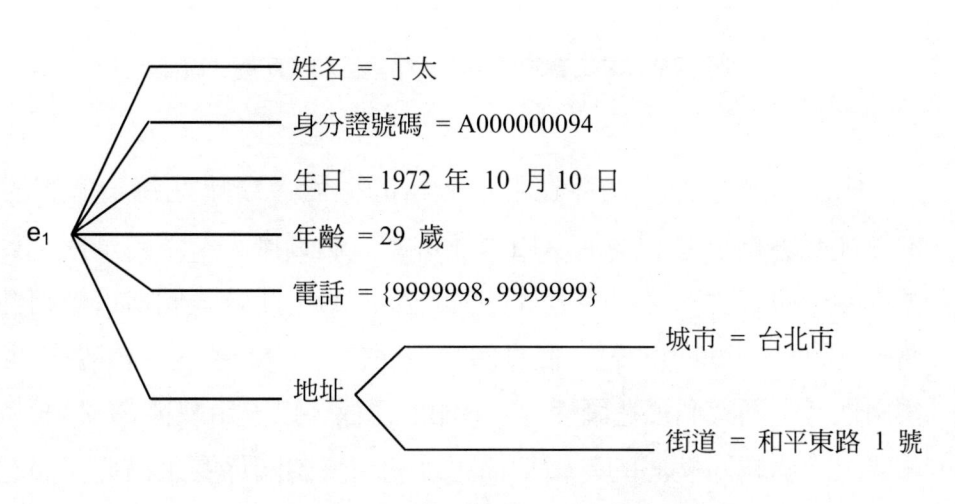

e_1
- 姓名 = 丁太
- 身分證號碼 = A000000094
- 生日 = 1972 年 10 月 10 日
- 年齡 = 29 歲
- 電話 = {9999998, 9999999}
- 地址
  - 城市 = 台北市
  - 街道 = 和平東路 1 號

圖 2.3　員工實體,e_1,與其屬性值

資料庫中常包含了許多具有同樣性質的實體，且這些實體皆可藉由一組相同的屬性來描述該實體的特性。在資料庫中，這些具有相同性質的實體可被定義成屬於同一個**實體類型**或**實體集** (entity type) 的實體。所以實體類型是指一組具有相同性質的實體所成的集合。在實體關係式模型中，每一個實體類型都具有一個實體綱目。當一個實體綱目被設定後，就很少會被變動，但實體類型的瞬間值則經常會被更新。

【範例 2.2】

圖 2.4 是員工實體類型的實體綱目和瞬間值。在此表格中，共有兩名員工，而每位員工皆利用「姓名」，「身分證號碼」，「生日」，「年齡」，「電話」和「地址」等六個屬性加以描述。

實體綱目	姓名	身分證號碼	生日	年齡	電話	地　址
瞬間值：	陳中依	A123456789	47,12,12	42	7771111	永平路 900 號
	王台生	A987654321	39,01,01	50	8888888	永安路 999 號

圖 2.4　**員工實體類型的實體綱目和其所屬的瞬間值**

由於實體是指一個存在且可分辨的個體，所以在每一個實體類型中，都必須具有**鍵** (key) 以用來區辨每一個實體。所謂鍵是指：實體類型中的一組屬性，且該組屬性的值是唯一的。此時我們稱這組屬性為**鍵屬性** (key attribute)。對一個實體類型而言，若屬性 X 是該實體類型的鍵屬性時，則我們會在屬性 X 下加上底線，以表示屬性 X 是一個鍵。事實上，資料庫整體的邏輯架構可以利用實體關係圖來描述。而在實體關係圖中，實體類型則由底下幾個元素所組成的。

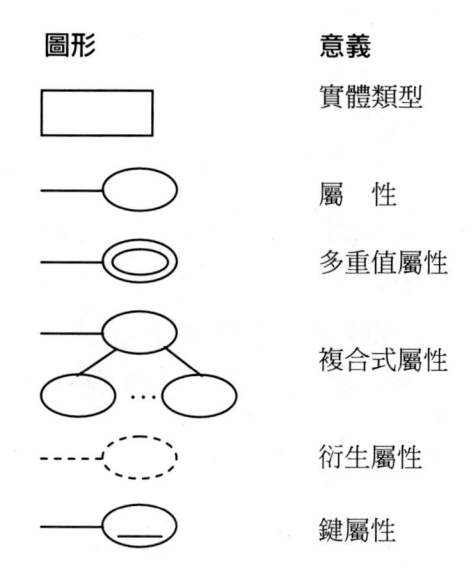

圖形	意義
▭	實體類型
─○	屬　性
─◎	多重值屬性
樹狀橢圓	複合式屬性
─⋯◌	衍生屬性
─○ (底線)	鍵屬性

【範例 2.3】

　　圖 2.5 的實體關係圖是利用「姓名」,「身分證號碼」,「生日」,「年齡」,「電話」,「地址」等六個屬性加以描述員工的實體類型。在這些屬性中,「姓名」,「生日」和「身分證號碼」都是簡單型屬性;其中,「身分證號碼」又是該實體類型的鍵,所以在實體關係圖中,我們會在該屬性下加上底線,以標明「身分證號碼」是該實體類型的鍵。因為「地址」是由「城市」和「街道」兩個屬性所組成的,所以「地址」是一個複合式屬性,而「電話」則是一個多重值屬性。同時,在員工實體類型中,每一位員工的年齡都可以利用該員工「生日」計算出來,所以「年齡」是一個衍生屬性。

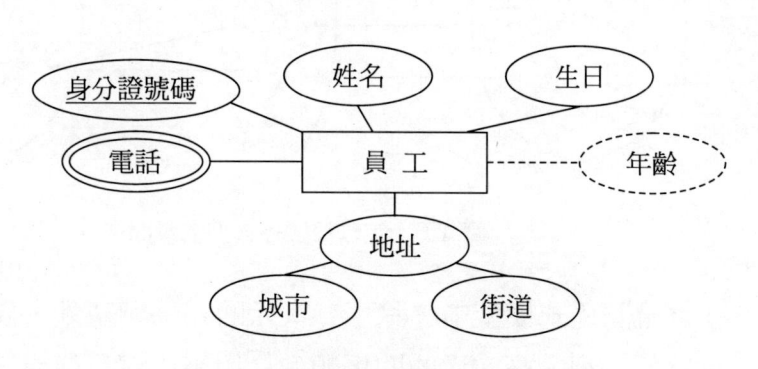

圖 2.5 **員工實體類型的實體關係圖**

2.3 關係和關係類型

所謂關係是指幾個實體間的**連結** (association)。而「關係類型」則是指：具有相同性質的關係所成的集合。設 $E_1, ..., E_n$ 是 n 個實體類型，則此 n 個實體類型間的關係類型 R 必定是 $\{(e_1, ..., e_n) \mid e_1 \in E_1, ..., e_n \in E_n\}$ 的子集合，其中，每一個 $(e_1, ..., e_n)$ 都代表著一個可能的關係。

【範例 2.4】

在圖 2.6 中，我們利用工作於關係類型來描述員工實體類型和部門實體類型間的關係。經由此實體間的連結，我們可以知道員工在那一個部門工作。例如，經由圖 2.6，我們知道：陳中依是工作於會計部門，而王台生和丁太都工作於資訊部門。在圖 2.6 中，因為工作於關係類型是描述兩個實體類型間的關係，所以工作於關係類型是一個二次元的關係類型。

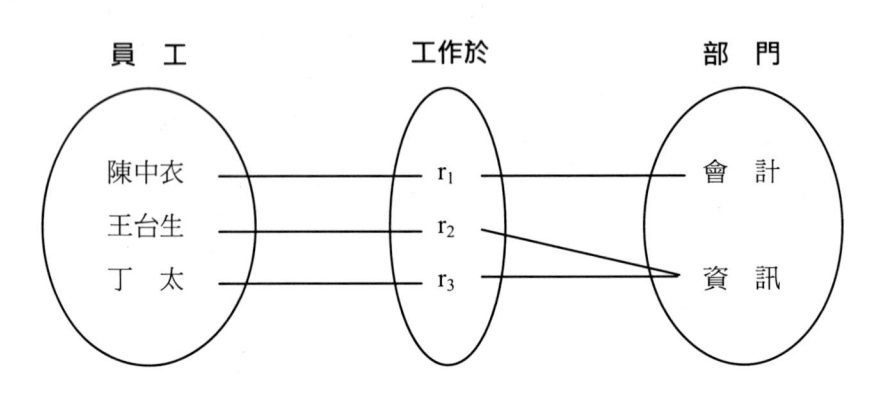

圖 2.6 工作於關係類型的瞬間值

在實體關係式模型中，除了二次元的關係類型外，尚有其他各種高次元的關係類型。高次元的關係類型是用來描述三個或三個以上實體類型間的關係。而且，在一般的情況下，高次元的關係是不能利用數個低次元的關係來取代的。

【範例 2.5】

在圖 2.7 中，供應關係類型是用來描述供應商，零件和計劃三個實體類型間的關係，所以供應關係類型是一個**三次元** (ternary) 的關係類型。例如，r_1 這個關係表示供應商 s_1 供應零件 p_1 給計劃 j_1 使用。

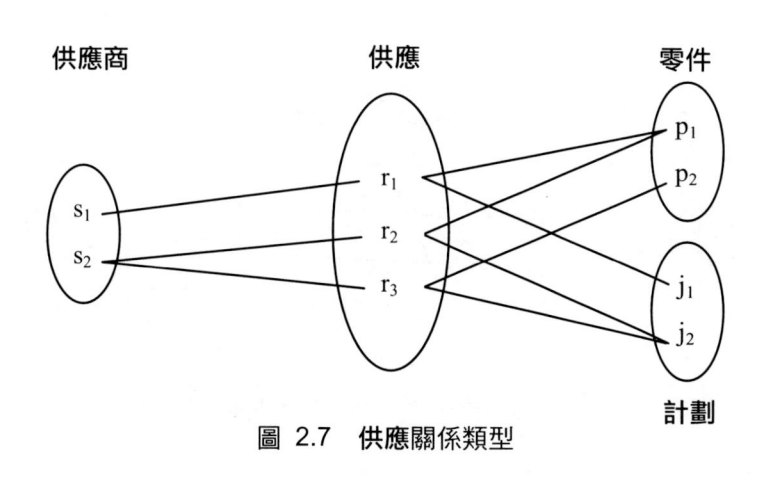

圖 2.7 供應關係類型

在真實世界中，每一個實體在一個特定關係中，都會扮演著一個特定的**角色** (role)。在實體關係式資料模型中，實體的角色通常是採用隱藏式的表示方法。例如，在圖 2.6 中，員工在**工作於**的關係中，扮演著任職於某一個部門職員的角色。然而當一個關係類型具有**遞迴性** (recursive)時，則實體所扮演的角色就必須很明顯的標示出來，否則便會混淆不清而無法辨別該實體所扮演的角色。所謂「具有遞迴性的關係類型」是指：當一個關係類型牽涉到同一個實體類型兩次或兩次以上時，我們便稱此關係類型具有遞迴性。

【範例 2.6】

在圖 2.8 中，直屬上司關係類型是一個具有遞迴性的關係類型。所以在直屬上司關係類型中，每一個關係都必須藉由 (直屬上司，部屬) 這個有**序對** (order pairs) 來明白的表示出：每一位員工在直屬上司關係類型中所扮演的是直屬長官或是部屬的角色。在圖 2.8 的直屬上司關係類型中，(1) 是代表直屬上司的角色，而 (2) 則是代表著部屬的角色。所以由圖 2.6 可明顯的看出：員工 e_2，e_3 和 e_4 的直屬上司為 e_1。

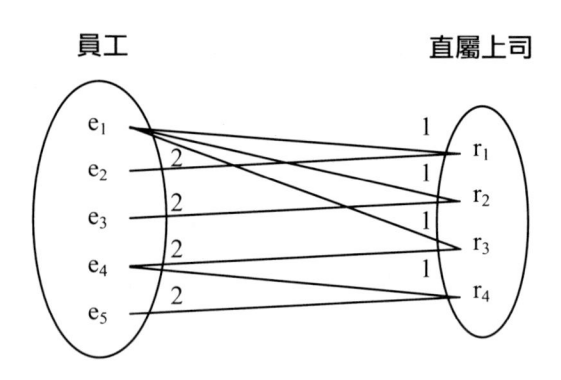

圖 2.8 直屬上司關係類型：(1) 代表直屬上司的角色，(2) 代表著部屬的角色

在一個關係類型中，亦可以有描述性的屬性存在。例如，在圖 2.9 中，我們可在**工作於**關係類型中，利用屬性「日期」來描述某員工進入該部門服務的時間。所以由在圖 2.9，我們知道：王台生於 1990 年 3 月 20 日起開始工作於資訊部門。

2.4　關係類型中的各種約束

依據真實世界的情況，一個關係類型的連結方式時常會受到某些限制和約束。例如，在圖 2.9 的工作於關係類型中，我們可限定每一位員

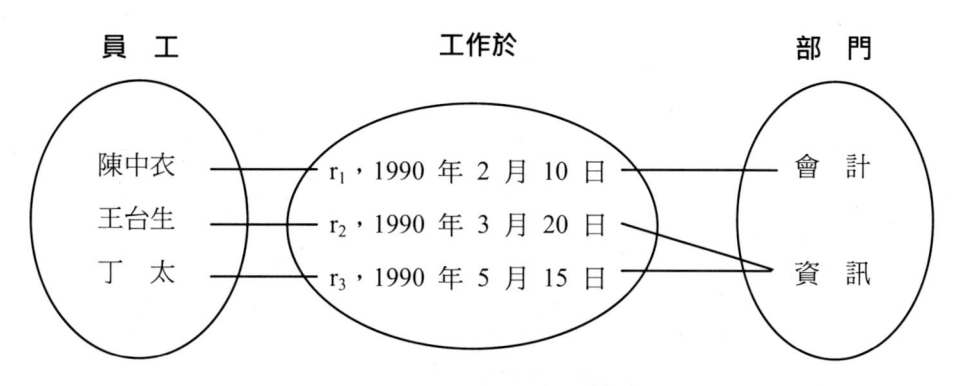

```
    員　工              工作於               部　門
  ┌──────┐         ┌──────────────┐         ┌──────┐
  │ 陳中衣 ├─────────┤ r₁，1990 年 2 月 10 日 ├─────────┤ 會 計 │
  │ 王台生 ├─────────┤ r₂，1990 年 3 月 20 日 ├───┐  ┌──┤      │
  │ 丁　太 ├─────────┤ r₃，1990 年 5 月 15 日 ├───┼──┤ 資 訊 │
  └──────┘         └──────────────┘        └──┘  └──┘      │
                                                      └──────┘
```

圖 2.9　工作於關係類型的瞬間值

工只能工作於一個部門。基本上，對於關係類型的約束可分為**對映基數比例約束** (mapping cardinality ration constraint) 和**參與約束** (particpation constraint)；而這兩種約束又合稱之為對關係類型的**結構性約束** (structure constraint)。本節我們將只討論有關於二次元關係類型中的各種約束。

所謂對映基數比例約束是指：在一個關係中，一個實體究竟可以和多少個實體相連結；依照連結情形，對映基數比例約束可分為一對一，一對多，多對一和多對多四種情形。例如，在圖 2.6 中，工作於關係類型是屬於多對一的情形。而所謂參與約束是指：在一個關係中，是否每一個實體皆必須與其他的實體產生連結。而參與約束又可分為：**全部參與** (total participation) 和**部份參與** (partial participation)。一般而言，全部參與約束又可被稱為**存在相依性** (existence dependency)。所謂全部參與是指每一個實體都必參與連結，而部份參與則無此限制。為方便討論實體類型間的關係，我們先介紹關係類型在實體關係圖中的幾種表示法。在實體關係圖中，關係類型則由如下頁幾種表示法個元素所組成的。

為方便討論實體類型間的關係，在接下來的實體關係圖中，我們會將關係類型中屬性的部份省略。同時，我們用（T）代表全部參與而（P）代表部份參與。依據約束之情形，我們僅就下列三種情形來介紹如何利用實體關係圖來表示員工和計劃兩個實體類型間的參加關係類型的關係：

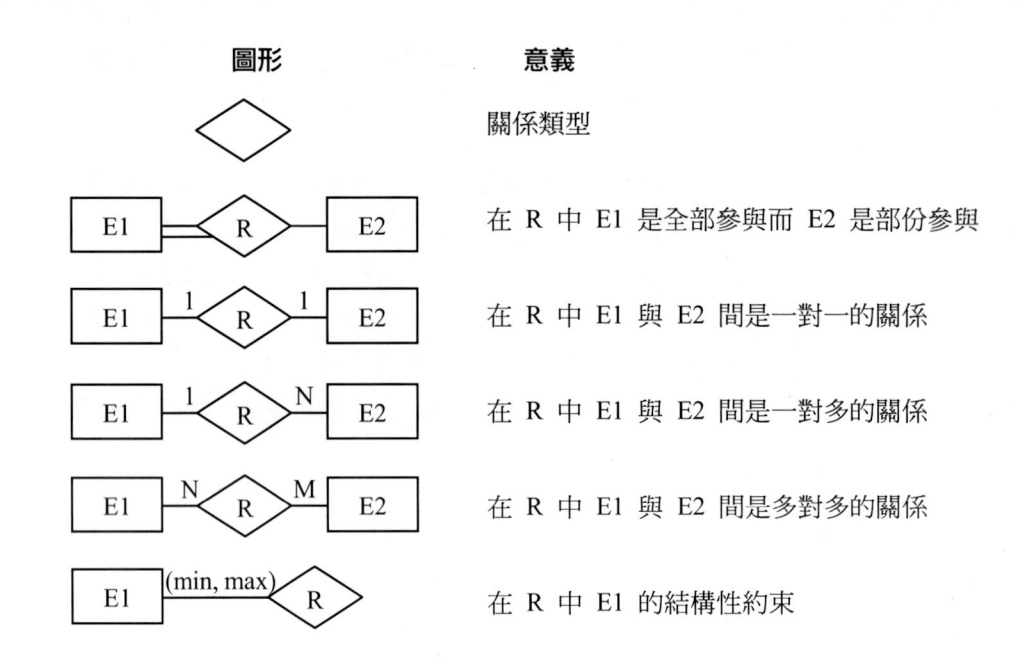

圖形	意義
◇	關係類型
E1 ═ R ─ E2	在 R 中 E1 是全部參與而 E2 是部份參與
E1 ─¹ R ¹─ E2	在 R 中 E1 與 E2 間是一對一的關係
E1 ─¹ R ᴺ─ E2	在 R 中 E1 與 E2 間是一對多的關係
E1 ─ᴺ R ᴹ─ E2	在 R 中 E1 與 E2 間是多對多的關係
E1 ─(min, max)─ R	在 R 中 E1 的結構性約束

1. **1(P) 對 1(T)**：圖 2.10(a) 表示每一位員工頂多可負責一個計劃，但是每一個計劃都要有一位員工負責。而其相對的實體關係圖則為圖 2.10(b)。

2. **1(P) 對 N(T)**：圖 2.11(a) 表示每一位員工負責多個計劃，但是每一個計劃都要有一位員工負責。而其相對的實體關係圖則為圖 2.11(b)。

3. **N(T) 對 M(T)**：圖 2.12(a) 表示每一位員工都至少要參加一個計劃，且每一個計劃也都至少要有一位員工參與。而其相對的實體關係圖則為圖 2.12(b)。

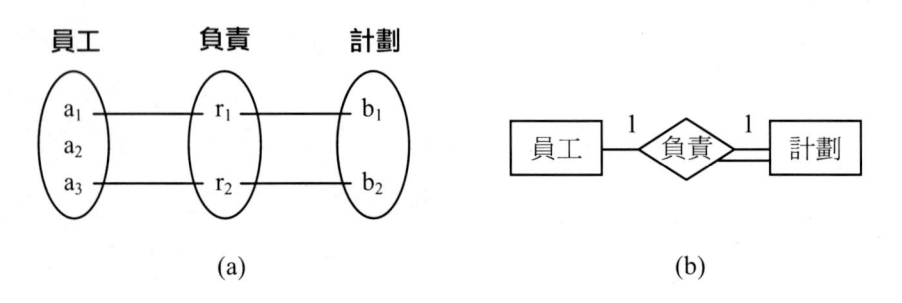

圖 2.10　1(P) 對 1(T) 的關係類型

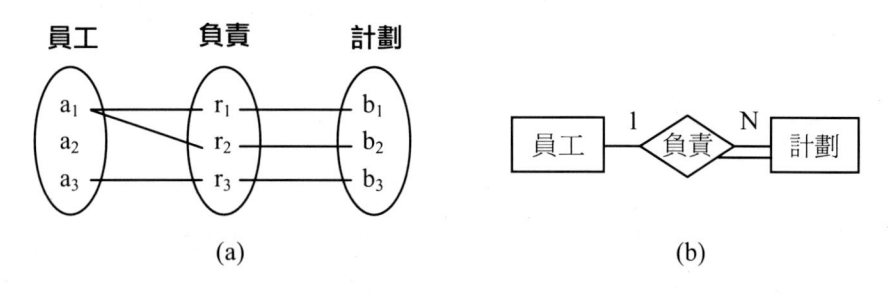

圖 2.11　1(P) 對 N(T) 的關係類型

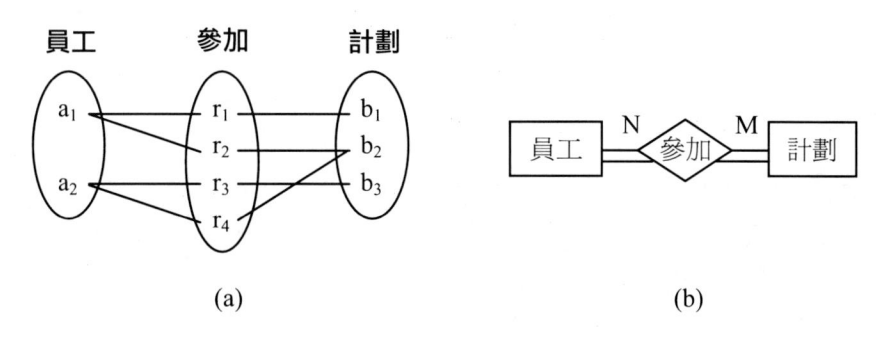

圖 2.12　N(T) 對 M(T) 的關係類型

　　對映基數比例約束和參與約束這兩種約束又合稱之為結構性約束。通常，我們可利用一個整數對 (min, max) 來表示一個實體類型 E 在某一個關係類型 R 中的結構性約束，其中，$0 \leq min \leq max$ 和 $max > 0$。利用此種表示法來表示結構性約束最大的好處是：可以簡單而精確的表示出各種結構性的約束。而整數對 (min, max) 與對映基數比例約束和參與約束的關係如下：

1. 就對映基數比例約束而言，此整數對 (min, max) 是表示實體類型 E 中的每一個實體最少 (min) 和最多 (max) 可以和多少個實體相連結。而當 $max > 1$ 時，則表示 E 中的每一個實體可以和許多個實體相連結。

2. 就參與約束而言，當 $min = 0$ 時，表示實體類型 E 在個關係類型 R

中是部份參與；而當 min > 0 時，則表示全部參與。

【範例 2.7】

若公司規定：每一位員工最多可參加四個計劃，而且每一個計劃都至少要有三位員工參與。此時，我們可分別利用圖 2.13(a) 和圖 2.13(b) 來表示出此種關係。由圖 2.13(a) 和圖 2.13(b) 兩種表示法，我們可明顯的看出：雖然，圖 2.13(a) 已經正確的表示出員工和計劃間關係是多對多的關係，而且員工實體類型在*參加*關係類型中是屬於部份參與，而計劃實體類型在*參加*關係類型中是屬於全部參與。但是在圖 2.13(a) 中，並未清楚的標示出【每一位員工最多可參加四個計劃和每一個計劃都至少要有三位員工參與】的規定。而在圖 2.13(b) 的實體關係圖中，不但標示出員工實體類型和計劃實體類型間的關係，同時，更清楚的標示出【每一位員工最多可參加四個計劃和每一個計劃都至少要有三位員工參與】的規定。所以說利用整數對 (min, max) 來表示結構性約束可以精確的表示出實體類型間的各種關係。

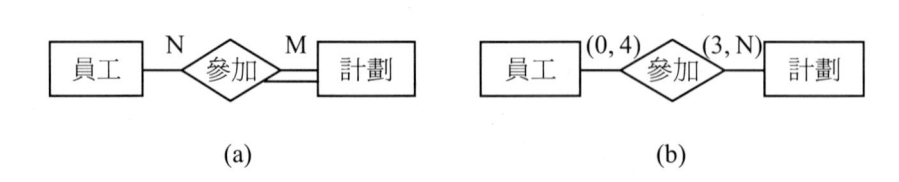

圖 2.13 (a) 結構性約束利用一般的表示法；
　　　　(b) 結構性約束利用整數對的表示法

2.5　弱實體類型與其他種類的關係

2.5.1　弱實體類型 (weak entity type)

在資料庫設計時，我們會利用主鍵來辨識實體類型中的每一個實體。但是在真實的世界中，並非每一個實體類型都有主鍵；對於沒有主鍵存在的實體類型，我們稱之為弱實體類型。而有主鍵的實體類型則被稱之為強實體類型。就定義而言，每一個弱實體類型的存在都必須完全依附於其他的強實體類型，此時，對於弱實體類型而言，其所依附的強實體類型又被稱之為該弱實體類型的**確認物主** (identifying owner)，而弱實體類型與其確認物主間的關係類型又被稱之為**確認關係類型** (identifying relationship type)。弱實體類型和物主實體類型的觀念與 2.4 節中所提到的存在相依性有很大的關係。因為對一個弱實體而言，當該弱實體所依附的物主實體被刪除時，則此弱實體也會立刻被刪除。而在實體關係圖中，弱實體類型則由底下幾個元素所組成的。

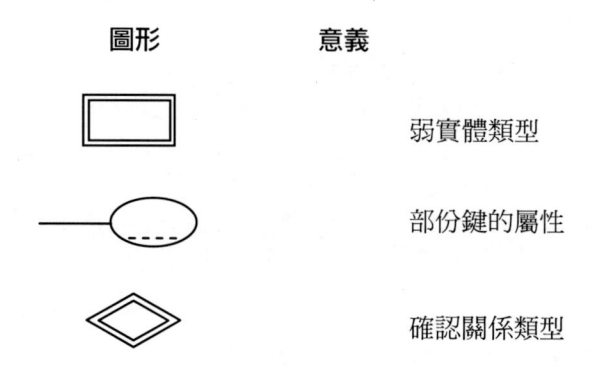

圖形	意義
▭	弱實體類型
⬭	部份鍵的屬性
◇	確認關係類型

【範例 2.8】

試考慮圖 2.14(a) 的送貨記錄單樣本。每一張記錄單上除了有記錄單編號，日期，送貨人姓名，送貨地址，訂貨公司名稱，聯絡人姓名，電話等資料外，尚包括了貨品的編號，貨品名稱和數量等資料。就整體而言，每一張送貨記錄單的編號皆不一樣；同時，在同一張送貨記錄單上，每一個貨品的編號也都不會重複。但是，同樣的貨品有可能會出現於不同的送貨記錄單上。此時，利用實體關係圖來描述此送貨記錄單實體的其中一種方法便是利用強實體與弱實體的觀念來描述。如圖 2.14(b) 所示，我們可以設定一個名為貨品項目的弱實體類型和一個名稱為送貨單表頭的強實體類型。

記錄單編號	0000000001	日期	1995.1.12	送貨人姓名	王台生
公司名稱	億　茂	聯絡人	于先生	電　話	(H)777-7777
地址	台北市湧平路 10000 號			(O) 999-9998,999-9999	
貨品編號	貨品名稱			數　量	
A005	水果罐頭			200	
A008	汽　水			100	
B021	餅　乾			300	

(a)

(b)

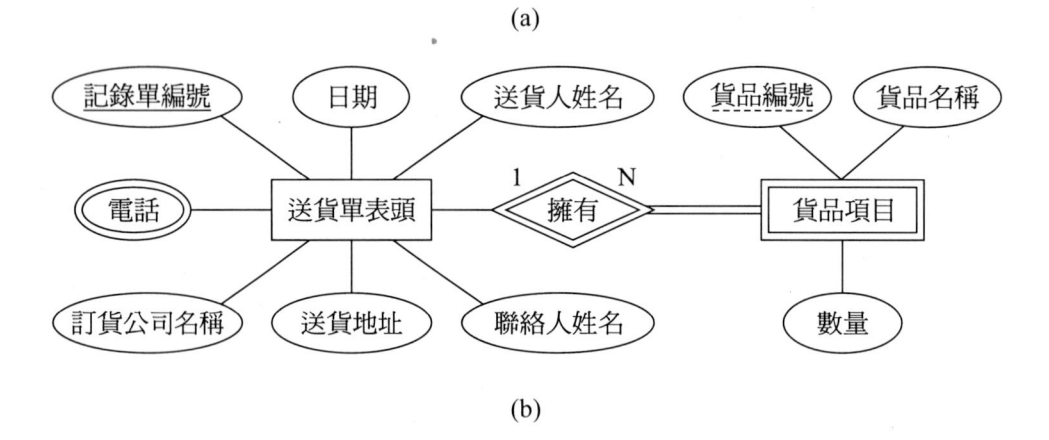

圖 2.14　(a) 送貨記錄單樣本；(b) 利用弱實體觀念來表示送貨記錄單實體

　　由於同樣的貨品會出現於不同的送貨單中，所以在貨品項目的弱實體類型中，並無主鍵。但是對於同一張送貨單而言，貨品的編號則可用來區分不同的貨品，所以在貨品項目的弱實體類型中，「貨品編號」這個屬性可當成一個鑑別元 (discriminator)；換言之，在同一確認物主實體中，我們可利用此鑑別元的值區分不同的弱實體。一般而言，鑑別元通常被稱之為該弱實體類型的部份鍵。在實體關係圖中，對一個弱實體類型而言，若屬性 X 是該弱實體類型的部份鍵時，則我們會在屬性 X 下加上虛線，以表示屬性 X 是一個部份鍵。

2.5.2 高次元關係類型和具有遞歸性的關係類型

雖然在實際運用上,大部份的關係類型都是二次元的。但是有些時候,我們仍需要利用高次元的關係類型才能正確的表示實體類型間的關係。

【範例 2.9】

相對於圖 2.7 的供應關係類型可利用圖 2.15(a) 的實體關係圖來表示。如果此時我們除了要表示供應關係類型外,還要表示出【供應商能供應那些零件】的關係時,則我們必須在供應商和零件兩個實體類型間加入另一個二次元的能供應關係類型,以充分表達出設計的需求。所以必須利用圖 2.15(b) 方能表達出供應和能提供兩個關係類型的語意。

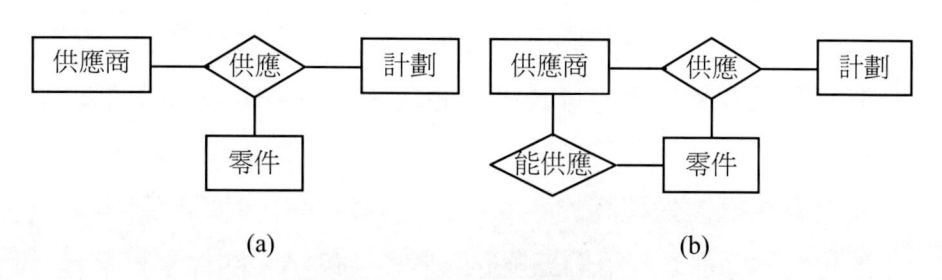

圖 2.15 (a) **供應關係類型的實體關係圖**;
　　　　(b) **供應和能供應兩個關係類型的實體關係圖**

在 2.4 節中,我們又提到當一個關係類型具有遞迴性時,則實體類型在此關係類型中所扮演的角色都必須很清楚的標示出來。所以相對於圖 2.6 的直屬上司關係類型可用圖 2.16 的實體關係圖來表示。

```
          上司  1
 ┌─────┐       ╱╲
 │ 員工 ├──────<  直屬上司  >
 └─────┘       ╲╱
          部屬  N
```

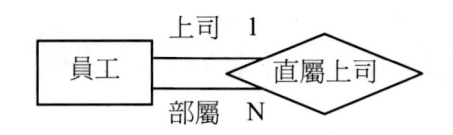

圖 2.16　具有遞迴性的**直屬上司關係類型**

2.5.3　特殊化和一般化

　　特殊化和一般化 (specialization and generalization) 可說是一體兩面的觀念。一般化是用來強調各實體類型間的共同性；而特殊化則正好相反，特殊化是用來強調各實體類型間的差異性。假設一個公司內的員工種類可分為工程師和推銷員兩大類；此時，我們是利用「姓名」,「身分證號碼」,「生日」,「專長」,「電話」,「地址」等六個屬性來描述**工程師**實體類型，而對於推銷員實體類型而言，我們是則利用「姓名」,「身分證號碼」,「生日」,「責任區」,「電話」,「地址」等六個屬性加以描述。此時我們可以發現：此兩個實體類型唯一不相同之處是**工程師**實體類型具有「專長」這個屬性，而推銷員實體類型則具有「責任區」這個屬性。此時，我們便可以利用特殊化和一般化來強調**工程師和推銷員**兩實體類型間的共同性和差異性。在實體關係圖中，特殊化和一般化的關係都是利用倒三角形圖形和『IS_A』關係來表示。

　　若此時我們要對工程師和推銷員兩實體類型做一般化處理時，則必須依據這兩個實體類型間的共同屬性，另外再往上一層建立一個員工實體類型，利用這些共同屬性來描述員工實體類型。此時，在實體關係圖中，員工實體類型是屬於這兩個實體類型的上一層實體類型，它描述了下一層中這兩個實體類型間的共同性並隱藏不同之處。而對工程師和推銷員兩實體類型做一般化處理的結果則如圖 2.17 所示。

　　若此時我們要對員工實體類型做特殊化處理時，則必須另外再往下

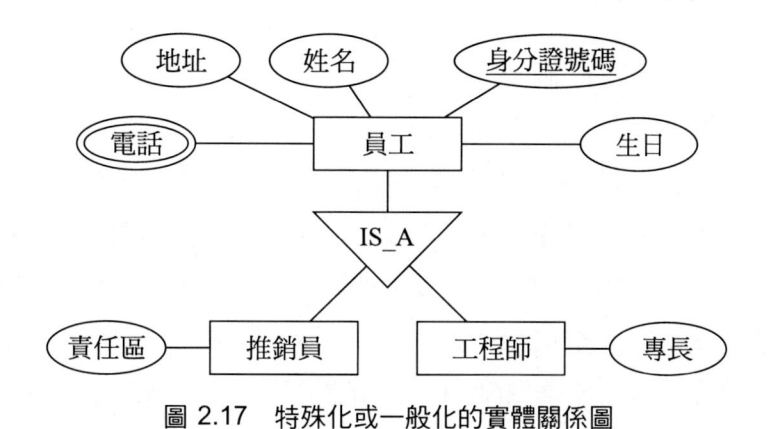

圖 2.17 特殊化或一般化的實體關係圖

建立工程師和推銷員兩實體類型。在實體關係圖中，工程師和推銷員兩實體類型是屬於員工實體類型的下一層實體類型；此時，這兩個低層的實體類型分別描述了工程師和推銷員間不同處。而對員工實體類型做特殊化處理的結果則如圖 2.17 所示。

由另一個觀點來看圖 2.17 的關係，由於每一名工程師和推銷員皆是公司的員工，所以工程師和推銷員兩實體類型都是員工實體類型中的子類別。而員工實體類型則為工程師和推銷員兩實體類型的超類別。所以 IS_A 關係又被稱之為**超類別/子類別關係** (superclass/subclass relationship)。從超類別和子類別的觀點來說，特殊化可說是用來定義某一個實體類型中所有的子類別，而一般化正好相反，它是依據數個實體類型的共通性來定義這些實體類型的超類別，所以工程師和推銷員兩實體類型都繼承了員工實體類型中所有的屬性。

雖然特殊化和一般化可說是一體兩面的觀念，但是二者之間仍有少許的差別。由於一般化處理是依據數個實體類型的共通性來定義這些實體類型的超類別，所以在做一般化處理時，每一個超類別實體都必須是一個子類別實體。而在做特殊化處理時，則無此限制。例如，當我們對工程師和推銷員兩實體類型做一般化處理時，此時，在員工實體類型中，員工必定是工程師或推銷員。但當我們對員工實體類型做特殊化處理時，則有可能發生員工既不是工程師也不是推銷員的狀況，而有可能是其他類型的員工。事實上，不論是做特殊化或是一般化處理，在最後的結果中，每一個子類別實體類型一定是超類別實體類型的子集合。在實體關係圖中，我們用 Ψ 圖形來表示子集合的關係。

有關於特殊化關係的約束可分為：**非連結約束** (disjointness constraint) 和**完全約束** (completeness constraint) 兩種。所謂「非連結約束」是指：當我們在做特殊化處理後，在低層次的子類別實體類型間，交集的結果一定是空集合。換言之，一個高層次的實體不可以同時出現於在不同的子類別實體類型中。在實體關係圖中，我們用 ⓓ 來表示所有子類別皆滿足非連結約束。反之，若不滿足非連結約束時，則表示子類別間有發生重疊的情形，此時在實體關係圖中，我們用 ⓞ 來表示所有子類別間有發生重疊的情形。

【範例 2.10】

若公司規定：每一個員工都不可同時擔任兩個不同的職務時，則此時，對員工實體類型做特殊化處理的結果，我們可以用圖 2.18(a) 來表示。反之，若公司允許某些員工可同時擔任工程師和推銷員兩個不同的職務時，則對員工實體類型做特殊化處理的結果，我們可以利用圖 2.18(b) 來表示。

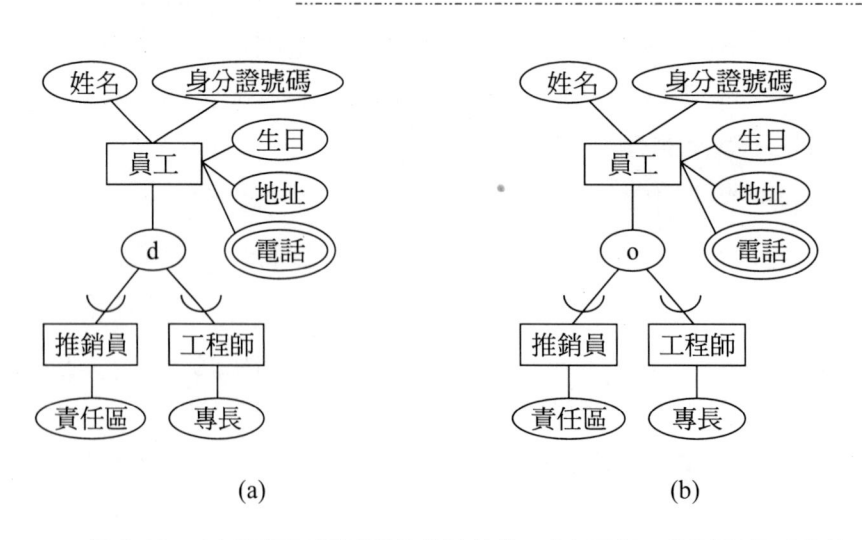

圖 2.18　(a) 兩個子類別間是非連結的；(b) 兩個子類別間是重疊的

當我們在做特殊化處理時，完全約束又可分為：全部特殊化和部份特殊化兩種約束。所謂全部特殊化是指：當我們在對某一個實體類型做特殊化處理時，在該實體類型中，每一個實體都會出現該實體類型的子類別實體類型中。而所謂部份特殊化則是指：當我們在對某一個實體類型做特殊化處理時，在該實體類型中，並非每一個實體都會出現該實體類型的子類別實體類型中。

【範例 2.11】

若在公司規定：每一個員工不是工程師就是推銷員，而且每一個員工都不可同時擔任工程師和推銷員兩個不同的職務時，則對員工實體類型做特殊化處理的結果必定會滿足全部特殊化的要求，其結果則如圖 2.19(a) 的實體關係圖來表示。反之，若是公司中的每一個員工並非一定是工程師或推銷員，並且每一個員工不可同時擔任工程師和推銷員兩個不同的職務時，則對員工實體類型做特殊化處理是屬於部份特殊化，其結果則如圖 2.19(b) 所示。

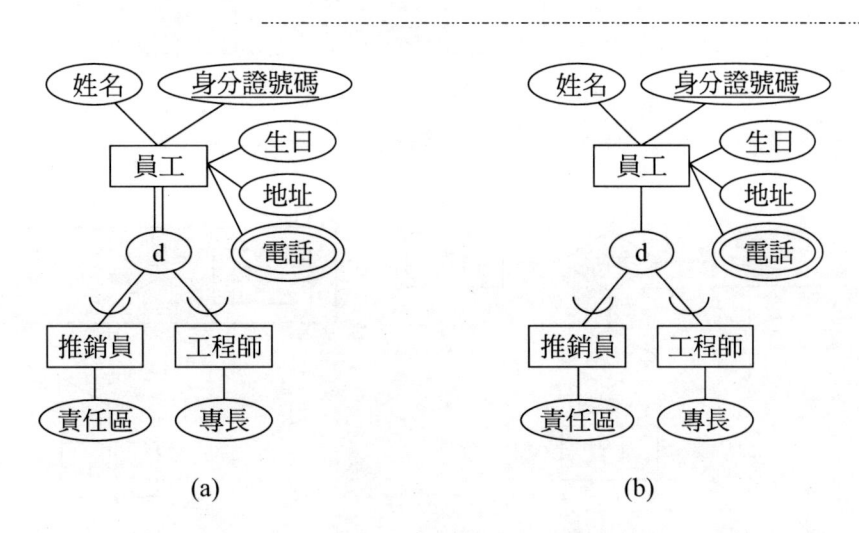

圖 2.19　(a) 全部特殊化的實體關係圖；(b) 部份特殊化的實體關係圖

利用一般化和特殊化的關係來模組資料庫架構最大的好處是：不但可增加資料模組的能力，同時更可降低資料庫應用程式發展的複雜度。

2.5.4 聚合集

在傳統的實體關係圖中，我們無法直接表達出各種關係類型間的關係。為了方便表達關係類型和關係類型間的關係，我們可以利用**聚合集** (aggregation) 的觀念來表示。聚合集主要的觀念是將某些關係類型直接聚合成一個抽象化的實體類型，如此，我們便可建立關係類型間的關係了。

【範例 2.12】

為了進一步了解聚合集的觀念，讓我們首先考慮要如何利用實體關係圖來描述【員工參加計劃時，可能會或不會使用任何的工具】。假使現在我們利用圖 2.20(a) 來直接描述此一關係時，由於此圖所表示的是一個三次元的關係，所以其語意是：員工參加計劃時，一定會使用到工具。所以圖 2.20(a) 並未表示出我們所要描述的關係。但是傳統的實體關係圖是無法直接表達出各種關係

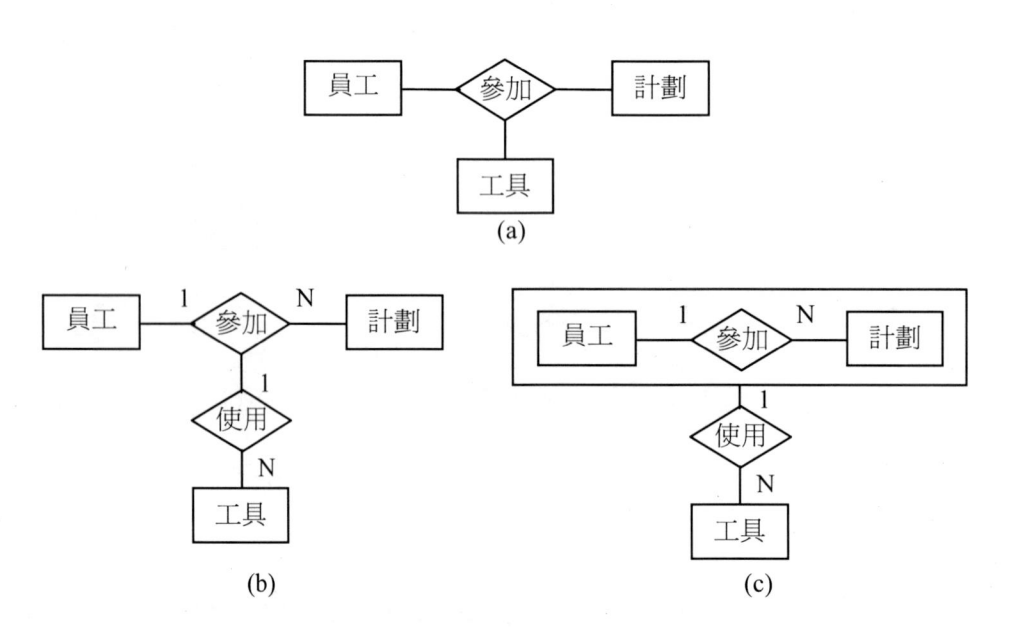

圖 2.20 (a) 三次元的「參加」關係類型；
(b) 直接利用傳統的實體關係圖來表達關係類型間的關係，但在傳統的實體關係圖中此種表示法是不允許的；
(c) 用聚合集的表示法

類型間的關係,所以我們也不能使用圖 2.20(b) 的表示法。此時,要正確的表達出參加關係類型與使用關係類型間的關係,我們則必須採用圖 2.20(c) 的表示法。在圖 2.20(c) 中,我們採用聚合集的觀念,將員工和計劃兩個實體類型和參加關係類型直接結合成為一個抽象化的聚合實體類型,換言之,我們利用一個抽象化的聚合實體類型來描述員工參加計劃這件事情。如果,員工參加了計劃,有使用到工具時,員工參加計劃這個抽象化的聚合實體類型才會經由使用關係類型與工具實體類型產生連結;如不使用工具,則不會產生連結。

2.6　摘　要

基本上,利用實體關係型來模組一個資料庫的基本動作可分為三步驟:

(1) 確認資料庫中各種實體類型及其屬性;同時也要確認該實體類型的主鍵。

(2) 確認各實體類型間的關係類型及其屬性。

(3) 確認各關係類型的結構性約束。

依據上述步驟,我們可以利用實體關係圖來表示一個資料庫的邏輯架構。在此我們要強調:由於不同的設計人員可能會有不同的看法和想法,所以對同一個資料庫而言,不同的設計師所設計出的結果,可能會有些許的不同。

習　題

2.1　說明在資料庫設計時,使用高階資料模型的好處。

2.2 試舉例說明在什麼狀況下,我們必須標示出每一個實體類型在關係類型中所扮演的角色。

2.3 試說明對於關係類型的結構性約束有那兩種表示法。同時,並比較此兩種表示法的優缺點。

2.4 解釋弱實體類型和強實體類型有什麼不同。

2.5 在不利用弱實體類型的觀念下,採用另一種方式,將圖 2.14(a) 的送貨記錄單用實體關係圖表示出來。

2.6 解釋一般化關係和特殊化關係有何不同。

2.7 解釋什麼是非連結約束和完全約束。

2.8 解釋圖 2.21 中的實體關係圖。

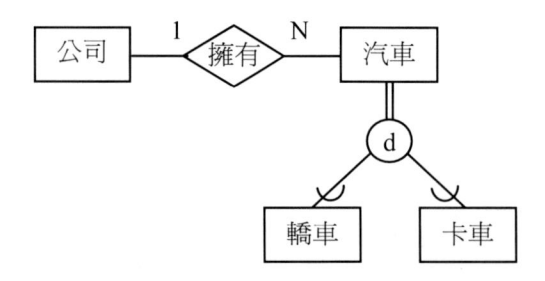

圖 2.21 含特殊化關係的實體關係圖

2.9 解釋圖 2.22 中的實體關係圖。

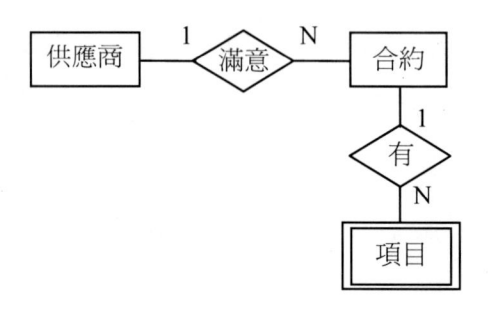

圖 2.22 含弱實體類型的實體關係圖

2.10 解釋圖 2.23 的兩個實體關係圖所表達的意義有何不同。

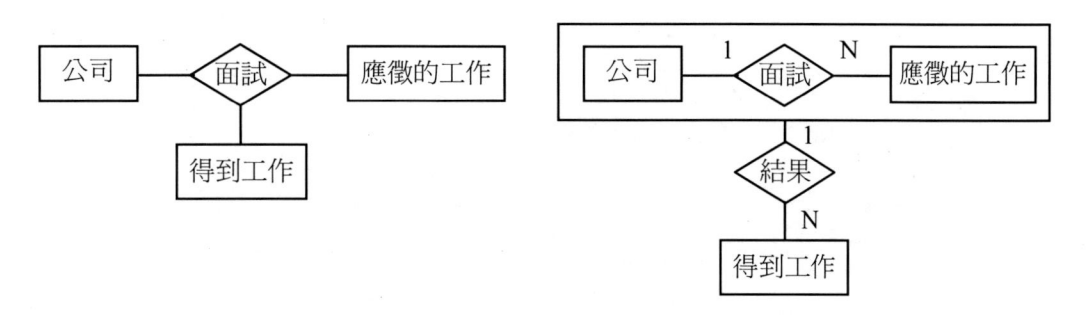

圖 2.23　含三次元關係類型的實體關係圖

2.11 為學校註冊組的資料庫設計一個實體關係圖。

Chapter 3

關係式資料模型

關係式資料模型是高德 (codd) 在 1970 年所提出來的。由於關係式資料模型較階層式資料模型和網狀式資料模型簡單且具有一致性的資料結構，所以很快的，目前商業化的資料庫系統大都是採用關係式資料庫。

3.1 關係式資料模型的基本觀念

3.1.1 關係式資料庫的結構

非正式而言，關係式資料模型是用一群**表格** (tables) 來代表一個關係式資料庫。在表格中，每一列皆代表一個實體。就正式而說，關係式資料模型是用一群**關係表** (relations) 來代表一個關係式資料庫。在關係表中，每一列皆為一個列錄，而每一行則代表一個屬性。每一個屬性皆有其特定的定義域。

在關係式資料模型中，最小的資料單元是單原值；在關係資料模型中，每一個屬性的值都必須是單原值。當一個屬性值是單原值時，則表示該屬性值已經是最小且不能再被細分的值。例如，雖然屬性「地址」是由「城市」和「街道」兩個屬性所組成的，而在實際的資料庫運用上，我們也許僅需知道某個人的地址，而不需要單獨的知道那些人是住於那一個特定的城市或街道時，則此時在我們所關心的世界中，我們可直接將屬性「地址」視為是一個簡單型屬性。而對一個屬性而言，所謂「定義域」則是指該屬性所有可能出現的值所成的集合。

在圖 3.1 的表格中，員工是該表格的名稱；在員工表格中共有「身分證號碼」，「姓名」，「生日」，「地址」和「薪水」等五個屬性。設 DOM(A) 代表屬性 A 的定義域，則員工關係表中每一個屬性的定義域可分別定義為：

1. DOM(身分證號碼)：公司中所有員工的身分證號碼所組成的集合。

屬性 (attributes)

員工	身分證號碼	姓名	生日	地址	薪水
	A123456789	陳中衣	47.12.12	台北市永平路 1 號	30000
	A987654321	王台生	39.01.01	台北市和平路 2 號	50000
	F104105111	丁依依	52.10.10	台南市永安街 3 號	42000
	F222222222	郭　勝	51.04.04	null(虛值)	30000

關係表　　　　　　　　　　　　　　　　　　　　　　　　　　　　　列錄 (tuples)

圖 3.1　員工表格

2. DOM(姓名)：它的範圍就是公司內所有員工的姓名。

3. DOM(生日)：所有日期所成的集合。假設現在是民國 89 年，而公司規定員工的年齡必須大於 17 歲和小於 66 歲，則 DOM(生日) 中的日期必定在民國 23 年到民國 71 年之間。

4. DOM(地址)：全國所有城市，街道名稱和號碼所成的集合。

5. DOM(薪水)：所有可能薪水的值所成的集合。如果公司規定每一位員工的薪水不得少於 15000 元和多於 200000 元時，則 DOM(薪水)的值必定是大於 14999 和小於 2000001 的實數。

雖然，在 DOM(生日) 內的值可再被細分成年，月和日等的數值，但是由於在此資料庫中，我們視整個日期為一個資料單元，所以在此資料庫中，每一個日期皆被視為一個單原值。同樣的，DOM(地址) 中所有的值，在此資料庫亦被視成為單原值。

若關係綱目 R 是由 n 個屬性所組成，則此關係綱目可用 $R(A_1, ..., A_n)$ 來表示，其中，R 為該關係綱目的名稱，而每一個 A_i 都是一個屬性的名稱。所謂關係綱目的**幅度** (degree) 則是指：該關係綱目屬性的個數。所以關係綱目 $R(A_1, ..., A_n)$ 的幅度是 n，其所屬的關係表瞬間值可用 r(R) 來表示。當 r = {t₁, ..., tₘ} 則表示關係表中含有 m 個列錄。同時，對每一個幅度為 n 的列錄而言，t = < v₁, ..., vₙ >，每一個 vᵢ 值一定是屬於 DOM(Aᵢ) 或是一個**虛值** (null value)。在資料庫的研究領域中，虛值的解釋有許多種，但通常「虛值」是指：一個不存在的值或是一個存在但目前是未知的值。

在實際的資料庫運用上，r(R) 中的列錄是用來表達真實世界的狀態，所以當狀態改變時，r(R) 中的資料亦會隨之改變；而相對於關係表而言，關係綱目 R 則很少會變動。對圖 3.1 的表格而言，此表格可分為兩大部份：

1. **關係綱目**：是指表格中**表頭** (heading) 的部份。所以相對於圖 3.1 的表格而言，員工關係綱目可寫成

    員工(身分證號碼，姓名，生日，地址，薪水)，

    且因為在員工關係綱目中共有 5 個屬性，所以此關係綱目的幅度是 5。

2. **關係表（或關係瞬間值）**：是指表格中內容的部份。在員工關係表中，目前共有 4 個列錄，每一個列錄都代表著一個特定的員工。

在圖 3.1 中，每一個列錄都是由 5 個屬性所組成。因為每一個屬性都有其特定的名稱和意義，故我們可用 t[A] 來表示列錄 t 中屬性 A 的屬性值。

【範例 3.1】

當列錄 t 是代表圖 3.1 關係表中的第一筆列錄時，則 t[姓名]= "陳中衣" 和 t [身分證號碼] = "A123456789"。

由於一個關係表可視為由許多不同的列錄所組成的集合，所以在同一個關係表中，列錄不會重複出現：由於關係表是由許多不同的列錄所組成的集合，而依據數學上集合的定義來說，集合內的元素是不會重複的，所以關係表中的列錄亦不可以重複出現。同時，**所有屬性的值都必須是單原值**：在一個關係表中，每一個屬性的值都必須是單原值。事實上，當一個關係表中所有的屬性值都是單原值時，我們則稱此關係表是**屬於第一階正規形式**或**第一階常態形式** (First Normal Form, 1NF)。由於在關係式資料模型中，所有屬性的值都必須是單原值，所以關係綱目中所有的屬性都必須是簡單型屬性。

3.1.2 鍵

在關係式資料模型中，鍵的觀念是非常重要的。事實上，由於在一個關係表中，每一個列錄都必須是不相同的，所以在一個關係綱目 R 中，必定有一組屬性 SK，使得關係表 r(R) 中的任何兩個列錄，t_1 和 t_2 的 SK 屬性值都不一樣；即 $t_1[SK] \neq t_2[SK]$。此時，我們稱滿足上述條件的屬性 SK 為關係綱目 R 的**超值鍵**或**超級鍵** (superkey)。而假如此時在關係綱目 R 中，不存在另一個屬性 Z，使得屬性 (SK – Z) 仍為關係綱目 R 的超值鍵時，則屬性 SK 即為關係綱目 R 中一個最小的超值鍵，而這個最小的超值鍵便是我們所謂的鍵。

【範例 3.2】

在圖 3.1 的員工關係綱目中，每一個員工的身分證號碼都不可能會重複，所以「身分證號碼」是員工關係綱目的鍵。事實上，任何包含屬性「身分證號碼」的一組屬性都可為員工關係綱目的超值鍵。例如，屬性 {身分證號碼,生日} 即是員工關係綱目的一個超值鍵。但由於 {身分證號碼,生日} – {生日} = {身分證號碼}，而屬性「身分證號碼」又是員工關係綱目的一個超值鍵，所以我們可以知道屬性 {身分證號碼,生日} 不是員工關係綱目的鍵。

有時候，一個關係綱目 R 可能會有一個以上的鍵，此時這些鍵都被稱之為關係綱目 R 的**備選鍵** (candidate key)。在這些備選鍵中我們可選擇其中一個語意最清楚，長度最短和最常被使用的鍵當作關係綱目 R 中的主鍵，而其他未被選中的備選鍵則稱之為次選鍵。任何一個關係綱目皆必須僅有一個**主鍵** (primary key)。在一個關係綱目 R 中，若屬性 Y 是屬於關係綱目 R 的備選鍵之一部份，則屬性 Y 被稱為關係綱目 R 的**主要屬性** (primary attribute)；反之，屬性 Y 則被稱為關係綱目 R 的非主要屬性。對一組屬性 X 而言，若 X 是關係綱目的主鍵時，則我們會在屬性 X 下加上底線以表示 X 是關係綱目的主鍵。例如，在圖 3.1 中，屬性「身分證號碼」即是員工關係綱目的主鍵。

3.1.3 關係資料庫綱目和完整性約束

每一個關係式資料庫都具有一個資料庫綱目。此資料庫綱目描述了整個資料庫的邏輯架構。基本上，一個資料庫綱目是由一組關係綱目和一組**完整性約束** (integrity constraints) 所組成。對於一個關係式資料庫而言，資料庫中所有的瞬間值都必須滿足資料庫中所有的完整性約束。而在關係式資料模型中有許多種的約束，這些約束包括了定義域約束，鍵約束，實體完整性約束，參考完整性約束以及各種不同資料間的功能相依性。我們將於第六章再討論各種類型的功能相依性。

事實上，定義域約束和鍵約束的基本觀念都已於前面介紹過了。簡言之，所謂定義域約束是指：在關係表中的每一個屬性 A 的值都必須要在 DOM(A) 中。而所謂**鍵約束** (key constraint) 則是指：在一個關係表中，任何兩個不同列錄的鍵值一定要不一樣；換言之，對一個關係綱目而言，在關係表中每一個列錄的鍵值都必須是唯一的。**實體完整性約束** (entity integrity constraint) 是規定每一個列錄的主鍵值都不可含有虛值。在關係資料模型中，主鍵值是用來區辨關係表中的每一筆列錄，而虛值又代表著一個未知值，所以當主鍵值中含有虛值時，我們將無法利用主鍵的值來辨識關係表中的每一筆列錄。

參考完整性約束 (referential integrity constraint) 是用來維護列錄間連結的一致性。非正式而言，參考完整性約束是指：當一個列錄 t_1 參考到另一個列錄 t_2 時，則被參考到的列錄 t_2 一定要存在。要更進一步的正式定義參考完整性約束，我們則必須先了解什麼是**外鍵** (foreign key)。對兩個不同或相同的關係綱目 R_1 和 R_2 而言，若在 R_1 中某組屬性 FK 的定義域是和 R_2 中主鍵 PK 的定義域相同時，則屬性 FK 即是關係綱目 R_1 的外鍵。此時，關係表 R_1 中的列錄是利用屬性 FK 的值去參考關係表 R_2 中的列錄。

事實上，在關係式資料模型中，我們即是利用主鍵值和外鍵值間的相互配合來表示列錄間的連結。所謂參考完整性約束可正式定義為：若屬性 FK 是關係綱目 R_1 的外鍵，屬性 PK 是關係綱目 R_2 的主鍵，且在關係表 R_1 中的列錄是利用的屬性 FK 的值去參考關係表 R_2 中的列錄時，則對於關係表 R_1 中的每一筆列錄而言，該列錄 FK 的屬性值必須是虛值或是等於關係表 R_2 中某列錄的 PK 屬性值。

在定義外鍵時， R_1 和 R_2 可為相同的關係綱目。這種情形表示外鍵能夠參考到自己所屬關係表中的列錄。由於一個關係式資料庫中通常會包含許多不同的關係表，所以在一個資料庫中會有許多個不同的參考完整性約束。而要指明這些約束，我們必須要非常清晰的了解每組屬性在不同的關係綱目中所扮演的角色。

【範例 3.3】

在圖 3.2 的員工關係綱目中，屬性「工作部門」是表示某員工所工作的部門代號，而屬性「部門代號」則是部門關係綱目的主鍵，所以屬性「工作部門」是員工關係綱目中的一個外鍵。因此在員工關係表中的列錄可利用屬性「工作部門」的值去參考部門關係表中的列錄，進而可以知道某員工所服務部門的名稱和其他相關的資訊。例如，對於圖 3.2 員工關係綱目中的第一筆列錄 t_1 而言，由於 t_1 [工作部門] = "1"，所以我們可以知道陳中衣是工作於資訊部門。同樣的，屬性「經理身分證號碼」是**部門**關係綱目的一個外鍵。所以我們

員工	身分證號碼	姓名	生日	地址	薪水	直屬上司	工作部門
	A123456789	陳中衣	47.12.12	台北市永平路 1 號	30000	A987654321	1
	A987654321	王台生	39.01.01	台北市和平路 2 號	50000	null	1
	F104105111	丁依依	52.10.10	台南市永安街 3 號	42000	null	2
	F222222222	郭　勝	51.04.04	null	30000	A987654321	1

部門	部門代號	部門名稱	經理身分證號碼
	1	資訊	A987654321
	2	會計	F104105111

圖 3.2　員工和部門關係綱目及其所屬的瞬間值

可以知道資訊部門的經理是王台生，而會計部門的經理則是丁依依。

　　在圖 3.2 的員工關係綱目中，屬性「直屬上司」是代表一名員工直屬上司的身分證號碼，且由於屬性「直屬上司」的定義域和主鍵「身分證號碼」的定義域是一樣的，所以屬性「直屬上司」是員工關係綱目中的一個外鍵。員工關係表中的列錄可經由此屬性的值去參考本身所屬的關係表中的列錄，進而找出該員工的直屬上司。由圖 3.2 的關係表，我們可以知道王台生是陳中衣和郭勝兩名員工的直屬上司。而當一位員工沒有直屬上司時，則屬性「直屬上司」的值是用虛值來表示。

　　如果從實體關係式模型中的參與約束來看關係式資料模型中的參考完整性約束時，我們可以明顯的看出：當一個實體類型在某關係類型中是全部參與時，則就相對於此實體類型的關係表中的每一個列錄而言，該列錄的外鍵值必然都不是虛值，而且該列錄的外鍵值一定要等於所參考關係表中的某一個列錄的主鍵值。例如，如果公司中每一個部門都必

```
                                                    f.k.
        ┌─────────────────────────────────────────┐
        ↓                                         │
  員工 (身分證號碼, 姓名, 生日, 地址, 薪水, 直屬上司, 工作部門)
        ↑                           │            │
        │                           │ f.k.       │ f.k.
        │                           │            │
  部門 (部門代號, 部門名稱, 經理身分證號碼)
        └──────↑
```

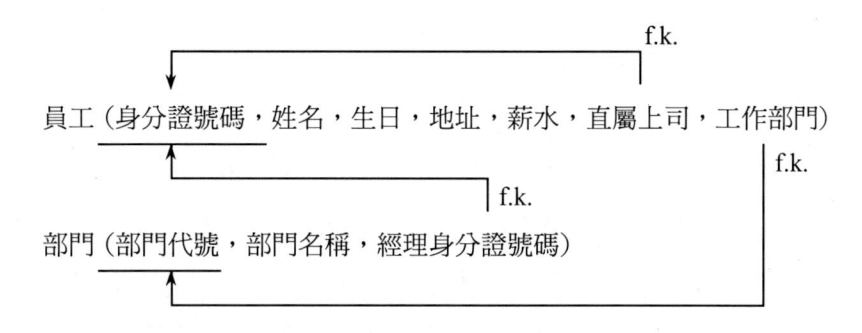

圖 3.3　**員工和部門**關係綱目間參考完整性約束的表示法

須有一位經理時，則經理與部門的關係是屬於全部參與的約束，所以此時對於圖 3.2 的部門關係表而言，此關係表中每一個列錄「經理身分證號碼」的屬性值都不可以為虛值，否則便違反了全部參與約束。而由於不一定每位員工都有直屬上司，所以此時在員工關係表中有些列錄「直屬上司」的屬性值是虛值。

在關係式資料模型中，我們可用圖形來表示各關係綱目間的參考完整性約束。例如，相對於圖 3.2 的關係綱目而言，其中的參考完整性約束可用圖 3.3 來表示。對於在圖 3.3 中的每一個外鍵而言，我們用箭頭指向該外鍵所參考關係綱目的主鍵。在圖 3.3 中，f.k. 是英文外鍵 foreign key 的縮寫。

3.1.4　關係式資料庫的更新動作

資料庫內所有的瞬間值都必須要滿足資料庫中所有的約束，否則資料庫的狀態就會產生錯誤。所以在對資料庫做更新動作時，我們必須要確定在更新後，資料庫內的資料都要滿足資料庫中所有的約束，以確保資料庫狀態的正確性。基本上，對於資料庫的更新動作可分為新增、刪除和修改等三種。現在我們便針對此三種更新動作與各種約束間的關係做逐一的討論。

1. **新增**：此動作是將一個新的列錄加入關係表中。現在我們將對下列三個案例做逐一的討論。

    (1) 新增 <A123456789，丁太，59.07.07，null，30000，A987654321，1> 至圖 3.2 的員工關係表中。但是由於此列錄「身分證號碼」的屬性值與員工關係表中第一筆列錄陳中衣的身分證號碼相同，所以違反了鍵約束。換言之，這個新增動作不能被資料庫管理系統所接受。

    (2) 新增 <null，丁太，59.07.07，null，30000，A987654321，1> 至圖 3.2 的員工關係表中。由於此列錄「身分證號碼」的值是虛值，所以違反了實體完整性約束。

    (3) 新增 <A999999999，丁太，59.07.07，null，30000，A987654321，3> 至圖 3.2 的員工關係表中。由於此列錄「工作部門」的值是 3，而在**部門**關係表中並沒有「部門代號」屬性值是 3 的列錄存在，所以這個新增動作違反了參考完整性約束。

    當新增動作違反了任何一個約束時，資料庫管理系統都可拒絕執行此一個新增動作，或可要求使用者更正錯誤後，再將更正後的資訊重新輸入到資料庫中。例如，在上述的第三個新增動作中，使用者可先將「部門代號」是 3 的部門資訊輸入至**部門**關係表中，然後再執行上述的第三個新增動作，如此一來，就不會違反任何約束了。

2. **刪除**：在執行刪除動作後，資料庫內的資料並不會違反鍵約束和實體完整性約束，但卻有可能造成某些列錄違反了參考完整性約束。例如，當我們要將列錄 <1，資訊，A987654321> 從圖 3.2 的**部門**關係表中刪除時，由於在員工關係表中，仍有許多列錄「工作部門」的屬性值是等於 1，所以此刪除動作會造成在員工關係表中，所有「工作部門」值是 1 的列錄都違反了參考完整性約束。

    當資料庫內的資料違反了參考完整性約束時，則資料庫管理系統可採取下列三種方法來維護資料庫狀態的正確性：(1) 拒絕執行此一個刪除動作；(2) 執行連續刪除動作，將所有在員工關係表中，「工作部門」屬性值是 1 的列錄都予以刪除；(3) 將所有在員工關係表中，「工作部門」屬性值是 1 的列錄都做修改，將該列錄「工作部門」這個屬性的值改為其他合法的值或是虛值。但是在執行修改時，我們要確定修改後的列錄都不會違反資料庫中所有的約束。

3. **修改**：在修改某個列錄的資料時，只要此修改動作不牽涉到該列錄的主鍵值或外鍵值時，則此修改動作都不會有違反鍵約束、實體完整性約束和參考完整性約束等問題；在此情況下，資料庫管理系統僅需檢查修改後的列錄是否滿足定義域約束即可。而當某個列錄的主鍵值被修改時，則該修改動作等於先刪除原來的列錄，然後再新增一筆列錄。而當被修改的屬性是外鍵時，則資料庫管理系統需確定修改後的外鍵值不會違反參考完整性約束。

3.2 實體關係式模型與關係式模型間的轉換

3.2.1 實體類型的轉換

在實體關係模型中，實體類型可分為強實體類型和弱實體類型兩種。而本節將針對此兩種實體類型與關係綱目間的關聯做詳細的討論。

● **強實體類型**：由於在關係式資料模型中，每個關係綱目中的屬性都必須是簡單型屬性，而不允許複合式屬性和多重值屬性的存在，所以在轉換的過程中，我們必須對複合式屬性和多重值屬性做特別的處理。設 E 是實體關係圖中的一個強實體類型，則將強實體類型利用關係綱目來表示，其轉換過程如下：

(1)對 E 中的每一個簡單型屬性而言，我們可以建立一個關係綱目 R，關係綱目 R 中包含了實體類型 E 中所有的簡單型屬性。而對於 E 中的每一個複合式屬性而言，我們可用兩種方法來表示：第一種方法是將該複合式屬性直接視為一個簡單型屬性，將其直接放入關係綱目 R 中。由於一個複合式屬性是由許多個簡單型屬性所組成，所以我們可以直接利用這些簡單型屬性來取代該複合式屬性；所以換言之，第二種方法是將這些組成複合式屬性的簡單型屬性直接放入關係綱目 R 中，而不再去存放此一複合式屬性。

同時，我們可從實體類型 E 的備選鍵中選擇一個鍵當成關係綱目 R 的主鍵。為方便接下來的說明，我們設 R 的主鍵是由屬性 PK 所組成。

(2)對 E 中的每一組獨立的多重值屬性 A_i 而言，我們都必須要建立一個新的關係綱目 R_i。在每一個新的關係綱目 R_i 中都包含了兩組屬性，此兩組屬性分別為前一步驟中關係綱目 R 的主鍵 PK 和一個多重值屬性 A_i，即 $R_i(PK,A_i)$。此時 R_i 的主鍵是由屬性 $\{PK,A_i\}$ 所組成，而屬性 PK 又為關係綱目 R_i 的外鍵。此時，這個外鍵是用來維護關係綱目 R 和關係綱目 R_i 之間原有的關聯。同時，屬性 A_i 在關係綱目 R_i 中已被重新定義成為一個簡單型屬性。若此時 Ai 又是複合式屬性時，則我們可依據前一步驟所述來處理此一複合式屬性。

(3)對於衍生屬性而言，則不用表示於所屬的關係綱目中。

【範例 3.4】

將圖 3.4 中的員工實體類型用關係綱目來表示。依據上述的轉換步驟，我們可以：

(1)若此時我們將屬性「地址」直接視為一個簡單型屬性，則此時我們可建立下列的關係綱目：

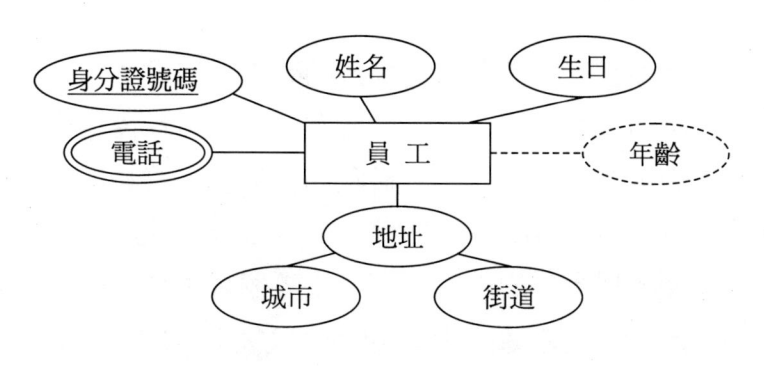

圖 3.4　員工實體類型

員工 (<u>身分證號碼</u>，姓名，生日，地址)。

若此時我們將屬性「地址」視為一個複合式屬性，則此時我們可建立下列的關係綱目：

員工 (<u>身分證號碼</u>，姓名，生日，城市，街道)。

(2)由於屬性「電話」是一個多重值屬性，所以我們必須建立一個新的關係綱目，此新的關係綱目為：

員工電話 (<u>身分證號碼</u>，<u>電話</u>)。

由於屬性「年齡」是一個衍生屬性，所以我們可以不用轉換。所以最後轉換的結果則如圖 3.5 所示。

員工（<u>身分證號碼</u>，姓名，生日，地址）　　　員工（<u>身分證號碼</u>，姓名，生日，城市，街道）
　　　f.k.↑　　　　　　　　　　　　　　　　　　　f.k.↑
員工電話（<u>身分證號碼</u>，<u>電話</u>）　　　　　　員工電話（<u>身分證號碼</u>，<u>電話</u>）

　　　　　(a)　　　　　　　　　　　　　　　　　　　　(b)

圖 3.5　(a) 當「地址」被視為簡單型屬性時，相對於圖 3.4 的關係綱目；
　　　　(b) 當「地址」是複合式屬性時，相對於圖 3.4 的關係綱目

61

- **弱實體類型**：依據弱實體類型的定義，我們知道在弱實體類型中僅有部份鍵而沒有主鍵，但是由於在關係式資料模型中，每一個關係綱目中都必須要有主鍵，所以當我們在對弱實體類型做轉換時，我們必須將該弱實體類型所依附之物主實體類型的主鍵 PK 取出來，再加上該弱實體類型本身的部份鍵而形成該弱實體類型轉換成關係綱目表示法的主鍵。而此時屬性 PK 則為轉換後關係綱目的外鍵。而對於其他有關屬性處理的方式，則與強實體類型的轉換方式一樣。

【範例 3.5】

將圖 3.6 中的實體關係圖利用關係綱目來表示。圖 3.6 的貨品項目是一個弱實體類型，此弱實體類型可轉換成下列的關係綱目：

貨品項目（<u>記錄單編號，貨品編號</u>，貨品名稱，數量）。

在貨品項目關係綱目中，屬性「記錄單編號」是該關係綱目的外鍵。而最後轉換的結果則如圖 3.7 所示。

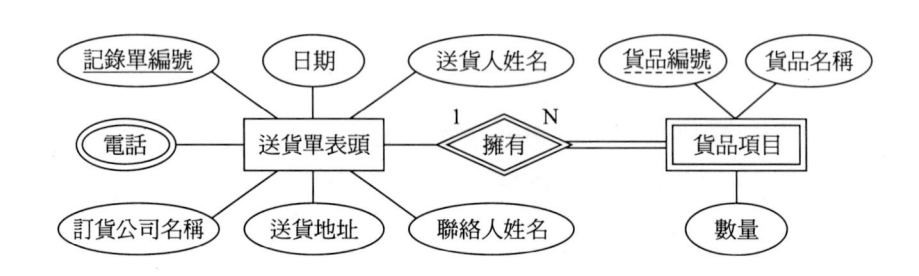

圖 3.6　利用弱實體觀念來表示送貨記錄單實體

送貨電話（<u>記錄單編號，電話</u>）
　　　　　　f.k▼
送貨單表頭（<u>記錄單編號</u>，送貨人姓名，日期，訂貨公司名稱，送貨地址，聯絡人姓名）
　　　　　　f.k▲
貨品項目（<u>記錄單編號，貨品編號</u>，貨品名稱，數量）

圖 3.7　相對於圖 3.6 的關係綱目

3.2.2 二次元關係類型的轉換

本節我們將利用圖 3.8 的實體關係圖來針對各種二次元關係類型的轉換做詳細的介紹。在圖 3.8 中,實體類型 A 的主鍵是 PKa,實體類型 B 的主鍵是 PKb,而關係類型 C 中則包含了 c_1,...,c_n 等屬性。

1. 多對多的二次元關係類型:當實體類型 A 和 B 間的關係是多對多的關係時,則對於關係類型 C 而言,我們可以建立一個關係綱目 C,而且關係綱目 C 中包含了所有屬於關係類型 C 中的所有屬性及實體類型 A 和 B 的主鍵,即

$$C(\underline{PKa},\underline{PKb},c_1,\cdots,c_n)。$$

其中,屬性 {PKa,PKb} 為關係綱目 C 的主鍵,而屬性 PKa 和屬性 PKb 又分別是關係綱目 C 中的兩個外鍵。此時,關係綱目 C 分別用屬性 PKa 和 PKb 來建立與實體類型 A 和 B 轉換後關係綱目間的連結。所以此時相對於圖 3.8 實體關係圖的關係綱目可用圖 3.9 來表示。

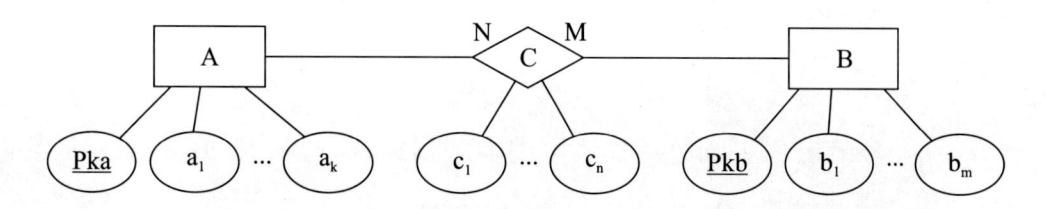

圖 3.8 含二次元的實體關係圖多對多的二次元關係類型

圖 3.9 相對於圖 3.8 多對多二次元關係類型的轉換

事實上，對於任何種類的二次元關係類型的實體關係圖而言，我們都可利用上述方法來轉換成關係綱目。依上述的轉換方式，我們會用到三個關係綱目來表示此類的實體關係圖；但是有時為了系統執行效率的問題，我們希望盡量減少資料庫內關係綱目的數目，所以再接下來，我們將再針對其他種類的二次元關係類型中特殊狀況做進一步的討論。

2. **一對一的二次元關係類型**：設實體類型 A 在關係類型 C 中是全部參與，則此時我們可用兩個關係綱目 A 和 B 來表示此類關係。此時，關係綱目 B 包含了實體類型 B 中所有的屬性，而在關係綱目 A 中，除了包含實體類型 A 和關係類型 C 的所有的屬性外，尚需包含實體類型 B 的主鍵 PKb；此時，屬性 PKb 是關係綱目 A 的外鍵，此外鍵主要的功用是用來維護實體類型 A 和 B 間原來的關係。所以此時相對於圖 3.8 實體關係圖的關係綱目則如圖 3.10 所示。在上述中，若實體類型 B 在關係類型 C 中則是部份參與，如果將實體類型 C 中所有的屬性和屬性 PKa 放入關係綱目 B 中時，則在關係表 B 中，某些列錄 $c_1, c_2, ..., c_n$ 和 PKa 等的屬性值可能會為虛值，而產生問題。

3. **一對多（多對一）的二次元關係類型**：設實體類型 A 和 B 間是一對多的關係，則此時我們可用兩個關係綱目 A 和 B 來表示此類關係。關係綱目 A 包含了實體類型 A 中所有的屬性，而在關係綱目 B 中，除了包含實體類型 B 和關係類型 C 中所有的屬性外，尚需包含

$$A(\underline{PKa}, a_1,...,a_k, c_1,...,c_n, PKb)$$
$$\downarrow \text{f.k.}$$
$$B(\underline{PKb}, b_1,...,b_m)$$

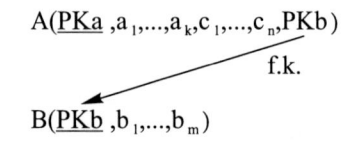

圖 3.10 相對於圖 3.8 一對一二次元關係類型的轉換，其中，實體類型 A 在關係類型 C 中是全部參與

$$A(\underline{PKa}, a_1,...,a_k)$$

$$B(\underline{PKb}, b_1,...,b_m, c_1,...,c_n, PKa) \quad \text{f.k.}$$

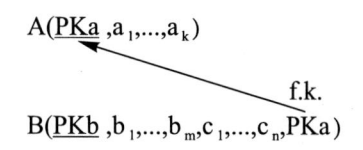

圖 3.11 相對於圖 3.9 一對多二次元關係類型的轉換

實體類型 A 的主鍵 PKa，此時，屬性 PKa 是關係綱目 B 的外鍵。所以相對於圖 3.8 實體關係圖的關係綱目則可用圖 3.11 來表示。

3.2.3 高次元關係類型的轉換

如圖 3.12 所示，當關係類型涉及 N 個實體類型時，則相對於關係類型 C 的關係綱目可表示成：

$$C(\underline{PKE_1, PKE_2,...,PKEN}, c_1,...,c_n)。$$

此時，關係綱目 C 的主鍵是屬性 {PKE_1, PKE_2, ..., $PKEN$}，而每一個屬性 PKE_i 都是關係綱目 C 的一個外鍵；換言之，在關係綱目 C 中總共有 N 個外鍵。其中，屬性 PKE_i 分別是實體類型 E_i 的主鍵，且 i = 1 ... N。

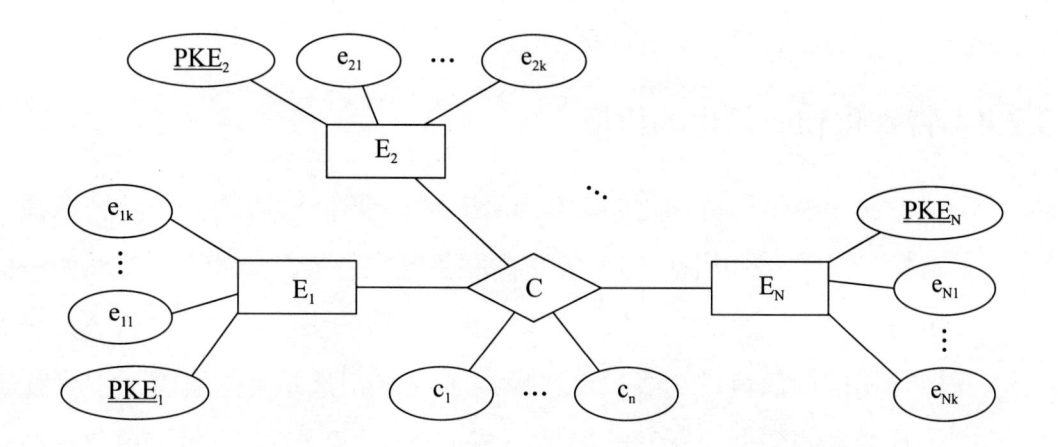

圖 3.12 含 N-ary 關係類型的實體關係圖

【範例 3.6】

圖 3.13(a) 含三次元「供應」關係類型的實體關係圖可轉換成圖 3.13(b) 的關係綱目。

供應商（<u>供應商代號</u>，姓名，地址）　　計劃（<u>計劃編號</u>，計劃名稱）

零件（<u>零件號碼</u>，零件名稱）　供應（<u>供應商代號</u>，<u>計劃編號</u>，<u>零件號碼</u>，數量）

(b)

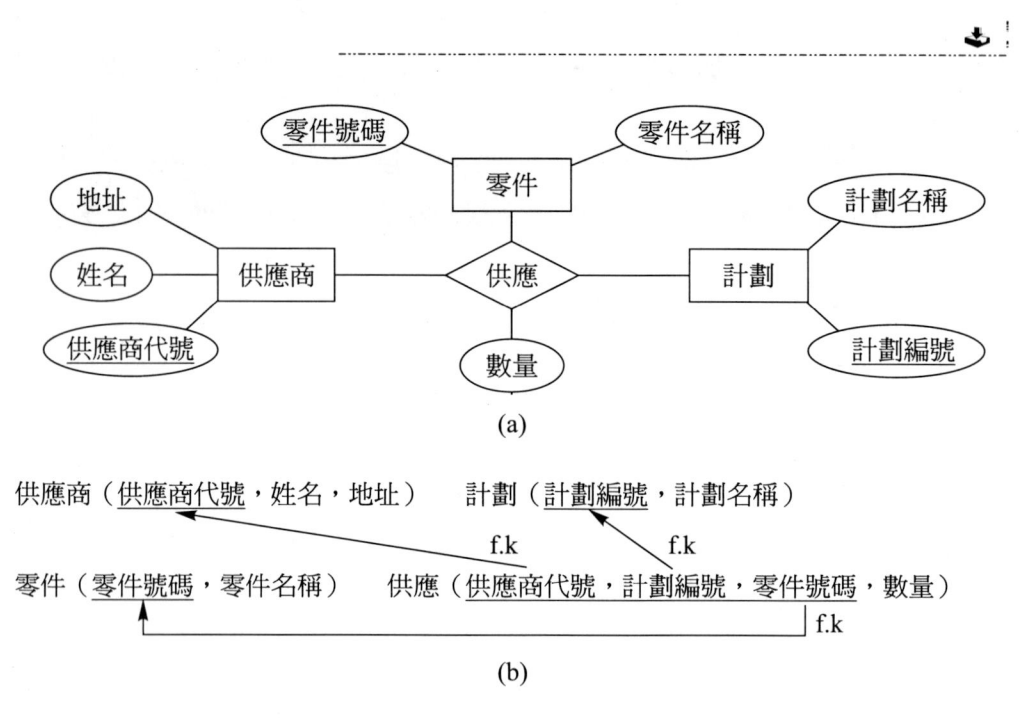

圖 3.13　(a) 含三次元供應關係類型的實體關係圖；
　　　　(b) 相對於圖 (a) 的關係綱目

3.2.4　特殊化和一般化的轉換

將一般化和特殊化的關係類型轉換成關係綱目的方法有許多種，在本節，我們將利用圖 3.14 的實體關係圖來就最常見的兩種方法做一個簡單的介紹。在圖 3.14 中，員工是屬於上層的實體類型，同時，每一名工程師和推銷員皆是一名員工，所以工程師和推銷員兩實體類型又都繼承了員工實體類型中所有的屬性。將一般化和特殊化的關係類型轉換成關係綱目的最常見兩種方法為：

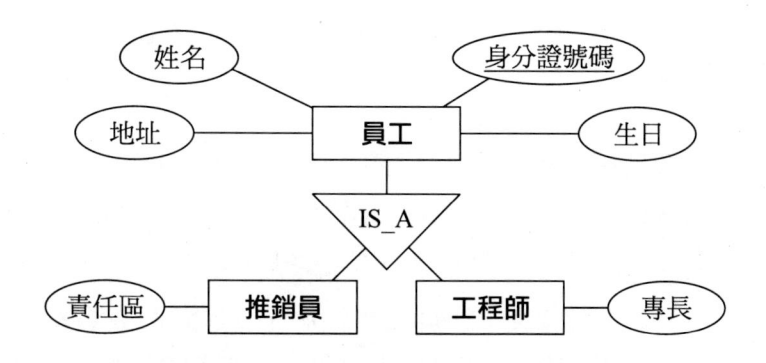

圖 3.14 含特殊化或一般化的實體關係圖

1. 對上層的超類別實體類型建立一個關係綱目 R ；此時，關係綱目 R 包含了上層實體類型中所有的屬性。而對於每一個低層的子類別實體類型而言，都另外再建立一個新的關係綱目 R_i。而在 R_i 中，除了包含該低層實體類型中所有的屬性外，同時亦包含了該實體類型的超類別實體類型中的主鍵。以圖 3.14 的實體關係圖而言，我們可以轉換出下列的三個關係綱目：

員工（<u>身分證號碼</u>，姓名，生日，地址）
工程師（<u>身分證號碼</u>，專長）
推銷員（<u>身分證號碼</u>，責任區）

此種轉換方式最大的好處是不論子類別是否重疊或是是否全部特殊化時都適用於此種轉換方式。

2. 第二種轉換法與第一種轉換方式最大不同的地方是直接對每一個低層的子類別實體類型都建立一個關係綱目 R_i，而不另外再對上層的超類別實體類型建立其所屬的關係綱目。而在關係綱目 R_i 中，除了包含該實體類型中所有的屬性外，尚需包含該實體類型的超類別實體類型中所有的屬性。以圖 3.14 的實體關係圖而言，我們可以轉換出下列的關係綱目：

工程師（<u>身分證號碼</u>，姓名，生日，地址，專長）
推銷員（<u>身分證號碼</u>，姓名，生日，地址，責任區）

在使用此種轉換法時，我們必須要注意幾件事情：即所有子類別間不可以重疊和特殊化必須要滿足全部特殊化的約束。以圖 3.14 的實體關係圖而言，當子類別之間有重疊時，表示有些員工的基本資料會重複出現於工程師和推銷員兩個關係表中，而造成資料重複出現的問題。而當圖 3.14 的實體關係圖中的特殊化是屬於部份特殊化時，則表示有些員工即不是工程師也不是推銷員，所以該員工的基本資料將不會出現於工程師和推銷員兩個關係表中，而造成資料遺失的問題。而由於上述的缺點，所以在一般情形下，我們通常都會採用第一種方法。而對於同時可有數個超類別實體類型的共享子類別而言，其轉換方式可採用前述方法中的任何一種。

使用聚合集主要是為了表達關係類型和關係類型間的關係。而對於聚合集的轉換而言，我們可以用前面各節所介紹的方法將含聚合集的實體關係圖轉換成關係綱目的表示法。

3.3 關係式代數

關係式代數 (The relational algebra) 是一種程序式的查詢語言。在關係式代數中總共有五種的基本操作子：選擇、投射、笛卡爾乘積、差集和聯集。而除了上述五種基本操作子外，在關係式代數中尚包含了交集、聯結和除法等操作子。但不論是那一種操作子，其結果都可藉由關係式代數中的五種基本操作子表達出來，所以這五種基本操作子所成的集合在關係式代數中被稱之為**完全的集合** (complete set)。

同時，由於任何的關係表在經過關係式代數運算操作後，所產生的結果仍然是一個關係表，所以我們說關係式代數具有**封閉性的特性** (closure property)。本節，將利用圖 3.15 的關係表來舉例說明各操作子的定義和運算的結果。

員工	身分證號碼	姓名	生日	地址	薪水	直屬上司	工作部門
	A123456789	陳中衣	47.12.12	台北市永平路 1 號	30000	A987654321	1
	A987654321	王台生	39.01.01	台北市和平路 2 號	50000	null	1
	F104105111	丁依依	52.10.10	台南市永安街 3 號	42000	null	2
	F222222222	郭　勝	51.04.04	null	30000	A987654321	1

部門	部門代號	部門名稱	經理身分證號碼
	1	資訊	A987654321
	2	會計	F104105111

員工電話	身分證號碼	電話
	A123456789	7771111
	A987654321	8888881
	A987654321	8888882
	F104105111	9999990
	F104105111	9999991
	F222222222	5565555

參加	身分證號碼	計劃編號	工作時數
	A123456789	1	11
	A123456789	2	7
	A987654321	1	34
	F104105111	1	5
	F104105111	2	12
	F104105111	3	12
	F222222222	4	30

計劃	計劃編號	計劃名稱	執行地點	等級	控制部門
	1	X_1	台北	極機密	1
	2	N_1	台南	密	2
	3	N_2	台南	密	2
	4	K_1	金門	密	1

圖 3.15 公司資料庫的關係表

3.3.1 選擇 (Select) 和投射 (Project) 操作

選擇操作子和投射操作子都是屬於**單元的** (unary) 操作子,它們一次僅能對一個關係表做操作。

- **選擇操作**:選擇操作運算是從一個特定的關係表中選出所有滿足選擇條件的列錄。一般而言,選擇操作的表達式可寫成:

$$\sigma_{<選擇條件>}(<關係表名稱>)$$

其中,希臘字母 σ 是選擇操作子的符號,<關係表名稱>則是代表一個關係表的名稱,而放於 σ 下標處的 <選擇條件> 則是一個布林表達式。同時,經選擇操作子運算求得的關係表必定和<關係表名稱> 中所指的關係表具有相同的幅度。

【範例 3.6】

依據圖 3.15 的員工關係表,找出所有薪水高於 40000 元的員工資料。依據上述,此查詢可寫成:$\sigma_{薪水 > 40000}$ (員工)。而查詢的結果則如圖 3.16 所示。

身分證號碼	姓名	生日	地址	薪水	直屬上司	工作部門
A987654321	王台生	39.01.01	台北市和平路 2 號	50000	null	1
F104105111	丁依依	52.10.10	台南市永安街 3 號	42000	null	2

圖 3.16　$\sigma_{薪水 > 40000}$ (員工) 查詢的結果

在選擇操作中,<選擇條件> 是由許多子句所組合而成的,而每一個子句都具有下列的格式:<屬性名稱>θ<常數> 或 <屬性名稱>θ<屬

性名稱>。其中，θ 是任何一個純量比較操作子 =，≠，>，≧，< 和 ≦ 中的其中一個，而每一個子句間又可藉由布林操作子 AND，OR 和 NOT 將這些子句任意的組合在一起使用。

【範例 3.7】

依據圖 3.15 的員工關係表，找出所有薪水高於 40000 元和出生日期在民國 50 年以前的員工資料。此查詢可寫成：

$$\sigma_{薪水>40000 \text{ AND } 生日<"50.01.01"}(員工)$$

而查詢的結果則如圖 3.17 所示。

身分證號碼	姓名	生日	地址	薪水	直屬上司	工作部門
A987654321	王台生	39.01.01	台北市和平路 2 號	50000	null	1

圖 3.17　$\sigma_{薪水>40000 \text{ AND } 生日<"50.01.01"}$ (員工) 查詢的結果

由於選擇操作子之間具有**交換性** (commutative)，所以

$$\sigma_{<選擇條件\_1>}(\sigma_{<選擇條件\_2>}(<關係表名稱>))$$
$$= \sigma_{<選擇條件\_2>}(\sigma_{<選擇條件\_1>}(<關係表名稱>))$$

同時，我們也可以利用布林操作子 AND 將一聯串的選擇條件結合成一個選擇條件的表達式。例如，

$$\sigma_{<選擇條件\_1>}(\sigma_{<選擇條件\_2>}(...(\sigma_{<選擇條件\_n>}(<關係表名稱>))...))$$
$$= \sigma_{<選擇條件\_1>\text{AND}<選擇條件\_2>\text{AND}...\text{AND}<選擇條件\_n>}(<關係表名稱>))...))$$

● **投射操作子**：投射操作子是從一個特定的關係表中選出所有在屬性名

單中所指定的屬性，而形成一個新的關係表。一般而言，投射操作的表達式可寫成

$$\Pi_{<屬性名單>} (<關係表名稱>)$$

其中，希臘字母 Π 是投射操作子的符號，而放於 Π 下標處的 <屬性名單>，則是一群在 <關係表名稱> 中所指定之關係表的屬性。同時，由於投射操作子運算可能僅對關係表中一部份的屬性有興趣，所以經投射操作運算後所求得之關係的幅度可能會小於在 <關係表名稱> 中所指定之關係表的幅度。

【範例 3.8】

依據圖 3.15 的員工關係表，找出每一位員工的姓名和其所屬的薪水資料。依據上述，此查詢可寫成：$\Pi_{姓名, 薪水}$(員工)。而查詢的結果則如圖 3.18(a) 的關係表所示。

姓名	薪水
陳中衣	30000
王台生	50000
丁依依	42000
郭 勝	30000

(a)

薪水
30000
50000
42000

(b)

圖 3.18 (a) $\Pi_{姓名, 薪水}$(員工) 查詢的結果；
(b) $\Pi_{薪水}$(員工) 查詢的結果

由圖 3.18(a) 可看出，查詢所得關係表的幅度是小於原來員工關係表的幅度。事實上，在執行投射操作運算後，除了所得關係表的幅度可能會小於在 <關係表名稱> 中所指定之關係表的幅度外；如果當 <屬性名單> 中不包含該關係表的鍵時，則在運算所得關係表中，列錄的數目亦可能會小於原關係表中列

錄的數目。造成列錄減少的原因是：當 <屬性名單> 中不包含該關係表的鍵時，則在運算後所得關係表中，可能會含有重複的列錄。但在關係式資料模型中，關係表中是不可有重複的列錄，所以在執行投射操作運算的同時，系統亦會自動執行消除重複列錄的動作，進而造成列錄數目的減少。

【範例 3.9】

依據圖 3.15 的員工關係表，找出員工的薪水資料。此查詢動作可寫成：$\Pi_{薪水}(員工)$。而查詢的結果則如圖 3.18(b) 的關係表所示。雖然在員工關係表中，有兩位員工的薪水都是 30000 元，但是由於系統會執行消除重複列錄的動作，所以在圖 3.18(b) 中，列錄 <30000> 僅會出現一次；換言之，圖 3.18(b) 關係表中，列錄的數目會少於員工關係表中列錄的數目。

當 <屬性名單> 中含有關係表的鍵時，則因為每一個鍵的值都是唯一的，所以在運算所得關係表中，列錄都不會重複；換言之，在運算所得關係表中，列錄的數目會等於原關係表中列錄的數目。而由於投射操作運算僅選出 <屬性名單> 中的屬性，所以當 <屬性名單_1> 包含於 <屬性名單_2> 中的時候，則：

$$\Pi_{<屬性名單\_1>}(\Pi_{<屬性名單\_2>}(<關係表名稱>)) = \Pi_{<屬性名單\_1>}(<關係表名稱>)$$

- **重新命名**：通常一個查詢會包含一聯串的動作，而對於這一聯串的動作，我們可以用一個查詢表達式來表示，或者為清楚表達出每個查詢的動作，我們可將一個查詢表達式分成數個查詢運算式來表示。不論如何，在運算的過程中，我們都可指定：將運算後結果儲存在那一個臨時的關係表中，同時，更可以對這些關係表中的屬性重新命名。我們利用範例 3.10 來說明如何重新命名，其中重新命名的操作子為 ←。

【範例 3.10】

依據圖 3.15 的員工關係表，找出在「工作部門」= "1" 服務的員工姓名和出生日期。則此查詢可寫成：$\Pi_{姓名,生日}(\sigma_{工作部門 = "1"}(員工))$。而查詢的結果則如圖 3.19 的關係表所示。若此時我們將查詢動作會分開成數個運算式子時，則此查詢動作可寫成：

$$TEMP \leftarrow \sigma_{工作部門 = "1"}(員工)$$

$$答案（姓名，出生日期）\leftarrow \Pi_{姓名,生日}(TEMP)$$

姓名	生日
陳中衣	47.12.12
王台生	39.01.01
郭　勝	51.04.04

圖 3.19　$\Pi_{姓名,生日}(\sigma_{工作部門 = "1"}(員工))$ 的查詢結果

在此範例中，我們先將在「工作部門」= "1" 的員工資料存入一個臨時關係表 **TEMP** 中，然後將最後查詢的結果存入答案關係表。而這兩個關係表則如圖 3.20(a) 和圖 3.20(b) 所示。由圖 3.20(b) 的答案關係表中，我們可以看到：屬性「生日」被重新命名為「出生日期」。而對於圖 3.19 的查詢，我們也可以使用重新命名的技巧而獲得圖 3.20(b) 的答案關係表。事實上，在處理一個複雜的查詢時，重新命名是非常重要的一個技巧。

TEMP	身分證號碼	姓名	生日	地址	薪水	直屬上司	工作部門
	A123456789	陳中衣	47.12.12	台北市永平路 1 號	30000	A987654321	1
	A987654321	王台生	39.01.01	台北市和平路 2 號	50000	null	1
	F222222222	郭　勝	51.04.04	null	30000	A987654321	1

(a)

答案	姓名	出生日期
	陳中衣	47.12.12
	王台生	39.01.01
	郭　勝	51.04.04

(b)

圖 3.20 (a)TEMP ← σ 工作部門 = "1" (員工) 的查詢結果；
(b)答案 (姓名，出生日期) ← Π 姓名，生日 ((TEMP) 的查詢結果

3.3.2 集合操作子

　　傳統的集合操作子可分為聯集，交集，差集和笛卡爾乘積等四種。由於這些操作子在運算時會使用到兩個關係表，所以這些操作子是二次元的操作子。在這些操作子中，除了笛卡爾乘積外，對於聯集，交集和差集而言，我們都要求參與運算的兩個關係表，一定要滿足**聯集相容** (union compatible) 的特性。當兩個關係表 $R_1(A_1,...,A_n)$ 和 $R_2(B_1,...,B_n)$ 是「聯集相容時」，則除了此兩個關係表的幅度必須相同外，同時，在此兩個關係表中，其相互對映屬性的定義域也必須是一樣的。換言之，關係表 R_1 和 R_2 的幅度都必須是 n，且 $DOM(A_i) = DOM(B_i)$ 和 $i = 1...n$。

● **聯集，交集和差集操作子**：設 R_1 和 R_2 是兩個聯集相容的關係表，則

(1)聯集 (∪)：在 $R_1 \cup R_2$ 的關係表中，包含了 R_1 和 R_2 兩個關係表中所有的列錄。同時，在 $R_1 \cup R_2$ 關係表中，所有重複的列錄都會被消除。

(2)交集 (∩)：$R_1 \cap R_2$ 的關係表是由同時屬於關係表 R_1 和 R_2 的列錄所組成的集合。

(3)差集 (−)：$R_1 - R_2$ 的關係表是由屬於關係表 R_1 但不屬於 R_2 的列錄所組成的集合。

在這些操作運算中，雖然關係表 R_1 和 R_2 是相容的，但是並不保證在這兩個關係表中，所有相互對映屬性的名稱也是一樣的，所以通常在執行上述的運算時，在運算所得結果之關係表中，各屬性的名稱都採用第一個關係表 R_1 中的屬性名稱。同時，若 R_1 和 R_2 是兩個聯集相容的關係表。則由於聯集 (交集) 操作子之間都具有交換性及結合性，所以下列式子都成立：

(1) $R_1 \cup R_2 = R_2 \cup R_1$

(2) $R_1 \cap R_2 = R_2 \cap R_1$

但是由於差集操作子不具有交換性，所以 $R_1 - R_2 \neq R_2 - R_1$。

- **笛卡爾乘積操作子** (The Cartesian Product Operation)：我們用 × 符號來代表笛卡爾乘積操作子。設關係綱目 R_1 和 R_2 分別為 $R_1(A_1,...,A_n)$ 和 $R2(B_1,...,B_m)$。當 $R_1 \times R2 = Q$ 時，則關係綱目 Q 是 $Q(A_1,...,A_n, B_1,...,B_m)$。此時，關係綱目 Q 的幅度為 $n + m$。而此時在關係表 Q 中的每一個列錄 t，皆是由關係表 R_1 中的一個列錄 t_1 和關係表 R_2 中的另一個列錄 t_2 所組合而成的，即 $t[A_1,...,A_n]=t_1 [A1,...,A_n]$ 和 $t[B_1,...,B_m]=t_2[B_1,...,B_m]$。所以當關係表 R_1 和 R_2 中分別有 NR_1 和 NR_2 個列錄時，則關係表 Q 中會有 $NR_1 \times NR_2$ 個列錄。

【範例 3.11】

依據圖 3.15 中的關係表，則此時

員工部門 ← (員工 × 部門)

的執行結果將如圖 3.21(a) 所示。此時讓我們進一步觀察在圖 3.21(a) 關係表中的每一筆列錄，我們會發現在員工部門關係表中，有許多筆列錄所代表的資訊都是毫無意義的。例如，在圖 3.21(a) 關係表的第二筆資料，因陳中衣並不在會計部門工作，所以這筆資料是無意義的資訊。事實上，對於圖 3.21(a) 關係表的每筆資料而言，只要是該筆資料「工作部門」的值不等於「部門代號」的值時，該筆資料便是無意義的資訊。但是若此時我們再結合選擇操作運算後，我們便可以從員工部門關係表中，找出每一位員工和該員工所服務部門的所有資訊。而此查詢表達式則如下所列，同時此查詢的結果則如圖 3.21(b) 所示。

真正員工部門 ← $\sigma_{\text{工作部門}=\text{部門代號}}$ (員工部門)

　　事實上，由於經笛卡爾乘積操作運算所產生的列錄可能是由兩個完全不相關的列錄所結合而成的；換言之，此列錄所代表的資訊是毫無意義的。所以通常我們在執行笛卡爾乘積操作運算後，我們會再接著執行選擇操作運算，經由設定適當的選擇條件，我們可以將有意義的列錄選擇出來。而此選擇條件通常是屬於兩個關係表之間的聯結條件。由於在關係式資料模型中，兩個關係表間的關係是分別藉由兩關係表的主鍵值和外鍵值間的互相配合來建立的，所以在關係式資料模型中，此聯結條件通常是被設定成一個關係表的主鍵值要等於另一個關係表的外鍵值。例如，屬性「工作部門」是員工關係綱目的外鍵，而屬性「部門代號」則是部門關係綱目的主鍵。由於在關係式代數中，笛卡爾乘積操作運算和選擇操作運算時常會被配合在一起使用，所以在 3.3.3 節中，我們將介紹另一個新的操作運算－聯結操作運算，來取代此類的運算。

員工部門	身分證號碼	姓名	生日	地址	薪水	直屬上司	工作部門	部門代號	部門名稱	經理身分證號碼
	A123456789	陳中衣	47.12.12	台北市永平路 1 號	30000	A987654321	1	1	資訊	A987654321
	A123456789	陳中衣	47.12.12	台北市永平路 1 號	30000	A987654321	1	2	會計	F104105111
	A987654321	王台生	39.01.01	台北市和平路 2 號	50000	null	1	1	資訊	A987654321
	A987654321	王台生	39.01.01	台北市和平路 2 號	50000	null	1	2	會計	F104105111
	F104105111	丁依依	52.10.10	台南市永安街 3 號	42000	null	2	1	資訊	A987654321
	F104105111	丁依依	52.10.10	台南市永安街 3 號	42000	null	2	2	會計	F104105111
	F222222222	郭　勝	51.04.04	null	30000	A987654321	1	1	資訊	A987654321
	F222222222	郭　勝	51.04.04	null	30000	A987654321	1	2	會計	F104105111

(a)

真正員工部門	身分證號碼	姓名	生日	地址	薪水	直屬上司	工作部門	部門代號	部門名稱	經理身分證號碼
	A123456789	陳中衣	47.12.12	台北市永平路 1 號	30000	A987654321	1	1	資訊	A987654321
	A987654321	王台生	39.01.01	台北市和平路 2 號	50000	null	1	1	資訊	A987654321
	F104105111	丁依依	52.10.10	台南市永安街 3 號	42000	null	2	2	會計	F104105111
	F222222222	郭　勝	51.04.04	null	30000	A987654321	1	1	資訊	A987654321

(b)

圖 3.21　(a) 員工部門 ← (員工 × 部門) 的查詢結果；
　　　　(b) 真正員工部門 ← σ$_{工作部門=部門代號}$ (員工部門) 的查詢結果

3.3.3　聯結操作子

聯結操作運算 (The Join Operation) 是將兩個關係表中相關的列錄合併成為一個新的列錄。基本上，聯結操作運算是將笛卡爾乘積操作運算和選擇操作運算結合在一起使用的一種操作運算。對兩個分別為

$R_1(A_1,...,A_n)$ 和 $R_2(B_1,...,B_m)$ 的關係綱目而言,聯結操作運算的表示方法為:$R_1 \bowtie_{<聯結條件>} R_2$,其中,符號 $\bowtie$ 是代表聯結操作子,而 <聯結條件> 則是一聯串用布林操作子 AND 相結合在一起的條件式子,所以 <聯結條件> 可表示成:

<條件式子> AND <條件式子> AND ‧‧‧ AND <條件式子>

每一個 <條件式子> 的格式都為 $A_i\ \theta\ B_j$,其中,A_i 是 R_1 中的一個屬性,B_j 是 R_2 中的一個屬性,並且 $DOM(A_i) = DOM(B_j)$,而 θ 則是一個純量比較操作子。此時,屬性 A 和 屬性 B 又分別被稱之為 <條件式子> 中的**聯結屬性** (join attribute)。又因為 θ (THETA) 這個希臘字母,所以在關係式資料模型中,我們稱具有此格式的聯結操作運算為 **THETA 聯結** (THETA JOIN)。

當 $R_1 \bowtie_{<聯結條件>} R_2 = Q$ 時,則關係綱目 $Q(A_1,...,A_n,B_1,...,B_m)$ 的幅度為 n + m。而且在關係表 Q 中的每一個列錄 t,皆是由關係表 R_1 中的一個列錄 t_1 和關係表 R_2 中另一個列錄 t_2 所組合而成的。但是與笛卡爾乘積操作運算不同的是:此時在關係表 Q 中的每一筆列錄都必須要滿足在聯結操作子中所訂定的聯結條件。換言之,聯結操作運算是將兩個關係表中相關的列錄合併成為一個新的列錄,而笛卡爾乘積操作運算則是將兩關係表中的列錄任意的合併成為一個新的列錄。基本上,聯結操作運算可說是先執行兩關係表間的笛卡爾乘積操作運算,再將符合條件的列錄選出來:

$$R_1 \bowtie_{<聯結條件>} R_2 = \sigma_{<聯結條件>} (R_1 \times R_2)$$

【範例 3.11】

依據圖 3.15 的關係表,找出每一位員工和該員工所服務部門的所有資訊。此查詢可寫成:

真正員工部門 ← (員工 $\bowtie_{工作部門=部門代號}$ 部門)

而又由於

$$員工 \bowtie_{工作部門=部門代號} 部門 = \sigma_{工作部門=部門代號} (員工 \times 部門)$$

故此查詢的結果就和圖 3.21(b) 的真正員工部門關係表完全一樣。

讓我們再看一個較複雜的範例。

【範例 3.12】

依據圖 3.15 的關係表，找出參與計劃 X1 的員工姓名。此查詢可寫成：

$$\Pi_{姓名}(員工 \bowtie_{員工.身分證號碼 = 參加.身分證號碼} (參加 \bowtie_{參加.計劃編號=計劃.計劃編號} (\sigma_{計劃名稱="X1"} 計劃)))$$

其查詢結果則如圖 3.22 所示。

姓名
陳中衣
王台生
丁依依

圖 3.22　範例 3.12 的查詢結果

在上述的查詢表達式中，由於屬性「計劃編號」分別出現於參加和計劃兩個關係表中，所以為了避免產生混淆不清的狀況，我們可以將該屬性加以限量，利用 relation-name.attribute-name 的格式來清楚的表示出所指定的屬性。同樣的，屬性「身分證號碼」也可採同樣的格式來表達。

在實際的關係式資料庫運用中，在大部份的 <聯結條件> 中，兩個屬性間的比較都是相等性的比較，換言之，θ 是一個相等操作子 "="。對於一個聯結操作運算的 <聯結條件> 而言，當 <聯結條件> 中所有的 θ 都是相等操作子時，則我們稱此類的聯結操作運算為**相等聯結** (EQUIJOIN)。當一個聯結操作運算是相等聯結時，則在其運算的結果中，必定會有一對或一對以上的屬性具有完全相同的屬性值。例如，對於圖 3.21(b) 真正員工部門關係表中的每一個列錄 t 而言，「工作部門」的屬性值和「部門代號」的屬性值是完全相同的，換言之，t[工作部門] = t[部門代號]。

由於在相等聯結的運算結果中，每一個列錄都會有一對或一對以上的屬性具有完全相同的屬性值。為了避免這種情形，於是我們又有**自然聯結** (Natural join) 操作子的產生。在自然聯結操作運算中，我們會將在每一個 <條件式子> 中的第二個屬性去除掉。因此自然聯結操作可說是先執行兩關係表間的笛卡爾乘積操作運算，再將符合條件的列錄選出來，最後再執行投射操作運算將每一個 <條件式子> 中的第二個屬性去除掉。一般而言，我們通常用符號 ＊ 來表示自然聯結操作子。

【範例 3.13】

依據圖 3.15 的關係表，找出每一位員工和該員工所服務部門的所有資訊。此查詢可寫成：員工與部門<----(員工 ＊ 工作部門=部門代號 部門)，此查詢的結果則如圖 3.23 所示。不像圖 3.21(b) 的真正員工部門關係表，在圖 3.23 的關係表中，屬性「部門代號」這個多餘的屬性已被消除掉了。在自然聯結運算中，如果說 <條件式子> 中的兩個聯結屬性的名稱是完全一樣時，則此 <條件式子> 又可以被省略掉。例如，範例 3.13 的查詢又可寫成：

部門資訊(**工作部門**，部門名稱，經理身分證號碼)
$\leftarrow \Pi_{\text{部門代號，部門名稱，經理身分證號碼}}(\text{部門})$

員工與部門 ← 員工 ＊ 部門資訊

員工與部門	身分證號碼	姓名	生日	地址	薪水	直屬上司	工作部門	部門名稱	經理身分證號碼
	A123456789	陳中衣	47.12.12	台北市永平路 1 號	30000	A987654321	1	資訊	A987654321
	A987654321	王台生	39.01.01	台北市和平路 2 號	50000	null	1	資訊	A987654321
	F104105111	丁依依	52.10.10	台南市永安街 3 號	42000	null	2	會計	F104105111
	F222222222	郭 勝	51.04.04	null	30000	A987654321	1	資訊	A987654321

圖 3.23　員工與部門 ← (員工 ∗ 工作部門 = 部門代號 部門) 的查詢結果

3.3.4　除法操作子

我們用符號 ÷ 來代表除法操作子 (division)。設關係綱目 R_1 和 R_2 分別為 $R_1 (A_1,...,A_n,B_1,...,B_m)$ 和 $R_2 (B_1,...,B_m)$。當 $R_1 \div R_2 = Q$ 時，則 Q 是 $Q(A_1,...,A_n)$，而且關係表 Q 中的每一個列錄 t 都必須滿足下列的條件：

對於關係表 R_2 中的每一個列錄 t_2 而言，關係表 R_1 中必定存在一個列錄 t_1 使得 $t_1 [A_1,...,A_n]=t$ 和 $t_1 [B_1,...,B_m]=t_2$。

【範例 3.14】

試考慮圖 3.24 的 R，S 和 Q 三個關係表。此時，關係表 Q 是 R ÷ S 的結果。

R	A	B	C
	a_1	b_1	c_1
	a_1	b_2	c_1
	a_1	b_3	c_1
	a_1	b_1	c_2
	a_2	b_1	c_1
	a_2	b_2	c_1

S	B
	b_1
	b_2

Q	A	C
	a_1	c_1
	a_2	c_1

圖 3.24　R, S 和 Q 三個關係表

基本上，除法操作運算在處理 **"在某一全部情形下"** (for all) 之類的查詢時，是非常有用的一個操作子。

【範例 3.15】

依據圖 3.15 中的關係表，對每一個執行地點在台南的計劃而言，找出全部都參與這些計劃的員工姓名。在此查詢中，我們可將查詢動作分為下列三個步驟：

(1) 首先利用選擇操作運算和投射操作運算，將所有計劃執行地點在台南的計劃編號找出來，並將結果存於圖 3.25(a) 的台南計劃關係表中。此查詢可成：

$$台南計劃 \leftarrow \Pi_{計劃編號}(\sigma_{執行地點="台南"}(計劃))$$

(2) 利用投射操作運算將不必要的屬性去除掉，然後再利用除法操作運算將全部都參與這些計劃的員工身分證號碼找出來，並將結果存於圖 3.25(b) 的全部參與員工關係表中。此查詢可寫成：

$$全部參與員工 \leftarrow \Pi_{身份證號碼,計劃編號}(參加) \div 台南計劃$$

(3) 最後再利用自然聯結操作運算和投射操作運算將所需要的資訊找出，並將結果存於圖 3.25(c) 的答案關係表中。此查詢可寫成：

$$答案 \leftarrow \Pi_{姓名}(員工 * 全部參與員工)$$

台南計劃	計劃編號
	2
	3

(a)

全部參與員工	身分證號碼
	F104105111

(b)

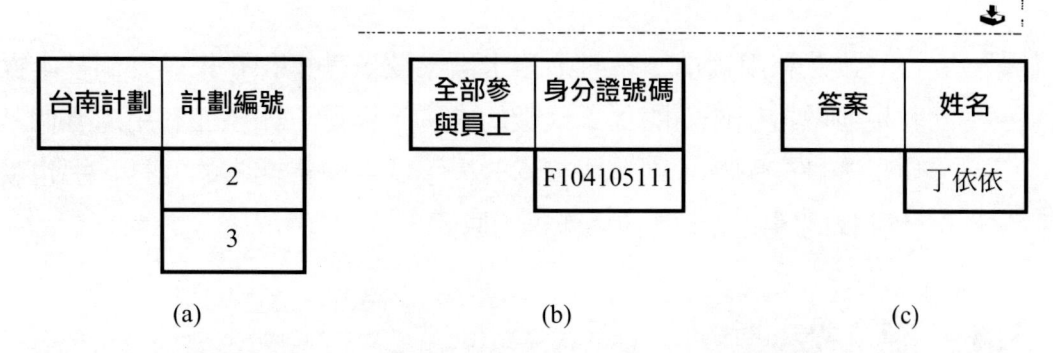

答案	姓名
	丁依依

(c)

圖 3.25 (a) 台南計劃 ← Π 計劃編號 (σ 執行地點="台南" (計劃)) 查詢的結果；
(b) 全部參與員工 ← Π 身份證號碼,計劃編號 (參加) ÷ 台南計劃查詢的結果；
(c) 答案 ← Π 姓名 (員工 * 全部參與的員工) 查詢的結果

3.3.5 關係式代數的完全集合

由於在關係式代數中,不論是那一種操作子,其結果都可藉由關係式代數中的五種基本操作子表達出來,所以在關係式代數中,$\{\sigma, \Pi, \cup, \times, -\}$ 這五種基本操作子所成的集合被稱之為完全的集合。

【範例 3.16】

將交集,聯結和除法等操作子利用五種基本操作子來表示。

(1)設 R 和 S 分別為兩個相容的關係表,則

$$R \cap S = (R \cup S) - ((R - S) \cup (S - R))$$

(2)設 R 和 S 分別為兩個關係表,則

$$R \bowtie_{<聯結條件>} S = \sigma_{<聯結條件>} (R \times S)$$

(3)設關係綱目 R 和 S 分別為 R(X,Y) 和 S(Y),且關係表 T 是 R ÷ S 的結果,則:

$$T_1 \leftarrow \pi \times (R)$$
$$T_2 \leftarrow \pi \times ((S \times T1) - R)$$
$$T_1 \leftarrow T_1 - T_2$$

雖然利用選擇,投射,笛卡爾乘積,差集和聯集等五個基本操作子就足夠敘述出任何關係式代數的查詢,但是,如果僅利用這五個基本操作子去做查詢時,則有些查詢的表達式會變得非常的冗長。那也就是為什麼我們還要制定其他操作子的原因。

3.4 摘 要

關係式資料模型是用一群關係表來代表一個關係式資料庫。在關係

表中,每一列皆為一個列錄,而每一行則代表一個屬性。每一個屬性皆有其特定的定義域。在關係資料模型中,每一個屬性都必須是一個簡單型屬性,所有屬性的值都必須是單原值。

所謂鍵是指最小的超值鍵。有時在同一個關係綱目中,可能會有一個以上的鍵,這些鍵都被稱之為該關係綱目的備選鍵,在這些備選鍵中我們僅能選擇其中一個當作該關係綱目的主鍵。而其他未被選中的備選鍵則稱之為次選鍵。

每一個關係式資料庫都有一個資料庫綱目。一個資料庫綱目是由一組關係綱目和一組完整性約束所組成。而資料庫中所有的資料,都必須要滿足資料庫中所有的約束。所以在對資料庫做更新動作業時,我們必須要確定:更新後資料庫內的資料都要滿足資料庫中所有的約束,以確保資料庫狀態的正確性。

定義域約束是指:在關係表中每一個屬性的值都必須在其定義域中。鍵約束則是指:在一個關係表中,任何兩個不同列錄的鍵值一定不同。實體完整性約束是規定每一個列錄的主鍵值都不可含有虛值。而參考完整性約束是用來維護列錄間關聯的一致性。參考完整性約束是指:若屬性 FK 是關係綱目 R 的外鍵,屬性 PK 是關係綱目 S 的主鍵,且在關係表 R 是利用 FK 的值去參考關係表 S 中的列錄時,則對於關係表 R 中的每一筆列錄而言,該列錄外鍵 FK 的屬性值必須是虛值或是等於關係表 S 中某列錄的 PK 屬性值。

在關係式代數中,$\{\sigma,\Pi,\cup,\times,-\}$ 被稱之為完全的集合。而在這些操作子中,除了選擇操作子和投射操作子是屬於單元操作子外,其他則都是二次元操作子。同時,對於聯集,交集和差集操作運算而言,所參與運算的兩個關係表之間都必須是聯集相容。當兩個關係表是「聯集相容」時,則除了此兩個關係表的幅度必須是相同外,同時,在此兩個關係表中,其相互對映屬性的定義域也必須是一樣的。設 R 和 S 分別是兩個關係表,則在圖 3.26 為關係式代數中各種操作運算的表示法。

關係式代數的名稱	表示法	關係式代數的名稱	表示法
選 擇	σ<選擇條件>(S)	笛卡爾乘積	R × S
投 射	Π<屬性名單>(R)	THETA 聯結	R ⋈<聯結條件> S
聯 集	R∪S	自然聯結	R * S
交 集	R∩S	除 法	R ÷ S
差 集	R − S		

圖 3.26　為關係式代數中各種操作運算的表示法

習 題

3.1 在參考完整性約束中，請詳細說明在什麼情形下，外鍵的值可以為虛值，又在什麼情形下，外鍵的值一定不可以為虛值，且其所參考的值一定要存在？

3.2 請說明鍵和超值鍵間的差異性。

3.3 請說明笛卡爾乘積操作運算和 THETA 聯結操作運算間的差異性。

3.4 請說明自然聯結操作運算和 THETA 聯結操作運算間的差異性。

3.5 將圖 3.27 的實體關係圖用關係綱目表示出來。

3.6 請依據圖 3.15 中的關係表，利用關係式代數來敘述下列的查詢並找出查詢的結果。

(a) 找出工作於資訊部門中的每一位員工姓名和電話號碼。

(b) 找出參加「X_1」計劃的員工姓名和工作時數。

(c) 找出每一位員工的姓名和該員工所參與計劃的名稱。

(d) 對執行地點在「金門」的計劃而言，找出全部參與這些計劃的員工。

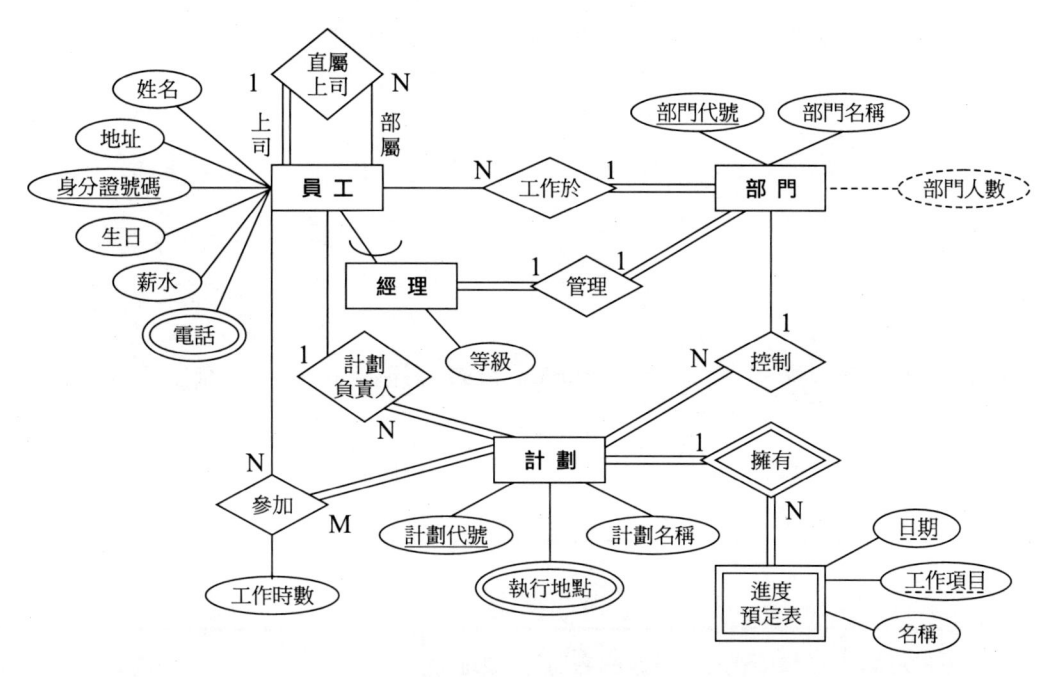

圖 3.27　有關於公司資料庫的實體關係圖

3.7 依據圖 3.28 的關係式資料庫，利用關係式代數來敘述下列的查詢並找出查詢的結果。

(a) 找出供應商「利華」能提供那些零件。

(b) 找出地址在「台北」的供應商名稱。

(c) 找出計劃「N1」所使用的零件是由那些廠商所提供的。

(d) 找出有提供零件給每一個計劃使用的廠商名稱。

(e) 找出沒有供應零件給計劃「N3」使用的廠商名稱。

3.8 依據圖 3.28 的資料庫綱目和瞬間值說明下列的更新動作是否正確，如不正確，請詳細說明不正確的原因和如何改正。

(a) 將列錄 <S_1，三鈴，台中> 輸入至供應商關係表中。

(b) 將列錄 <P₁，晶片> 從零件關係表中刪除。

(c) 在零件關係表中，將列錄 <P₁，晶片> 改成 <P₁，音效卡>。

(d) 在供應關係表中，將列錄 <S₃，1，P₁，200> 改成 <S₃，4，P₁，250>。

供應商 (供應商代號, 供應商名稱, 地址)　　計劃 (計劃編號, 計劃名稱)
　　　　　　　　　　　　　　　　f.k.　　　　　　f.k.
零件 (零件號碼, 零件名稱)　　　　供應 (供應商代號, 計劃編號, 零件號碼, 數量)
　　　　　　　　　　　　　　　　　　　　　　　　　　　　f.k.

供應商	供應商代號	供應商名稱	地址
	S₁	三鈴	台北
	S₂	長新	台中
	S₃	利華	台北
	S₄	誠信	台南

計劃	計劃編號	計劃名稱
	1	N₁
	2	N₂
	3	N₃

零件	零件號碼	零件名稱
	P₁	晶片
	P₂	電阻
	P₃	RAM
	P₄	CPU

供應	供應商代號	計劃編號	零件號碼	數量
	S₁	1	P₁	100
	S₂	1	P₁	150
	S₃	1	P₁	200
	S₃	2	P₂	250
	S₃	3	P₃	300

圖 3.28　關係式資料庫綱目及其所屬的關係表

3.9 (a)將圖 3.29 的實體關係圖用關係綱目表示出來。

(b)依據 (a) 之答案利用關係式代數方式來敘述下列的查詢。

(1)找出每位學生每門課的成績。

(2)找出每位學生所修課程的教師姓名及電話號碼。

(3)找出參與計劃 X 的學生姓名及其指導教授的姓名。

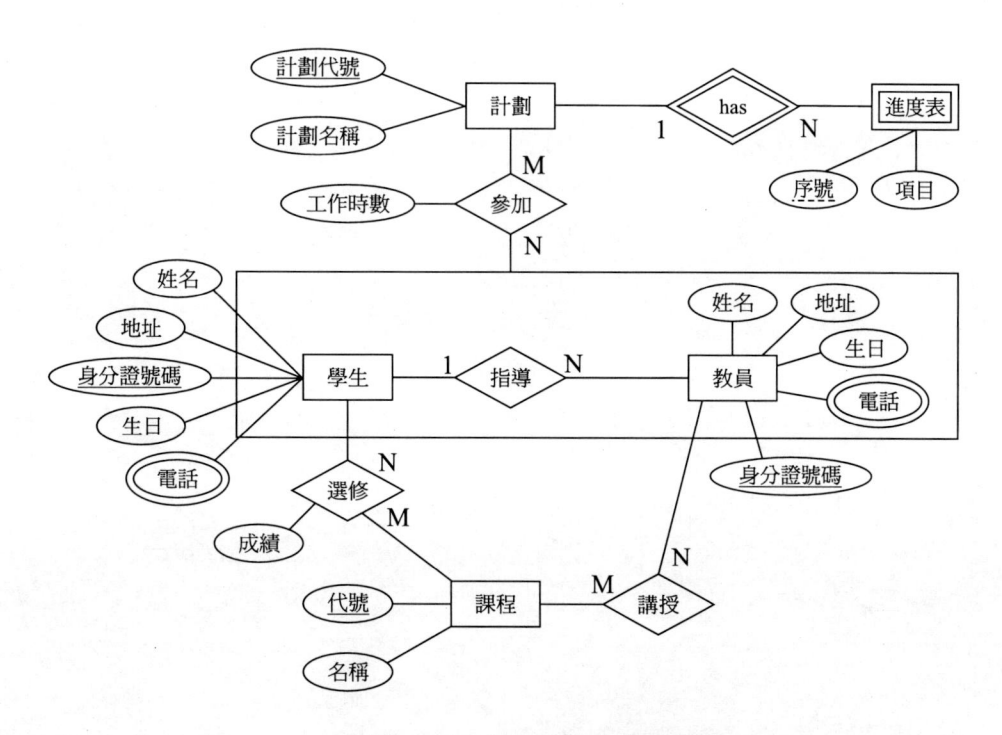

圖 3.29 資料庫的實體關係圖

Chapter 4

關係式資料庫查詢語言──SQL

  在 目前已經商品化的關係式資料庫管理系統中,都提供了某種類型的關係式查詢語言,而這些關係式查詢語言大都是依據 IBM 公司的 SQL 發展而成的。在 1986 年,美國國家標準協會 (ANSI) 更訂定了 SQL 的標準版本,SQL1。而最新的 SQL 的標準版本則為 SQL2。對於目前已商品化的資料庫管理系統而言,雖然說,不同系統所使用的 SQL 都有些差異,但基本上,這些不同版本 SQL 的語法和功能都大同小異,所以本章將對 SQL 的一般性觀念做簡單的介紹,而不針對某一系統的 SQL 做討論。

  SQL 是一種非程序式的查詢語言。由於在 SQL 中,除了包含了資料定義語言 (DDL) 和資料操作語言 (DML) 外,還包含其他許多的部份,所以說 SQL 是一個內容非常豐富的資料庫語言。而本章將僅就 SQL 的資料定義語言,資料操作語言的部份做簡單的介紹。

4.1 SQL 的資料定義語言

4.1.1 SQL 的 CREATE 指令和資料類型

  在早期的 SQL 版本中,都假設所有的表格都是屬於同一個資料庫,而沒有資料庫綱目的觀念。直到最近,方將資料庫綱目的觀念放入 SQL2 中,讓我們可以針對不同的資料庫應用,建立不同名稱的資料庫綱目。在 SQL2 版本中,建立資料庫綱目的指令為:

    CREATE SCHEMA <schema-name> **AUTHORIZATION** <user>

其中,<schema-name> 是一個資料庫綱目的名稱,而 <user> 則是指出是誰或那一個**帳號** (account) 擁有該資料庫。

【範例 4.1】

假設陳中衣要建立一個名稱為「公司」的資料綱目,則他可用下列陳述來建立此資料庫綱目:

CREATE SCHEMA 公司 **AUTHORIZATION** 陳中衣

當資料庫綱目的名稱建立完成後,我們便可以利用 CREATE TABLE 的指令,建立不同的表格。而一個 CREATE TABLE 陳述的基本格式為:

CREATE TEALE <table name>
    (<column-name> <data-type> **[NOT NULL]** **[,DEFAULT** <value>]
    {,<column-name data-type **[NOT NULL]** **[,DEFAULT** <value>] }
    [<table-constraint>{,<table-constraint>}]);

其中,<table name> 是一個表格 (關係表) 的名稱,column-name 是一個欄位 (屬性) 的名稱,data-type 是該欄位的資料形態,而 [ ] 代表該部份的陳述可有可無。當一個欄位被設定成 NOT NULL 時,則表示該欄位的值不可以為虛值;同時,當一個欄位被設定有 DEFAULT <value> 時,則表示當我們沒有輸入該欄位值的時候,則該欄位的值會自動被設定成 <value> 所指定的值,而{ } 表示在 { } 中的指令陳述可重複許多次。有關於 <table-constraint> 中的指令陳述將於範例 4.2 中再行討論。

在 SQL 中,欄位的基本資料形態有:

- INT　　　　　　:全字元的整數。
- SMALLINT　　　:半字元的整數。
- DECIMAL(i[,j])　:十進位的小數數字,其中,此數字的整數部份佔 (i~j)個位數,而小數部份則佔 j 個位數。
- FLOAT　　　　　:浮點數字。
- CHAR(n)　　　　:長度為 n 的字元串。
- VARCHAR(n)　　:可變長度,最大長度為 n 的字元串。
- BIT(n)　　　　　:長度為 n 的位元串。
- VARBIT(n)　　　:可變長度,最大長度為 n 的位元串。
- DATE　　　　　 :日期,其組合形式為 YYYY-MM-DD。
- TIME　　　　　 :時間,其組合形式為 HH:MM:SS。

【範例 4.2】

利用 SQL 來定義圖 4.1 的關係綱目。其結果如圖 4.2 所示。在圖 4.2 中，PRIMARK KEY 是用來指定該表格的主鍵，UNIQUE 是用來指定該表格的次選鍵，而 FOREIGN KEY 則用來說明該表格的某一個外鍵是參考到那一個表格的主鍵。

員工（身分證號碼，姓名，地址，薪水，生日，直屬上司）
　　　↑ f.k.
參加（身分證號碼，計劃編號）
　　　　　　　　　　f.k.
　　　↙
計劃（計劃編號，計劃名稱）

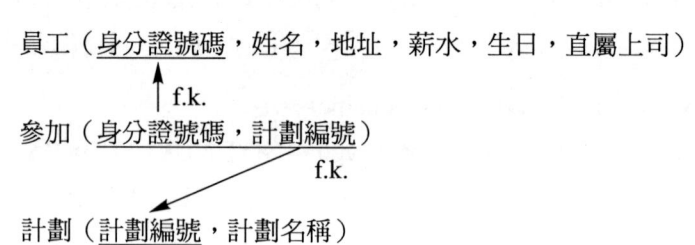

圖 4.1　公司資料庫綱目的員工，計劃和參加三個關係綱目

```
CREATE TABLE 公司.員工
    ( 身分證號碼        CHAR(9)           NOT NULL,
      姓名              VARCHAR(15)       NOT NULL,
      地址              VARCHAR(30),
      薪水              DECIMAL(10,2)     DEFAULT 25000,
      生日              DATE,
      直屬上司          CHAR(9),
      工作部門          INT,
      PRIMARK KEY (身分證號碼),
      FOREIGN KEY (直屬上司) REFERENCE 員工(身分證號碼),
      ON DELETE SET NULL            ON UPDATE CASCADE);

CREATE TABLE 公司.計劃
    ( 計劃編號        INT               NOT NULL,
      計劃名稱        VARCHAR(15)       NOT NULL,
      PRIMARY KEY (計劃編號),
      UNIQUE (計劃名稱));

CREATE TABLE 公司.參加
    ( 身分證號碼      CHAR(9)           NOT NULL,
      計劃編號        VARCHAR(15)       NOT NULL,
      PRIMARK KEY (身分證號碼，計劃編號),
      FOREIGN KEY (身分證號碼) REFERENCE 員工(身分證號碼),
      ON DELETE CASCADE             ON UPDATE CASCADE,
      FOREIGN KEY (計劃編號) REFERENCE 計劃(計劃編號),
      ON DELETE CASCADE             ON UPDATE CASCADE);
```

圖 4.2　利用 SQL 定義圖 4.1 的關係綱目

在 3.1.5 節中我們提到：當資料庫在執行更新作業時，可能會違反參考完整性約束。當違反參考完整性約束時，資料庫管理系統必須依據資料目錄中的資料總覽，採取適當的行動，以維護資料庫狀態的正確性。在 SQL 中，設計者可以利用 ON DELETE <action> 和 ON UPDATE <action> 的子句來設定該採取的動作。在 <action> 中的動作有：SET NULL，CASCADE 和 SET DEFAULT 等三種動作。

ON DELETE：當列錄 t 被刪除時，則對於所有參考到 t 的列錄而言：

- SET NULL　　　　：外鍵值要改成虛值。
- CASCADE　　　　：一起被刪除。
- SET DEFAULT　　：外鍵值要修改成預先設定的值。

ON UPDATE：當列錄 t 主鍵值被修正成一個新的值時，則對於所有參考到 t 的列錄而言：

- SET NULL　　　　：外鍵值要改成虛值
- CASCADE　　　　：外鍵值都要一起修改成新的值。
- SET DEFAULT　　：外鍵值要修改成預先設定的值。

例如，在圖 4.2 的員工關係綱目中，

　　FOREIGN KEY (直屬上司)　　**REFERENCE** 員工 (身分證號碼)，
　　ON DELETE SET NULL　　**ON UPDATE** (CASCADE)

所代表的意義為：對於員工關係表中的每一位列錄而言，當該員工直屬上司的資料被刪除時，則該列錄「直屬上司」的屬性值都要改成虛值；而如果直屬上司的身分證號碼被修正時，則該列錄「直屬上司」的屬性值都要跟著被修改成新的值。

在 SQL 的術語中，利用 CREATE TABLE 所建立的關係表，我們稱之為**基表** (base table) 或**基本關係表** (base relation)。而利用 CREATE

VIEW (請看 4.4 節) 所建立的表格，我們稱之為**虛擬關係表** (virtual relation)。此兩種關係表間最大的差別是在基本關係表中，列錄是實際儲存於資料庫的檔案中，而在虛擬關係表中，列錄都並未實際存於檔案中。事實上，一個虛擬關係表就是一個景象。所以一個虛擬關係表是經由其他的關係表衍生出來的表格。

4.1.2　SQL 的 DROP 指令

在 SQL 中，要刪除一個資料庫綱目時，我們可以使用下列兩個的指令：

- **DROP SCHEMA** <schema-name> **CASCADE**：此指令會將該資料庫綱目內所有的關係綱目和資料都刪除掉。

- **DROP SCHEMA** <schema-name> **RESTRICT**：只有當該資料庫綱目內是空的時候，此指令才會將該資料庫綱目刪除掉。

【範例 4.3】

當公司資料庫綱目中仍含有其他的定義時，我們要刪除公司的資料庫綱目，則必須使用：

　　DROP SCHEMA 公司 **CASCADE**；

在 SQL 中，要刪除一個基本關係表時，我們可以使用下列兩個的指令：

- **DROP TABLE** <base-table-name> **CASCADE**：會將 <base-table-name> 中所指定的關係表刪除掉。同時，所有參考到此關係表的景象和約束也都會一併被刪除掉。

- **DROP SCHEMA** <base-table-name> **RESTRICT**：對於 <base-table-name> 中所指定的關係表而言，只有在沒有任何景象和約束參考到此關係表的狀況下，此指令才會將該關係表刪除掉。

【範例 4.4】

　　當我們要將公司資料庫內的員工關係表和所有參考到員工關係表的約束和景象都刪除時，則必須使用：

　　DROP TABLE 公司.員工 **CASCADE**；

4.1.3　SQL 的 ALTER TABLE 指令

　　在 SQL 中，當我們要修改一個已經存在的基本關係表時，我們可以使用下列的指令：

- **ALTER TABLE** <base-table-name> **ADD** <column-name> <data-type>：新增一個欄位至原關係表的最後面。當此新增欄位沒有預先設定值的時候，則對於該關係表中的每一筆列錄而言，則該欄位的值會被設成虛值。所以經由 ALTER TABLE 所增加的欄位都不得限定為 NOT NULL。

- **ALTER TABLE** <base-table-name> **DROP** <column-name> **CASCADE**：除了將 <column-name> 所指定的欄位從原關係表中刪除外，同時，所有參考到此欄位的景象和約束也都會一併被刪除掉。

- **ALTER TABLE** <base-table-name> **DROP** <column-name> **RESTRICT**：對於 <column-name> 中所指定的欄位而言，只有在沒有任何景象和約束參考到此欄位的狀況下，此指令才會將該欄位從原關係表中刪除掉。

【範例 4.5】

當我們要新增「性別」這個欄位至將公司資料庫內的員工表格中,則必須使用指令:

ALTER TABLE 公司.員工 ADD 性別;

4.2 SQL 的查詢表達式

為了讓讀者可以很容易了解 SQL 的查詢表達示,所以,本章所用的範例,大都是取材於 3.3 節。同時,為方便讀者的閱讀,本章將圖 3.15 的公司資料庫重新用圖 4.3 來表示。

4.2.1 SQL 的基本結構

SQL 表達式的基本結構是由 SELECT,FROM 和 WHERE 三個子句所組成的。而 SQL 表達式的基本形式為:

SELECT [DISTINCT]< attribute-list>
FROM   <table-list>
WHERE   <condition>

- **SELECT** <attribute-list>:相對於關係式代數而言,SELECT 就是投射操作子 (Π),而 <attribute-list> 是投射操作子中的屬性名單。所以這個子句是用來列出查詢結果中應包含的屬性。若 <attribute-list> 是一個星號 (*) 時,則會將 <table-list> 所指定之表格中所有的屬性都選出來。而使用 DISTINCT 這個字元時,則表示要將重複的列錄刪除。

員工	身分證號碼	姓名	生日	地址	薪水	直屬上司	工作部門
	A123456789	陳中衣	47.12.12	台北市永平路 1 號	30000	A987654321	1
	A987654321	王台生	39.01.01	台北市和平路 2 號	50000	null	1
	F104105111	丁依依	52.10.10	台南市永安街 3 號	42000	null	2
	F222222222	郭　勝	51.04.04	null	30000	A987654321	1

部門	部門代號	部門名稱	經理身分證號碼
	1	資訊	A987654321
	2	會計	F104105111

員工電話	身分證號碼	電話
	A123456789	7771111
	A987654321	8888881
	A987654321	8888882
	F104105111	9999990
	F104105111	9999991
	F222222222	5565555

參加	身分證號碼	計劃編號	工作時數
	A123456789	1	11
	A123456789	2	7
	A987654321	1	34
	F104105111	1	5
	F104105111	2	12
	F104105111	3	12
	F222222222	4	30

計劃	計劃編號	計劃名稱	執行地點	等級	控制部門
	1	X_1	台北	極機密	1
	2	N_1	台南	密	2
	3	N_2	台南	密	2
	4	K_1	金門	密	1

圖 4.3　公司資料庫內的關係表

- **FROM** <table-list>：FROM 就是關係式代數的笛卡爾乘積 (×)，而 <table-list> 是一個表格 (關係表) 名單。<table-list> 指出在查詢的過程中，應對那些表格做查詢處理。

- **WHERE** <condition>：WHERE 就是關係式代數的選擇操作子 (σ)，而 <condition> 就是選擇操作子中的選擇條件。它會將滿足選擇條件的列錄找出來。若沒有設定 <condition> 時，則 WHERE 子句可以省略。

依據上述的定義，我們可以知道：當 <table-list> 中，包含了兩個或兩個表格時，SQL 會根據在 FROM 子句的 <table-list> 中所列的表格，來做笛卡爾乘積 (×) 運算。然後在依據 WHERE 子句中的 (condition)，將滿足選擇條件的列錄找出來。最後在根據 SELECT 子句的 <attribute-list> 中所列的欄位，做投射操作運算，將查詢的結果找出來。

【範例 4.6】

將下列的 SQL 表達式用關係式代數來表示。

$$\begin{aligned}&\text{SELECT} \quad A_1, A_2, ..., A_n\\&\text{FROM} \quad r_1, r_2, ..., r_m\\&\text{WHERE} \quad \text{<condition>}\end{aligned}$$

其中，A_i 代表一個欄位或屬性，r_j 是一個表格，而 (condition) 則是選擇條件。依據 SQL 的定義，所以上述的 SQL 陳述可轉換成：

$$\Pi_{A_1, A_2, ..., A_n}(\sigma_{\text{<condition>}}(r_1 \times r_2 \times ... \times r_m))$$

雖然說，SQL 的表達式可以利用關係式代數的表達式來取代，但是在這兩者之間仍有少許的差別。雖然說，一個關係表可視為一個表格，而且關係表中不可以有重複的列錄。但是基於某些原因，SQL 允許表格中有重複的列錄。

【範例 4.7】

依據圖 4.3 的員工關係表，找出在「工作部門」＝ "1" 服務的員工姓名和出生日期。則此查詢的 SQL 表達式可寫成：

$$\begin{aligned}&\text{SELECT} \quad 姓名，生日\\&\text{FROM} \quad 員工\\&\text{WHERE} \quad 工作部門 = \text{"1"};\end{aligned}$$

而查詢的結果則如圖 4.4 的關係表所示。

姓名	生日
陳中衣	47.12.12
王台生	39.01.01
郭　勝	51.04.04

圖 4.4　範例 4.7 的查詢結果

【範例 4.8】

　　依據圖 4.3 的員工關係表，找出所有薪水高於 40000 元而且出生日期在民國 50 年以前的員工資料。由於在此查詢中，我們要將員工表格中所有的屬性都選出，所以在 SQL 表達式中，我們可以利用 * 來代表所有的屬性。則此查詢的 SQL 表達式可寫成：

　　　SELECT　　*
　　　FROM　　　員工
　　　WHERE　　薪水 > 40000 AND 生日<"50.01.01"；

而查詢的結果則如圖 4.5 所示。

身分證號碼	姓名	生日	地址	薪水	直屬上司	工作部門
A987654321	王台生	39.01.01	台北市和平路 2 號	50000	null	1

圖 4.5　範例 4.8 查詢的結果

【範例 4.9】

　　依據圖 4.3 中的關係表，找出在資訊部門工作的員工姓名。此查詢的 SQL 表達式可寫成：

姓名
陳中衣
王台生
郭　勝

圖 4.6 範例 4.9 的查詢結果

SELECT　姓名
FROM　　員工，部門
WHERE　 部門名稱 = "資訊" AND 工作部門 = 部門代號；

而查詢的結果則如圖 4.6 所示。相對於此查詢的關係式代數表達式則為：

$\Pi_{姓名}(員工 * _{工作部門=部門代號} (\sigma_{部門名稱 = "資訊"} 部門))$

　　由上述的關係式代數表達式我們可以看出：範例 4.9 的 SQL 表達式可說是包含了關係式代數的選擇操作運算，投射操作運算和聯結操作運算，所以類似於範例 4.9 的查詢，我們稱之為 **Select-Project-Join 查詢** (SPJ query)。事實上，在範例 4.9 的 SQL 表達式中，【部門名稱 = "資訊"】可說是等於關係式代數選擇操作子中的選擇條件，而【工作部門 = 部門代號】則可說是等於關係式代數聯結操作子中的聯結條件。

4.2.2 集合操作運算

　　在前面，我們已經提過：由於關係表中不可以有重複的列錄，而 SQL 卻允許表格中有重複的列錄，所以表格與關係表之間有少許的差別。在 SQL 中，允許表格中有重複的列錄的主要原因為：

1. 實際運用上，刪除重複列錄是很花時間的。

2. 再做某些運算時，我們必須要保留住所有的列錄。例如，在算平均值時，我們就不可以刪除重複的列錄，否則，便會求得不正確得結果。

3. 當使用者要看到所有得結果時，我們就不可以將重複的列錄刪除。

在 SQL 中，如果要將重複的列錄刪除時，我們就必須在 SELECT 子句中，使用 DISTINCT 這個主要字元。

【範例 4.10】

相對於圖 4.3 的員工關係表，找出員工的薪水資料。則下列 (1) 和 (2) 兩個 SQL 表達式查詢的結果則分別如圖 4.7(a) 和圖 4.7(b) 所示。在圖 4.7(a) 的表格會有重複的列錄；而在圖 4.7(b) 的表格則沒有重複的列錄。

(1)　**SELECT**　薪水　　　(2)　**SELECT DISTINCT**　薪水
　　FROM　　員工；　　　　　**FROM**　　員工；

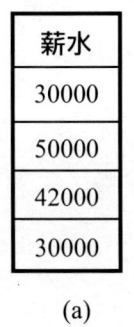

薪水
30000
50000
42000
30000

(a)

薪水
30000
50000
42000

(b)

圖 4.7　(a) 範例 4.10(1) 的查詢結果；(b) 範例 4.10(2) 的查詢結果

在 SQL 中，與關係式代數的聯集 (∪)，交集 (∩) 和差集 (−) 三個集合操作子相對映的指令分別為：UNION，INTERSECT 和 MINUS。由於此 UNION，INTERSECT 和 MINUS 是屬於集合操作子，所以當

103

SQL 使用到這三個指令時,除了參與運算的表格都必須要滿足聯集相容的特性外;同時,在查詢的結果中也不可以有重複的列錄。

【範例 4.11】

依據圖 4.3 的關係表,來看下列三個案例:

(1)找出參與計劃 X_1 或計劃 N_1 的員工姓名,則此查詢表達式可寫成:

 (　SELECT 姓名
  FROM   員工,參加,計劃
  WHERE 計劃名稱 = "X1" AND 參加.計劃編號 = 計劃.計劃編號 AND
       參加.身分證號碼 = 員工.身分證號碼)
 UNION
 (　SELECT 姓名
  FROM   員工,參加,計劃
  WHERE 計劃名稱 = "N1" AND 參加.計劃編號 = 計劃.計劃編號 AND
       參加.身分證號碼 = 員工.身分證號碼);

上列表達式的查詢結果則如圖 4.8(a) 的關係表所示。由於此 UNION 是屬於集合操作子,所以在 4.8(a) 的關係表中,沒有重複的列錄。

(2)找出同時都參與計劃 X_1 和計劃 N_1 的員工姓名,則下列表達式的查詢結果則如圖 4.8(b) 的關係表所示。

 (　SELECT 姓名
  FROM   員工,參加,計劃
  WHERE 計劃名稱 = "X1" AND 參加.計劃編號 = 計劃.計劃編號 AND
       參加.身分證號碼 = 員工.身分證號碼)
 INTERSECT
 (　SELECT 姓名
  FROM   員工,參加,計劃
  WHERE 計劃名稱 = "N1" AND 參加.計劃編號 = 計劃.計劃編號 AND
       參加.身分證號碼 = 員工.身分證號碼);

(3) 找出參與計劃 X_1 但沒有計劃 N_1 的員工姓名，則下列表達式的查詢結果則如圖 4.8(c) 的關係表所示。

(**SELECT**　姓名
　FROM　　員工，參加，計劃
　WHERE　計劃名稱 = "X1" AND 參加.計劃編號 = 計劃.計劃編號 AND
　　　　　　參加.身分證號碼 = 員工.身分證號碼　)
MINUS
(**SELECT**　姓名
　FROM　　員工，參加，計劃
　WHERE　計劃名稱 = "N1" AND 參加.計劃編號 = 計劃.計劃編號 AND
　　　　　　參加.身分證號碼 = 員工.身分證號碼)；

姓名
陳中衣
王台生
丁依依

(a)

姓名
陳中衣
丁依依

(b)

姓名
王台生

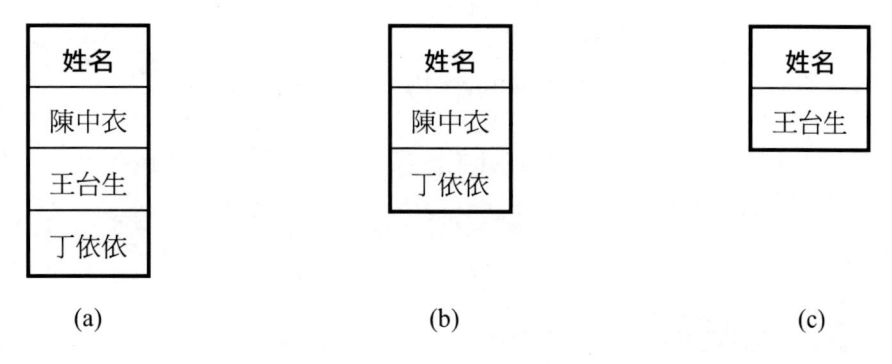

(c)

圖 4.8　(a) 範例 4.11(a) 的查詢結果；
　　　　(b) 範例 4.11(b) 的查詢結果；
　　　　(c) 範例 4.11(c) 的查詢結果

在範例 4.11 的查詢表達式中，由於屬性「計劃編號」分別出現於參加和計劃兩個關係表中，所以就如同在關係式代數的表達式一樣，我們可以將該屬性加以限量，而利用 relation-name.attribute-name 的格式來清楚的表示出所指定的屬性。同樣的，屬性「身分證號碼」也可採同樣的格式來表達。

4.2.3 別名和虛值

當一個 SQL 表達式參考到同一個表格兩次或兩次以上時，會有混淆的狀況發生。在 SQL 中，要解決此一問題，我們可以對該表格設定別名。在此我們要強調的是：通常，使用別名會使得整個表達式看來更清楚，所以只要我們認為有需要就可以使用。

由於虛值有可能是一個存在的未知值或是一個不存在的值，所以對於任何的選擇條件而言，在 SQL 中，都假設虛值與常數間比較的結果和虛值與虛值間比較的結果，都不會滿足所設定的選擇條件，換言之，該列錄將不會出現於最後的查詢結果中。而要找出具有虛值的列錄，則必須在 WHERE 子句中，使用下列的指令：

<column-name> IS [NOT]　NULL

其中，<column-name> IS NULL 是用來找出具有虛值的列錄，而 <column-name> IS NOT NULL 則是用來找出不具有虛值的列錄。

【範例 4.12】

依據圖 4.3 中的員工關係表，

(1) 找出每一位員工的姓名和該員工直屬上司的姓名。則此查詢可寫成：

```
SELECT    T.姓名，S.姓名
FROM      員工 T，員工 S
WHERE     T.直屬上司 = S.身分證號碼；
```

其查詢結果則如圖 4.9(a) 的關係表所示。在此查詢表達式中，雖然說，T 和 S 都分別是員工關係表的別名。但是在此時，我們可以假設 T 和 S 是兩個不相同的表格。

(2) 找出沒有直屬上司的員工姓。由於當一位員工沒有直屬上司的時候，該員工「直屬上司」的欄位值是虛值，所以此查詢可寫成：

```
SELECT    姓名
FROM      員工
WHERE     直屬上司 IS NULL；
```

其查詢結果則如圖 4.9(b) 的關係表所示。

T.姓名	S.姓名
陳中衣	王台生
郭　勝	王台生

(a)

姓名
王台生
丁依依

(b)

圖4.9　(a) 範例 4.12(1) 的查詢結果；(b) 範例 4.12(2) 的查詢結果

4.2.4 集合成員操作運算與重新命名 (Set Membership and Rename)

在 SQL 中，有關於集合成員操作運算的指令有 IN 和 NOT IN 兩種。基本上，IN 這個操作子是用來檢驗某個列錄是否是某特定集合中的一份子；而 NOT IN 這個操作子是用來檢驗某個列錄是否不屬於某特定集合。在範例 4.13 中，我們將使用 IN 和 NOT IN 兩個指令來達到範例 4.11 的查詢。

【範例 4.13】

利用 IN 和 NOT IN 兩個指令表達範例 4.11(1) 和 (2) 的查詢據。

(1)相對於 4.11(1) 的要求，此查詢的 SQL 表達式可寫成：

```
SELECT   DISTINCT  姓名
FROM     員工
WHERE    身分證號碼   IN ( SELECT  身分證號碼
                        FROM     參加，計劃
                        WHERE    計劃名稱 = "X1" AND 參加.計劃
                                 編號＝計劃.計劃編號)
         OR
         身分證號碼   IN ( SELECT  身分證號碼
                        FROM     參加，計劃
                        WHERE    計劃名稱 = "N1" AND 參加.計劃
                                 編號 = 計劃.計劃編號)；
```

(2)相對於 4.11(2) 的要求，則此查詢可寫成：

```
SELECT   DISTINCT  姓名
FROM     員工
WHERE    身分證號碼   IN ( SELECT  身分證號碼
                        FROM     參加，計劃
                        WHERE    計劃名稱 = "X1" AND 參加.計劃
                                 編號 = 計劃.計劃編號 )
         AND
         身分證號碼   IN ( SELECT  身分證號碼
                        FROM     參加，計劃
                        WHERE    計劃名稱 = "N1" AND 參加.計劃
                                 編號 = 計劃.計劃編號)；
```

在 SQL 的表達式中，次查詢是指一個包含在另一個 SELECT-FROM-WHERE 表達式中的 SELECT-FROM-WHERE 表達式。對類似含有這種次查詢的表達式，我們稱之為多層次的查詢。在執行此類查詢時，資料庫系統會先找出次查詢的結果，然後在檢驗某個列錄是否存在於次查詢的結果中。例如，對於範例 4.13(2) 而言，在找出次查詢的結果後，則 4.13(2) 的查詢就相當於下列的查詢：

```
SELECT   DISTINCT 姓名
FROM     員工
WHERE    身分證號碼   IN ("A123456789","A987654321","F104105111")
         AND
         身分證號碼   IN ("A123456789","F104105111");
```

在範例 4.13 中，我們僅檢驗含一個欄位的表格，而當我們要檢驗含許多欄位的表格時，我們可用 $(v_1,...,v_n)$ 來代表 n 個欄位的列錄。在 SQL 中，我們可以用 **AS** 的指令，將欄位重新命名。

【範例 4.14】

依據圖 4.3 的關係表，找出每一個部門經理的姓名。則此查詢的 SQL 表達式可寫成：

```
SELECT   DISTINCT 姓名 AS 部門經理
FROM     員工
WHERE    (工作部門,身分證號碼)
         IN    ( SELECT    部門代號,經理身分證號碼
                 FROM      部門 );
```

在範例 4.14 的次查詢中，我們將欄位「姓名」重新命名成「部門經理」，所以查詢的結果會如圖 4.10 所示。

部門經理
王台生
丁依依

圖 4.10　範例 4.14 的查詢結果

4.2.5 集合比較操作運算

在 SQL 中，有關於**集合比較操作運算** (set comparisons) 的指令可分為：θ ANY，θ ALL 和 [NOT] CONTAINS 等三類，其中 θ 是 $=$，$\neq$，$>$，$\geq$，$<$ 或是 $\leq$。為說明上述的方便，在此，我們分別利用 $t > $ ANY V_1，$t > $ ALL V_1 以及 V_1 CONTAINS V_2 來說明 ANY，ALL 和 [NOT] CONTAINS 三類指令的意義，其中，t 是一個列錄，而 V_1 和 V_2 則分別都是一個集合。事實上，在實際的 SQL 表達式中，列錄 t 通常是一個欄位的名稱，而 V_1 和 V_2 都是一個次查詢。

- 當 t > **ANY** V 為 **TRUE** 時，則表示列錄 t 的值會大於集合 V 中某些列錄的值。

- 當 t > **ALL** V 為 **TRUE** 時，則表示列錄 t 的值會大於集合 V 中每一個列錄的值。

- 當 V_1 **CONTAINS** V_2 為 **TRUE** 時，則表示 $V_1 \supseteq V_2$。也許是考慮執行效率的因素，所以，事實上，在大部份商業化的 SQL 中，都沒有提供 [NOT] CONTAINS 這個指令。

在這些指令中，對於 =ANY 這個指令而言，當 t = ANY V 為 **TRUE** 時，則表示列錄 t 會等於集合 V 中某些列錄的值；換言之，當 t = ANY V 為 **TRUE** 時，則表示 $t \in V$。所以在 SQL 中，IN 與 = ANY 這兩個指令具有同樣的功能。在範例 4.15 中，我們將使用 = ANY 這個指令來做範例 4.13(1) 的查詢。

【範例 4.15】

利用 = **ANY** 這個指令表達範例 4.13(1) 的查詢。則此查詢的 SQL 表達式可寫成：

```
SELECT    DISTINCT  姓名
FROM      員工
WHERE     身分證號碼 = ANY (  SELECT  身分證號碼
                            FROM    參加,計劃
                            WHERE   計劃名稱 = "X1" AND 參加.計
                                    劃編號 = 計劃.計劃編號 )
          OR
          身分證號碼 = ANY (  SELECT  身分證號碼
                            FROM    參加,計劃
                            WHERE   計劃名稱 = "N1" AND 參加.計
                                    劃編號 = 計劃.計劃編號);
```

再接下來，讓我們來看如何利用 CONTAINS 這個指令來表達關係式代數中的除法操作運算。

【範例 4.16】

依據圖 4.3 的關係表，對每一個執行地點在台南的計劃而言，找出全部都參與這些計劃的員工姓名。則此查詢的 SQL 表達式可寫成：

```
SELECT    姓名
FROM      員工
WHERE     (( SELECT  計劃編號
             FROM    參加
             WHERE   員工.身分證號碼=參加.身分證號碼)
          CONTAINS
          ( SELECT  計劃編號
            FROM    計劃
            WHERE   計劃名稱 ="台南"));
```

其查詢結果則如圖 4.11 的關係表所示。

姓名
丁依依

圖 4.11　範例 4.16 的查詢結果

4.2.6　EXIST 函數

在 SQL 中，EXIST 是一個存在性現量辭，它是用來連結相關的次查詢 Q 或是多層次查詢 Q。EXIST 函數是用來測試相關的多層次查詢的結果是否為空集合。當在 Q 的查詢結果中最少含有一筆列錄時，則 EXIST(Q) 為 **TRUE**；否則，EXIST(Q) 則為 **FALSE**。而 NOT EXIST 則正好相反，當 NOT EXIST(Q) 為 **TRUE** 時，則表示 Q 的查詢結果是空集合；否則，NOT EXIST(Q) 則為 **FALSE**。

【範例 4.17】

相對於範例 4.9，利用 EXIST 函數，找出在資訊部門工作的員工姓名。此查詢的 SQL 表達式可寫成：

```
SELECT    姓名
FROM      員工
WHERE     EXIST ( SELECT    *
                  FROM      部門
                  WHERE     部門名稱 = "資訊" AND
                            工作部門 = 部門代號);
```

對於上述的查詢，資料庫系統會分別對員工關係表中的每一筆列錄做逐步的檢驗，查看在相關於該列錄的次查詢結果中，是否有列錄存在。重複同樣的步驟直到員工關係表中所有的列錄都被檢驗過為止。例如，設列錄 t 是員工關係表中的第一筆列錄，則此時，t[姓名] = 陳中衣和 t[工作部門] =1。由於 t[工作部門] = 1 符合在 EXIST 語句中對於「部門」關係表的選擇條件【部門名稱 =

"資訊" AND 工作部門 = 部門代號】，所以次查詢的結果不是空集合，即是 EXIST 為 TRUE。換言之，陳中衣會出現於最後的查詢結果中。基於同樣的理由，王台生和郭勝也都會出現於最後的查詢結果中，而丁依依則不在查詢的結果中。此查詢的結果則如圖 4.6 所示。

4.2.7 字串的比較

在 SQL 中，我們可以使用 LIKE 的指令來做字串間的比較。而在 WHERE 子句中，LIKE 陳述的基本格式為：

<column-name> **[NOT] LIKE** <string>

其中，在 <column-name> 所指定欄位的資料形態必須是字元或是字串；而在 <string> 中，除了包含了一般的字元外，還包含了下列三個特殊的字元：

- 百分號 (%)：每一個 % 皆代表一個任意的字串。

- 下橫線 (_)：每一個 _ 皆代表一個任意字元。

- 後斜線 (\)：則是一個**溢出字元** (escape character)。

有一點要注意的是：在 SQL 中，會將大小寫的英文字母視為兩個不同的字元。現在我們利用下面兩個範例來進一步說明 LIKE 的使用規則。

【範例 4.18】

在 **LIKE** 和 **NOT LIKE** 指令中，其特殊字元的用法和所代表的意義。

- NAME LIKE %JOHN%：檢查姓名中是否包含 JOHN 這個字。

● NAME NOT LIKE %JOHN%：檢查姓名中是否不包含 JOHN 這個字。

● NAME LIKE WANG%：檢查姓名中是否包含有以 WANG 開頭的姓名。

● ADDRESS LIKE %A\%C%：檢查地址中是否包含 A%C 這個字。

● ADDRESS LIKE A_C%：檢查地址中是否包含有第一個字母為 A 和第三個字母為 C 的地址。

【範例 4.19】

依據圖 4.3 的員工關係表，找出住於台北市的員工姓名。則此查詢表達式可寫成：

> SELECT　姓名
> FROM　　員工
> WHERE　 地址 LIKE "%台北市%"；

其查詢結果則如圖 4.12 的關係表所示。

姓名
陳中衣
王台生

圖 4.12　範例 4.19 的查詢結果

4.2.8 聚合函數與其他的功能

由於在資料庫的實際應用中，時常會需要對某一群體做排序或是做一些簡單的數學計算工作，所以 SQL 也提供了一些特定的函數來輔助基本的查詢功能。在這些函數中，有關於計算方面函數的格式為：

(<function> ([DISTINCT]<column-name>|*))

其中,每一個函數的符號和所代表的意義分別為:

- COUNT ：計算某一個表格或欄位的資料個數。
- AVG ：計算某欄位資料的平均值。
- SUM ：計算某欄位資料的總和。
- MAX ：找出某欄位資料中的最大值。
- MIN ：找出某欄位資料中的最小值。

在這五個函數中,當所指定的欄位前加上 DISTINCT 時,則表示重複的資料將不予計算。但是當使用 COUNT(*) 用來計算關係表中列錄的數目時,則不管資料有無重複都予計算。而當所指定欄位的值是虛值時,則除了 COUNT(*) 仍計算該欄位的值外,其他函數對虛值皆不予計算。

【範例 4.20】

依據圖 4.3 的員工關係表,找出員工的總數,平均薪水,最高薪水和最低薪水等資訊。則此查詢表達式可寫成:

SELECT　COUNT(*),AVG(薪水),MAX(薪水),MIN(薪水)
FROM　員工;

其查詢結果則如圖 4.13 的關係表所示。

COUNT(*)	AVG(薪水)	MAX(薪水)	MIN(薪水)
4	38000	50000	30000

圖 4.13　範例 4.20 的查詢結果

【範例 4.21】

依據圖 4.3 的員工關係表，找出員工的薪水資料。則此查詢表達式可下列兩種寫成：

(1) SELECT   COUNT (薪水)
    FROM   員工；
(2) SELECT   COUNT (DISTINCT 薪水)
    FROM   員工；

在範例 4.21 中，4.21(1) 和 4.21(2) 的查詢結果則分別為 4 和 3。在 4.21(2) 的查詢表達式中，由於使用了 DISTINCT 這個指令，所以重複的資料都不予計算。而在 4.21(1) 的查詢表達式中，由於沒有使用了 DISTINCT 這個指令，所以不管資料有無重複，都會被當成一筆資料來計算；換言之，其運算的結果與使用 COUNT(*) 查詢結果是相同的。

在 SQL 中，我們可以利用 GROUP BY 的指令將具有共同性質的列錄組合成一個群體。而在 SQL 中，GROUP BY 陳述的基本格式分別為：

GROUP BY <column-name(s)> **[HAVING** <group-condition>**]**

此時，查詢的結果會依照 <column-name(s)> 所指定欄位，將具有相同值的列錄組合成一個群體。而 HAVING 則為 GROUP BY 的條件陳述，它會將不符合條件的群體去除。

【範例 4.22】

依據圖 4.3 的參加關係表，來看下列兩個案例：

(1)找出每一位員工的身分證號碼和該員工參加計劃個數與總工作時數。則此查詢表達式可寫成：

```
SELECT      身分證號碼，COUNT(*)，SUM(工作時數)
FROM        參加
GROUP BY    身分證號碼；
```

其查詢結果則如圖 4.14(a) 的關係表所示。

(2)對最少參加兩個計劃的員工而言，找出該員工的身分證號碼和該員工參加計劃的個數與總工作時數。則此查詢表達式可寫成：

```
SELECT      身分證號碼，COUNT(*)，SUM(工作時數)
FROM        參加
GROUP BY    身分證號碼
HAVING COUNT(*) > 1；
```

其查詢結果則如圖 4.14(b) 的關係表所示。相比較於 (1) 的查詢，由於使用 HAVING COUNT(*) > 1 這個條件陳述，所以凡是僅參加一個計劃的員工資料，皆不會出現於圖 4.14(b) 的關係表中。

在 SQL 中，我們可以利用 ORDER BY 的指令將資料依照某欄位值的大小順序排列出來。而在 SQL 中，ORDER BY 陳述的基本格式分別為：

ORDER BY <column-name(s)[DESC|ASC]>

其中，DESC 是表示排序是由大排到小，而 ASC 則表示由小排到大；當未指定時，SQL 會直接採用 ASC 的排序方式。

身分證號碼	COUNT(*)	SUM(工作時數)
A123456789	2	18
A987654321	1	34
F104105111	3	29
F222222222	1	30

(a)

身分證號碼	COUNT(*)	SUM(工作時數)
A123456789	2	18
F104105111	3	29

(b)

圖 4.14　(a) 範例 4.22(1) 的查詢結果；(b) 範例 4.22(2) 的查詢結果

【範例 4.23】

依據圖 4.3 的員工關係表，將資訊部門員工的身分證號碼，姓名，生日，地址和薪水的資料找出，並且查詢的結果要依照該員工薪水的高低順序和年齡的大小順序列印出來。則此查詢表達式可寫成：

  SELECT 身分證號碼，姓名，生日，地址，薪水
  FROM   員工，部門
  WHERE 部門名稱 = "資訊" AND 工作部門 = 部門代號
  ORDER BY 薪水 DESC，生日 ASC；

其查詢結果則如圖 4.15 的關係表所示。

身分證號碼	姓名	生日	地址	薪水
A987654321	王台生	39.01.01	台北市和平路 2 號	50000
A123456789	陳中衣	47.12.12	台北市永平路 1 號	30000
F222222222	郭　勝	51.04.04	null	30000

圖 4.15　範例 4.23 的查詢結果

4.2.9　SQL 的表達能力

相對於關係式代數中的 {σ，Π，∪，×，−} 五個基本操作子而言，在 SQL 中，SELECT 就是關係式代數中的投射操作子，FROM 就是關係式代數的笛卡爾乘積，WHERE 就是關係式代數的選擇操作子，而 SQL 的 UNION 和 MINUS 則又分別是關係式代數的聯集操作子 (∪) 和差集操作子 (−)；同時，SQL 也可利用 IN 和 NOT IN 指令來表示關係式代數的聯集操作子和差集操作子。所以說 SQL 查詢語言已經被完全關係化。換言之，雖然關係式代數和 SQL 是屬於兩種不同類型的查詢語言，至少，SQL 查詢語言的表達能力是相等於關係式代數查

詢語言的表達能力。

雖然說，在 SQL 中，FROM 就是關係式代數的笛卡爾乘積 (×)，但是在實際執行時，由於執行笛卡爾乘積 (×) 運算會產生許多沒用的列錄，進而影響了查詢處理的執行效率。所以實際上，DBMS 通常會將原有的 SQL 查詢表達式轉換成另一個具有同等功能，但是卻更有效率的查詢表達式來執行。而我們將於第八章再介紹有關於查詢最佳化處理的基本觀念和技巧。

嚴格的說起來，由於 SQL 查詢語言具有排序和計算等能力，所以事實上，SQL 的表達能力是優於關係式代數的表達能力。雖然如此，由於 SQL 的表達能力還是比一般用途的程式語言差，所以在實際的資料庫運用中，我們通常會將 SQL 內藏於其他像 VB 或 C 的一般用途程式語言中一起使用。

4.3 SQL 的更新陳述

在 SQL 中，我們可以使用 INSERT，DELETE 和 UPDATE 三種指令來更新資料庫的內容。

4.3.1 INSERT 指令

在 SQL 中，INSERT 是將一筆列錄或是將查詢結果所得的列錄加入到一個關係表中。INSERT 陳述的基本格式可分為兩種。本節將針對此兩種格式做一個簡單的介紹。

1. 將一筆列錄加入到一個關係表中：當 INSERT 要將一筆列錄加入到一個關係表中，則此 INSERT 陳述的基本格式為：

    INSERT INTO <table-name>[(column-name(s))]
    VALUE <(constants)>

119

在此格式中，一次僅能將一筆列錄加入到所指定的關係表中。若在 INSERT 陳述中有列出欄位名稱時，則輸入常數的順序將依照所指定的欄位順序輸入，而如果在 INSERT 陳述中沒有列出指定的欄位時，則輸入常數的順序將依照該關係表在 CREATE TABLE 時的欄位順序輸入。

【範例 4.24】

假設新進職員周伯通的身分證號碼是 A123412341，而且他是出生於民國 54 年 12 月 25 號和居住於台北市中正路 1 號。由於周伯通是新進的職員，所以他的薪水是 25000，同時，因為剛進公司，所以他也沒有直屬上司和沒有被派至任何一個部門工作。此時，我們可以利用下列兩種表達式，將新進職員周伯通資料加入圖 4.3 所定義的員工關係表中。

(1)**INSERT INTO** 員工
　　VALUE (A123412341，周伯通，台北市中正路 1 號，25000，50.12.25，
　　　　　null，null)

(2)**INSERT INTO** 員工(身分證號碼，姓名，地址，生日)
　　VALUE (A123412341，周伯通，台北市中正路 1 號，50.12.25)

在圖 4.3 的員工關係綱目中，屬性「薪水」的預先設定值是 25000，所以在執行 4.24(2) 的表達式時，屬性「薪水」的值會自動設定成 25000，而屬性「直屬上司」和「工作部門」的值則會設定成虛值。有一點要注意的是：當輸入的資料違反了資料庫中的約束時，則 DBMS 將會拒絕執行此一輸入的動作。

2. 將查詢結果所得的列錄加入到一個關係表中：當 INSERT 要將查詢結果所得的列錄直接加入到一個關係表中，則此 INSERT 陳述的基本格式為：

INSERT INTO <table-name>[(column-name(s))]
SELECT STATEMENT

在此格式中，SELECT STATEMENT 就是一個次查詢，所以在此格式中，會將次查詢所得的結果直接加入到所指定的關係表中。而常數輸入的方式，則如同前一個 INSERT 陳述一樣。

【範例 4.25】

假設此時我們要建立一個表格來儲存有關於：每一位員工的身分證號碼和該員工參加計劃個數與總工作時數，則首先我們必須利用 CREATE TABLE 來建立一個新的表格，然後在利用 INSERT 表達式將相關資料輸入該關係表中，而這些表達式可分別寫成：

  CREATE TABLE TEMP
    (員工身分證號碼 CHAR(9),
    參加計劃總數   INT,
    總工作時數   INT,)

  INSERT INTO TEMP (員工身分證號碼，參加計劃總數，總工作時數)
  SELECT 身分證號碼，**COUNT**(*)，**SUM**(工作時數)
  FROM 參加
  GROUP BY 身分證號碼

事實上，在上述 INSERT 陳述中的 SELECT STATEMENT，就是範例 4.22(1) 的查詢表達式，所以相對於圖 4.14(a) 的關係表而言，將會有 4 筆列錄輸入到 **TEMP** 關係表中。

4.3.2 UPDATE 指令

在 SQL 中，UPDATE 陳述是用來修改關係表內某些列錄的欄位值。而 UPDATE 陳述的基本格式為：

> UPDATE <table-name>
> SET   <column-name> = <value-expression>
>   {,<column-name> = <value-expression>}
> [WHERE <selection condition>]

在執行此陳述時，凡是在 <table-name> 關係表中，而且滿足 <selection condition> 的列錄，都會依照 SET 所指定的運算來修改該欄位的資料。

【範例 4.26】

假設現在要將資訊部門的每一位員工薪水都增加 5%，則此修改動作可寫成：

> UPDATE 員工
> SET   薪水 = 薪水 * 1.05
> WHERE 工作部門 IN (SELECT 部門代號
>   FROM   部門
>   WHERE 部門名稱 = "資訊")

每一個 UPDATE 指令都只能更新一個關係表的內容，但是當更新動作牽涉到列錄的主鍵值時，有可能會產生參考完整性約束的問題，此時我們就必須使用額外的 UPDATE 指令來更新其他關係表中的列錄。

4.3.3 DELETE 指令

在 SQL 中，DELETE 是將某些列錄從所屬的關係表中刪除。而 DELETE 陳述的基本格式為：

> DELETE <table-name>
> [WHERE <selection condition>]

在執行此陳述時，凡是滿足 <selection condition> 的列錄都會被刪除。

【範例 4.27】

假設現在要對圖 4.3 的關係表，做下列的刪除動作：

(1)將陳中衣的資料從員工關係表中刪除。則此刪除動作可寫成：

   DELETE 員工
   WHERE 姓名 ＝"陳中衣"

(2)將員工電話關係表中的內容全部刪除。則此刪除動作可寫成：

   DELETE 員工電話

運算後，員工電話關係表的定義仍燃存在於資料庫中，但已經沒有任何列錄存在該關係表中。

(3)要將資訊部門中員工資料刪除，則此刪除動作可寫成：

   DELETE 員工
   WHERE 工作部門 IN (SELECT 部門代號
             FROM   部門
             WHERE 部門名稱 ＝"資訊")

4.4　SQL 的景象

  在 SQL 的術語中，一個景象是經由其他關係表所衍生出來的關係表，而這些用來定義景象的關係表又被稱為是該景象的**定義表格** (defining tables) 或**定義關係表** (defining relations)。相對於利用 CREATE TABLE 所建立的基表或基本關係表而言，由於景象的相關資料並未實際儲存於檔案中，所以一個景象可視為是一個虛擬關係表。事實上，在大部份的資料庫系統中,都將景象視為是一個虛擬關係表,而僅將景象的定義儲存於資料目錄中。由於景象是經由其他關係表所衍生出來的,所以在許多情況下,我們將無法直接經由景象來更新資料庫的內容;但是基於同樣的理由,使用景象檢索資料庫內的資料時,不但可簡化使用者查詢的相關作業,同時,更可提供一個簡單而有效的授權管制方法。

4.4.1 CREATE VIEW 指令

SQL 是利用 CREATE VIEW 來建立一個景象。而 CREATE VIEW 陳述的基本格式為:

CREATE VIEW <view-name>[<column-name>{,<column-name>}]
AS SELECT STATEMENT;

當執行 CREATE VIEW 這個陳述時,在 AS 後面的 SELECT STATEMENT 不會立刻執行,而僅將該景象的定義儲存於資料目錄中。同時,只有當這個景象被使用到的時後,景象才會去執行 AS 後面的 SELECT STATEMENT,將所需的資料找出。由於景象的定義已經儲存於資料目錄中,所以此時,使用者便可以直接利用該景象做查詢處理了。假如在 CREATE VIEW 陳述中並沒有定出欄位名稱時,則該景象的欄位名稱就會直接取至該景象定義表格中所指定的欄位名稱。

【範例 4.28】

假如使用者時常需要查詢每一位員工的姓名和該員工參加了那些計劃時,則我們可以利用 CREATE VIEW 來建立一個名稱為員工計劃的景象,以方便使用者做查詢處理。此 SQL 表達式可寫成:

```
CREATE VIEW  員工計劃
AS  SELECT   姓名,計劃名稱
    FROM     員工,參加,計劃
    WHERE    參加.計劃編號 = 計劃.計劃編號 AND
             參加.身分證號碼 = 員工.身分證號碼;
```

當執行上述的陳述時,系統會將員工計劃景象的定義儲存於資料目錄中。由於在 CREATE VIEW 陳述中並沒有定出欄位名稱時,所以景象的欄位名稱分別為「姓名」和「計劃名稱」。換言之,該景象的關係綱目為:

員工計劃(姓名,計劃名稱)

由於員工計劃景象的定義已經儲存於資料目錄中,所以使用者便可以直接利用該景象做查詢處理了。由於員工計劃景象就是由員工,參加和計劃三個定義表格所衍生出來的關係表,而且只有當這個景象被使用到的時後,景象才會去執行 AS 後面的 SELECT STATEMENT ,所以只要員工,參加和計劃三個關係表內容有所改變時,則此改變會自動反應到員工計劃景象中,而不會有**資料過時** (out of date) 的問題發生。

【範例 4.29】

找出參與計劃 X1 的員工姓名,則此查詢可利用範例 4.28 所建立的景象來找尋所需的資料。此查詢的 SQL 表達式可寫成:

  SELECT 姓名
  FROM 員工計劃
  WHERE 計劃名稱＝"X1";

由上述的表達式可以看出,使用範例 4.28 所建立的景象來找尋所需的資料確實可以簡化使用者查詢的相關作業。否則此查詢表達式就必須為:

  SELECT 姓名
  FROM 員工,參加,計劃
  WHERE 計劃名稱 = "X1" AND 參加.計劃編號 = 計劃.計劃編號 AND
       參加.身分證號碼 = 員工.身分證號碼;

在 CREATE VIEW 的定義中,我們說:假如在 CREATE VIEW 陳述中並沒有定出欄位名稱時,則該景象的欄位名稱就會直接取至該景象定義表格的欄位名稱。但是當我們遇到下列兩種情形時,我們就必須在景象的定義中,明定出所有欄位的名稱:

- 當某欄位是經由聚合函數,數學運算所求出時。
- 欄位名稱會重複時。

【範例 4.30】

當要建立一個員工計劃資訊的景象來記錄每一位員工的身分證號碼和該員工參加計劃個數與總工作時數時,則此 SQL 表達式可寫成:

CREATE VIEW 員工計劃資訊(員工身分證號碼,參加計劃總數,總工作時數)
AS   SELECT   身分證號碼,**COUNT**(*),**SUM**(工作時數)
         FROM   參加
         GROUP BY 身分證號碼

當我們不需要某一個景象時,我們可以使用 DROP VIEW 的指令將景象刪除。而 DROP VIEW 陳述的基本格式為:

DROP VIEW <view-name>

【範例 4.31】

當要將員工計劃這個景象刪除時,則此表達式可寫成:

DROP VIEW 員工計劃

基本上,由於一個景象就是經由其他關係表所衍生出來的表格,所以經由景象來對資料庫內的基表做更新的動作時,可能會有許多不同的更新方式,而經由這些不同的更新方式都可達到同樣的更新效果;但是當使用不同的更新方法時,則會產生許多不同的資料庫狀態,所以進而會產生混淆的情形。因此經由景象來對資料庫內的基表做更新的動作是一個很複雜的工作。所以大部份的系統都不提供更新景象的功能。但是當景象的定義表是一個基表且景象中的欄位包含該基表的主鍵或是備選鍵時，則經由此類的景象對資料庫做修改時，並不會產生混淆的情形，所以當系統有更新景象的功能，系統也僅能經由此類的景象對資料庫做修改。

4.5 摘　要

　　SQL 是一種非程序式的查詢語言。由於在 SQL 中，除了包含了資料定義語言 (DDL) 和資料操作語言 (DML) 外，還包含其他許多的部份，所以說 SQL 是一個內容非常豐富的資料庫語言。雖然關係式代數和 SQL 是屬於兩種不同類型的查詢語言，但是由於 SQL 查詢語言已經被完全關係化，而且 SQL 查詢語言具有排序和計算等能力，所以事實上，SQL 的表達能力是優於關係式代數的表達能力。雖然如此，由於 SQL 的表達能力還是比一般用途的程式語言差，所以在實際的資料庫運用中，我們通常會將 SQL 內藏於其他像 VB 或 C 的一般用途程式語言中一起使用。

　　在 SQL 的術語中，利用 CREATE TABLE 所建立的關係表，我們稱之為基表或基本關係表。而利用 CREATE VIEW 所建立的表格，我們稱之為虛擬關係表。此兩種關係表的差別是：在基本關係表中，列錄是實際儲存於資料庫的檔案中，而在虛擬關係表中，列錄都並未實際存於檔案中。事實上，一個虛擬關係表就是一個景象。所以一個虛擬關係表是經由基本關係表衍生出來的。一雖然說，在 SQL 的基表中，列錄是不具有順性的，但是欄位 (屬性) 卻是有順序性的；而欄位的順序則是依照在使用 CREATE TABLE 建立該基表時所排列的順序。

習　題

4.1　利用 NOT EXIST 指令回答範例 4.16 的問題。

4.2 請依據圖 4.3 的關係表,利用 SQL 來回答下列的查詢。

(a)找出工作於資訊部門中的每一位員工姓名和電話號碼。

(b)找出參加 「X_1」 計劃的員工姓名和工作時數。

(c)找出每一位員工的姓名和該員工所參與計劃的名稱。

(d)對執行地點在「金門」的計劃而言,找出全部參與這些計劃的員工。

4.3 依據圖 4.16 的關係式資料庫,利用 SQL 來回答下列的查詢。

(a)找出供應商「利華」能提供那些零件。

(b)找出地址在「台北」的供應商名稱。

(c)找出計劃「N_1」所使用的零件是由那些廠商所提供的。

(d)找出有提供零件給每一個計劃使用的廠商名稱。

(e)找出沒有供應零件給計劃「N_3」使用的廠商名稱。

(f)計劃「N_3」總共使用多少種零件。

(g)計劃「N_3」總共使用多少個零件。

4.4 依據圖 4.16 的資料庫綱目和 SQL 執行下列動作。

(a)將列錄 <S_5,京鈴,台中> 輸入至供應商關係表中。

(b)將列錄 <P_4,CPU> 從零件關係表中刪除。

(c)在零件關係表中,將列錄 <P_1,晶片> 改成 <P_1,音效卡>。

供應商(<u>供應商代號</u>,供應商名稱,地址)　計劃(<u>計劃編號</u>,計劃名稱)

零件(<u>零件號碼</u>,零件名稱)　供應(<u>供應商代號,計劃編號,零件號碼</u>,數量)

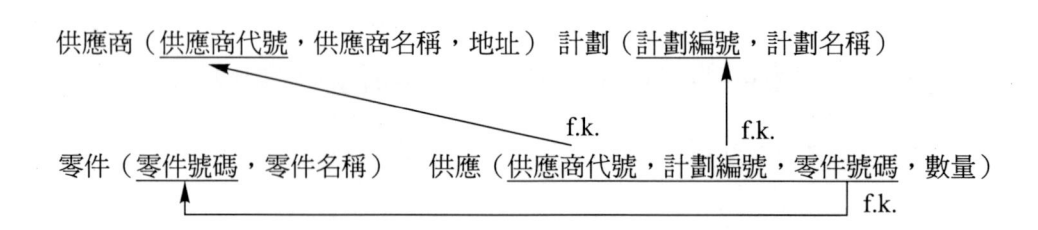

圖 4.16　關係式資料庫綱目及其所屬的關係表

供應商	供應商代號	供應商名稱	地址
	S_1	三鈴	台北
	S_2	長新	台中
	S_3	利華	台北
	S_4	誠信	台南

計劃	計劃編號	計劃名稱
	1	N1
	2	N2
	3	N3

零件	零件號碼	零件名稱
	P_1	晶片
	P_2	電阻
	P_3	RAM
	P_4	CPU

供應	供應商代號	計劃編號	零件號碼	數量
	S_1	1	P_1	100
	S_2	1	P_1	150
	S_3	1	P_1	200
	S_3	2	P_2	250
	S_3	3	P_3	300

圖 4.16　(續)

4.5 依據 員工(姓名，生日，地址，薪水，公司名稱) 關係綱目，利用 SQL 查詢表達式回答下列問題。

(a)找出在「A」公司上班的員工最高薪水，最低薪水和平均薪水。

(b)找出在「A」公司每月給員工的薪水有多少種。

(c)找出在每家公司每月總共要付多少薪水給員工。

Chapter 5

關係式資料庫案例研究

資料庫基本理論與實作

　　在第三章我們曾經介紹到關係式資料庫的結構、綱目與完整性約束，相對於實際商業用的資料庫是如何建置呢？在本章我們將會以目前在商業上使用非常廣泛的 Microsoft SQL Server7.0 關係式資料庫為例，配合第二章所介紹到的實體關係式模型理論基礎，並且以客戶訂購產品為一簡單案例來進行探討。藉由此案例可以讓我們更為清楚的知道在 SQL Server7.0 當中如何建立一個資料庫、如何建立一個表格、如何設定主鍵或是複合鍵、如何設定完整性約束，以及如何建立表格之間的關聯性。在此我們先不探究此一資料庫設計結果的好壞，而僅針對 SQL Server7.0 實際的運作與設定，作概略性的介紹，至於其他細節方面，還請讀者自行參閱坊間關於 SQL Server7.0 的相關書籍。

　　我們先由客戶訂購產品這件事情來看，首先我們必須先建立一個客戶基本檔，用來儲存客戶的基本資料；再來我們必須建立一個產品基本檔，用來儲存產品基本資料；至於那些客戶訂購了那些產品，我們亦可建立一個訂單基本檔來記錄這些交易的資料。藉由上述的描述，對應到第二章所提到的實體關係式模型，就是需要建立一個客戶實體、一個產品實體和一個訂購關係，一個實體會產生一個表格，一個關係同樣地也會產生一個表格。所以，就客戶訂購產品這件事情至少需要有三個表格才較為恰當。至於範例中，我們共用了四個表格，那是因為考慮到正規化的結果，我們將訂購關係再分為訂單基本檔與訂單明細兩個表格來儲存這些交易的資料，至於如何正規化和為什麼要正規化我們將在下一章再作介紹。

5.1　如何建立一個資料庫

　　首先，我們必須在 SQL Server7.0 上建立一個新的名稱為"資料庫管理系統"的資料庫，用來管理我們的資料。其方法如下：

第五章　關係式資料庫案例研究

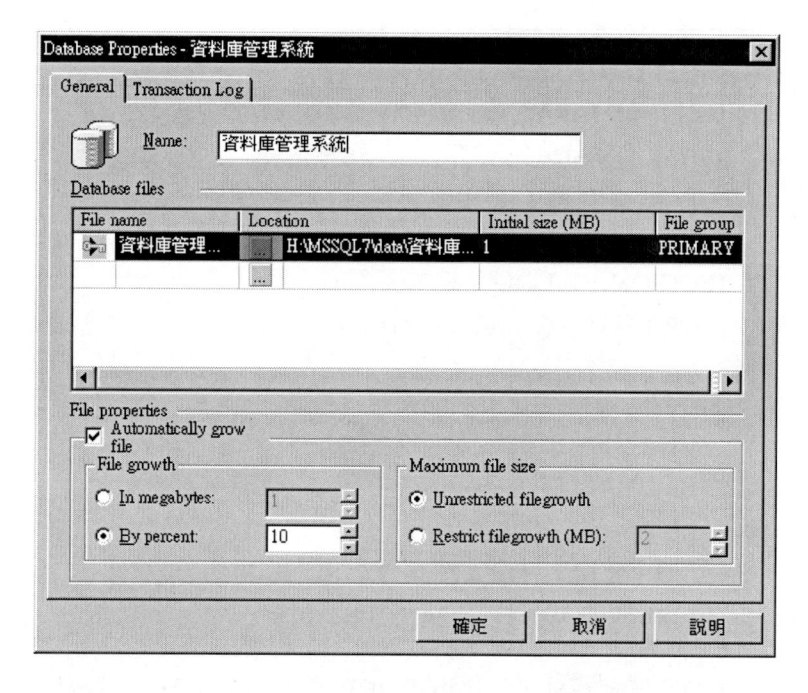

圖 5.1　建立 "資料庫管理系統" 資料庫畫面

- 進入 Enterprise Manager (開始 → 程式集(P) → Microsoft SQL Server7.0 → Enterprise Manager) 後，首先，選取所要建立資料庫的伺服器，點選 "+" 將其展開，在 "Database" 項目下按滑鼠右鍵，於出現的功能選單中選取 "New Database"，我們將看到如圖 5.1 所示的畫面。接著，我們在 "Name:" 欄位上輸入資料庫名稱 "資料庫管理系統"，再按 "確定" 即可。

- 除了上述透過 Microsoft SQL Server7.0 裡面的 Enterprise Manager 來建立資料庫之外，我們也可以透過 Query Analyzer 工具執行 CREATE DATABASE 指令來建立資料庫。我們先來說明如何使用 CREATE DATABASE 指令來建立資料庫，以下是 CREATE DATABASE 的語法格式：

```
CREATE DATABASE 資料庫名稱
[ON [PRIMARY]
    [<檔案格式>[,…n]]
    [,<檔案格式>[,…n]]
]
[LOG ON {<檔案格式>}]
[FOR LOAD|FOR ATTACH]

<檔案格式>=
    ([NAME= 邏輯檔案名稱,]
    FILENAME='作業系統下的檔案名稱和路徑'
    [,SIZE= 檔案初始大小]
    [,MAXSIZE= {最大檔案大小 |UNLIM"I"TED}]
    [,FILEGROWTH= 地增值])[,…n]

<檔案群組格式>= FILEGROUP 檔案群組名稱 <檔案格式>[,…n]
```

所以我們可以依照上述 CREATE DATABASE 的語法格式，來建立一個名為 "資料庫管理系統" 的資料庫，其指令如下：

```
CREATE DATABASE 資料庫管理系統
ON PRIMARY
(NAME =資料庫管理系統_Data
    FILENAME='C:\MSSQL7\data\資料庫管理系統_Data.MDF',
    SIZE=10MB
    MAXSIZE= UNLIM"I"TED
    FILEGROWTH=10%),
LOG ON
(NAME =資料庫管理系統_Log
    FILENAME='C:\MSSQL7\data\資料庫管理系統_Log.LDF',
    SIZE=10MB
    MAXSIZE= UNLIM"I"TED
    FILEGROWTH=10%),
GO
```

5.2 如何建立一個表格

當我們建立好"資料庫管理系統"資料庫後,再來我們接著要分別建立"客戶基本檔"、"產品基本檔"、"訂單基本檔"和"訂單明細"四個表格。其方法如下:

- 首先建立"客戶基本檔",我們在"資料庫管理系統"項目下按滑鼠右鍵,於出現的功能選單中選取"New ▶"再選取"Table",我們將看到如圖 5.2 所示的畫面。接著,我們在"輸入資料表名稱(E):"欄位上輸入表格名稱"客戶基本檔",再按"確定"即可。

- 接著,我們將看到如圖 5.3 所示的畫面。我們針對表格中的所有屬性分別輸入"資料行名稱"、"資料型態"、"長度","是否允許 Null"和"預設值"等資料。其步驟如下:

1. 我們在"資料行名稱"欄位上輸入"客戶編號",在"資料型態"欄位上點選"varchar",在"長度"欄位上輸入"50",然後將指標移至下一列;

2. 我們在"資料行名稱"欄位上輸入"客戶名稱",在"資料型態"欄位上點選"varchar",在"長度"欄位上輸入"50",然後將指標移至下一列;

圖 5.2 建立"客戶基本檔"表格畫面

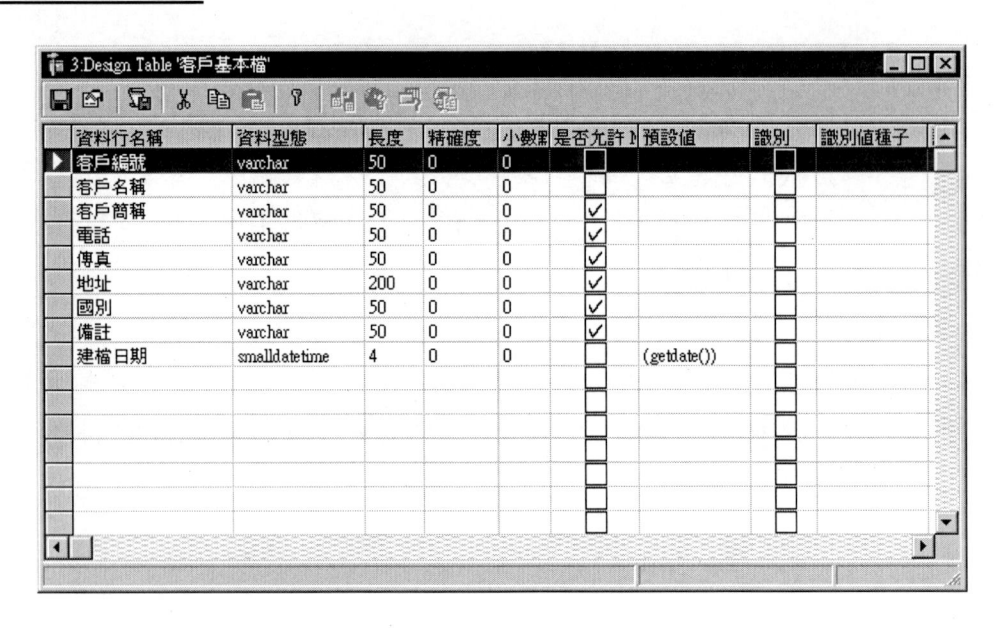

```
┌─ 3:Design Table '客戶基本檔'                            _ □ X ┐
│ 資料行名稱      資料型態       長度  精確度 小數點 是否允許N 預設值      識別  識別值種子
│▶客戶編號       varchar        50    0     0     □                    □
│ 客戶名稱       varchar        50    0     0     □                    □
│ 客戶簡稱       varchar        50    0     0     ✓                    □
│ 電話          varchar        50    0     0     ✓                    □
│ 傳真          varchar        50    0     0     ✓                    □
│ 地址          varchar        200   0     0     ✓                    □
│ 國別          varchar        50    0     0     ✓                    □
│ 備註          varchar        50    0     0     ✓                    □
│ 建檔日期       smalldatetime  4     0     0     □       (getdate())   □
```

圖 5.3　建立 "客戶基本檔" 表格屬性畫面

3. 我們在 "資料行名稱" 欄位上輸入 "客戶簡稱"，在 "資料型態" 欄位上點選 "varchar"，在 "長度" 欄位上輸入 "50"，在 "是否允許 Null" 欄位上打 ✓，然後將指標移至下一列；

4. 我們在 "資料行名稱" 欄位上輸入 "電話"，在 "資料型態" 欄位上點選 "varchar"，在 "長度" 欄位上輸入 "50"，在 "是否允許 Null" 欄位上打 ✓，然後將指標移至下一列；

5. 我們在 "資料行名稱" 欄位上輸入 "傳真"，在 "資料型態" 欄位上點選 "varchar"，在 "長度" 欄位上輸入 "50"，在 "是否允許 Null" 欄位上打 ✓，然後將指標移至下一列；

6. 我們在 "資料行名稱" 欄位上輸入 "地址"，在 "資料型態" 欄位上點選 "varchar"，在 " 長度" 欄位上輸入 "200"，在 "是否允許 Null" 欄位上打 ✓，然後將指標移至下一列；

7. 我們在"資料行名稱"欄位上輸入"國別",在"資料型態"欄位上點選"varchar",在"長度"欄位上輸入"50",在"是否允許 Null"欄位上打 ✓,然後將指標移至下一列;

8. 我們在"資料行名稱"欄位上輸入"備註",在"資料型態"欄位上點選"varchar",在"長度"欄位上輸入"50",在"是否允許 Null"欄位上打 ✓,然後將指標移至下一列;

9. 我們在"資料行名稱"欄位上輸入"建檔日期",在"資料型態"欄位上點選"smalldatetime",在"預設值"欄位上輸入"getdate()";

10. 然後,點選視窗右上角" ✕ "關閉視窗,再點選"是(Y)"即可。

- 接著建立"產品基本檔",我們在"資料庫管理系統"項目下按滑鼠右鍵,於出現的功能選單中選取"New ▶"再選取"Table",我們將看到如圖 5.4 所示的畫面。接著,我們在"輸入資料表名稱(E):"欄位上輸入表格名稱"產品基本檔",再按"確定"即可。

圖 5.4　建立"產品基本檔"表格畫面

- 接著,我們將看到如圖 5.5 所示的畫面。我們針對表格中的所有屬性分別輸入"資料行名稱"、"資料型態"、"長度","是否允許 Null"和"預設值"等資料。其步驟如下:

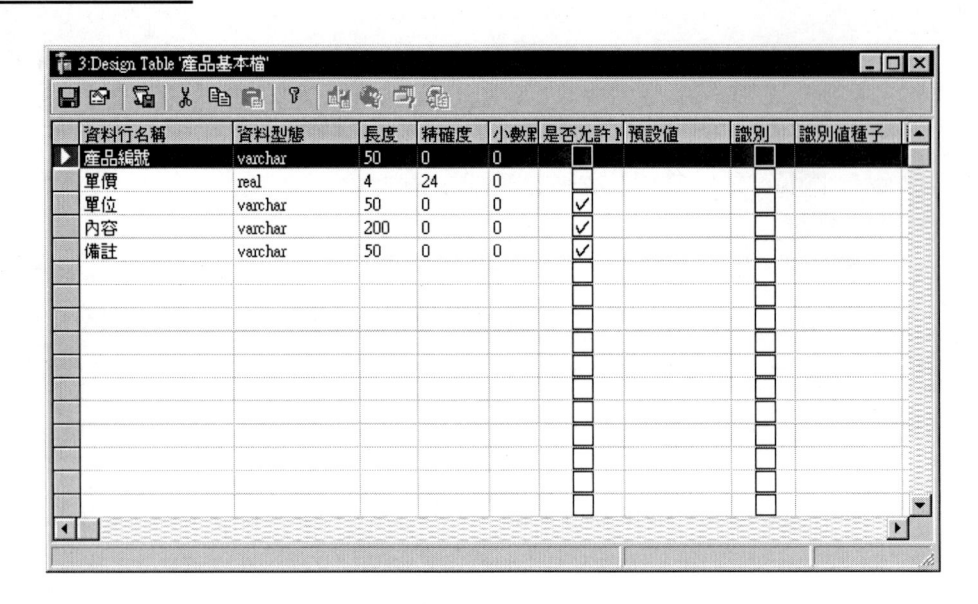

圖 5.5 建立 "產品基本檔" 表格屬性畫面

1. 我們在 "資料行名稱" 欄位上輸入 "產品編號"，在 "資料型態" 欄位上點選 "varchar"，在 "長度" 欄位上輸入 "50"，然後將指標移至下一列；

2. 我們在 "資料行名稱" 欄位上輸入 "單價"，在 "資料型態" 欄位上點選 "real"，然後將指標移至下一列；

3. 我們在 "資料行名稱" 欄位上輸入 "單位"，在 "資料型態" 欄位上點選 "varchar"，在 "長度" 欄位上輸入 "50"，在 "是否允許 Null" 欄位上打 ✓，然後將指標移至下一列；

4. 我們在 "資料行名稱" 欄位上輸入 "內容"，在 "資料型態" 欄位上點選 "varchar"，在 "長度" 欄位上輸入 "200"，在 "是否允許 Null" 欄位上打 ✓，然後將指標移至下一列；

5. 我們在 "資料行名稱" 欄位上輸入 "備註"，在 "資料型態" 欄位上點選 "varchar"，在 "長度" 欄位上輸入 "50"，在 "是否允許 Null" 欄位上打 ✓；

6. 然後,點選視窗右上角 " ✗ " 關閉視窗,再點選 "是(Y)" 即可。

- 接著建立 "訂單基本檔",我們在 "資料庫管理系統" 項目下按滑鼠右鍵,於出現的功能選單中選取 "New ▶" 再選取 "Table",我們將看到如圖 5.6 所示的畫面。接著,我們在 "輸入資料表名稱 (E):" 欄位上輸入表格名稱 "訂單基本檔",再按 "確定" 即可。

圖 5.6　建立 "訂單基本檔" 表格畫面

- 接著,我們將看到如圖 5.7 所示的畫面。我們針對表格中的所有屬性分別輸入 "資料行名稱"、"資料型態"、"長度","是否允許 Null" 和 "預設值" 等資料。其步驟如下:

1. 我們在 "資料行名稱" 欄位上輸入 "訂單編號",在 "資料型態" 欄位上點選 "varchar",在 "長度" 欄位上輸入 "50",然後將指標移至下一列;

2. 我們在 "資料行名稱" 欄位上輸入 "客戶訂單編號",在 "資料型態" 欄位上點選 "varchar",在 "長度" 欄位上輸入 "50",在 "是否允許 Null" 欄位上打 ✓,然後將指標移至下一列;

3. 我們在 "資料行名稱" 欄位上輸入 "日期",在 "資料型態" 欄位上點選 "smalldatetime",在 "預設值" 欄位上輸入 "getdate()",然後將指標移至下一列;

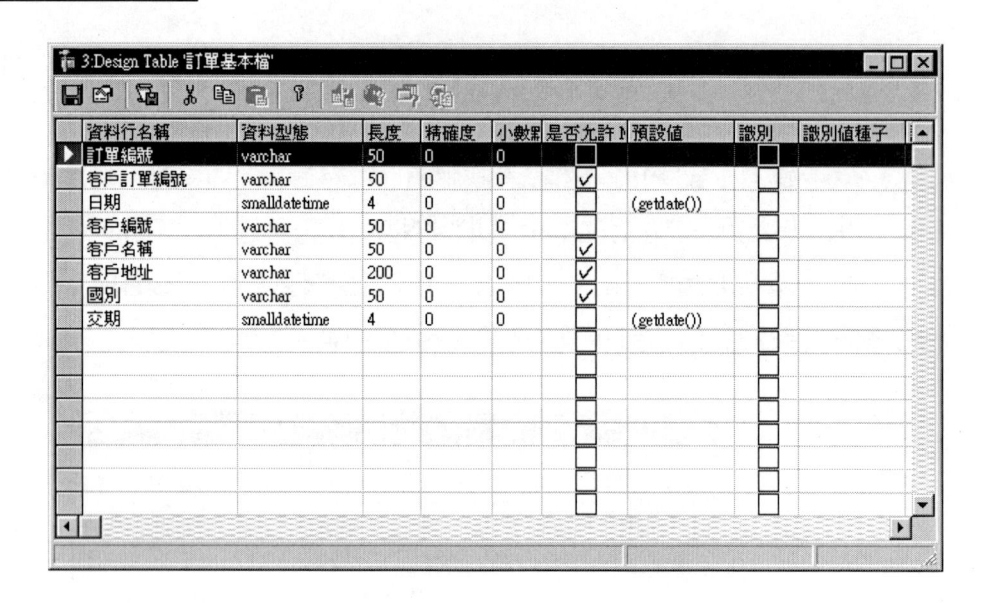

圖5.7　建立"訂單基本檔"表格屬性畫面

4. 我們在"資料行名稱"欄位上輸入"客戶編號",在"資料型態"欄位上點選"varchar",在"長度"欄位上輸入"50",然後將指標移至下一列;

5. 我們在"資料行名稱"欄位上輸入"客戶名稱",在"資料型態"欄位上點選"varchar",在"長度"欄位上輸入"50",在"是否允許Null"欄位上打✓,然後將指標移至下一列;

6. 我們在"資料行名稱"欄位上輸入"客戶地址",在"資料型態"欄位上點選"varchar",在"長度"欄位上輸入"200",在"是否允許Null"欄位上打✓,然後將指標移至下一列;

7. 我們在"資料行名稱"欄位上輸入"國別",在"資料型態"欄位上點選"varchar",在"長度"欄位上輸入"50",在"是否允許Null"欄位上打✓,然後將指標移至下一列;

8. 我們在"資料行名稱"欄位上輸入"交期",在"資料型態"欄位上點選"smalldatetime",在"預設值"欄位上輸入"getdate()",然後將指標移至下一列；

9. 然後，點選視窗右上角 "✖" 關閉視窗，再點選 "是(Y)" 即可。

- 接著建立 "訂單明細"，我們在 "資料庫管理系統" 項目下按滑鼠右鍵，於出現的功能選單中選取 "New ▶" 再選取 "Table"，我們將看到如圖 5.8 所示的畫面。接著，我們在 "輸入資料表名稱 (E):" 欄位上輸入表格名稱 "訂單明細"，再按 "確定" 即可。

圖 5.8　建立 "訂單明細" 表格畫面

- 接著，我們將看到如圖 5.9 所示的畫面。我們針對表格中的所有屬性分別輸入 "資料行名稱"、"資料型態"、"長度"，"是否允許 Null" 和 "預設值" 等資料。其步驟如下：

1. 我們在 "資料行名稱" 欄位上輸入 "編號"，在 "資料型態" 欄位上點選 "int"，然後將指標移至下一列；

2. 我們在 "資料行名稱" 欄位上輸入 "訂單編號"，在 "資料型態" 欄位上點選 "varchar"，在 "長度" 欄位上輸入 "50"，然後將指標移至下一列；

3. 我們在 "資料行名稱" 欄位上輸入 "產品編號"，在 "資料型態" 欄位上點選 "varchar"，在 "長度" 欄位上輸入 "50"，然後將指標移至下一列；

資料庫基本理論與實作

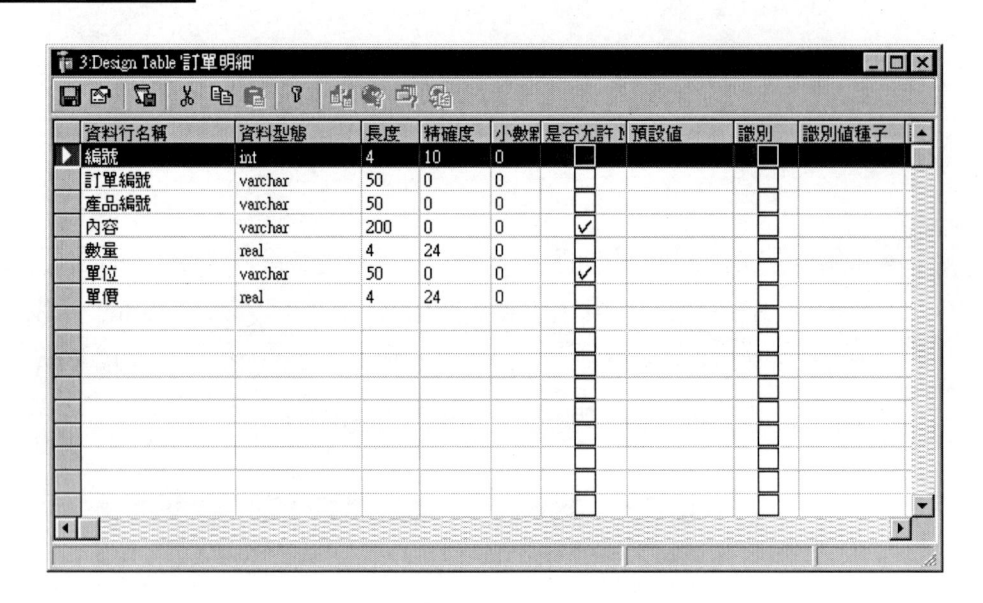

圖 5.9　建立 "訂單明細" 表格屬性畫面

4. 我們在 "資料行名稱" 欄位上輸入 "內容"，在 "資料型態" 欄位上點選 "varchar"，在 "長度" 欄位上輸入 "200"，在 "是否允許 Null" 欄位上打 ✓，然後將指標移至下一列；

5. 我們在 "資料行名稱" 欄位上輸入 "數量"，在 "資料型態" 欄位上點選 "real"，然後將指標移至下一列；

6. 我們在 "資料行名稱" 欄位上輸入 "單位"，在 "資料型態" 欄位上點選 "varchar"，在 "長度" 欄位上輸入 "50"，在 "是否允許 Null" 欄位上打 ✓，然後將指標移至下一列；

7. 我們在 "資料行名稱" 欄位上輸入 "單價"，在 "資料型態" 欄位上點選 "real"；

8. 然後，點選視窗右上角 " ✕ " 關閉視窗，再點選 "是(Y)" 即可。

- 接著，選取 "資料庫管理系統"，點選 "+" 將其展開，在 "Table" 項目下按滑鼠右鍵，於出現的功能選單中選取 "Refresh" 將表格更新，

第五章　關係式資料庫案例研究

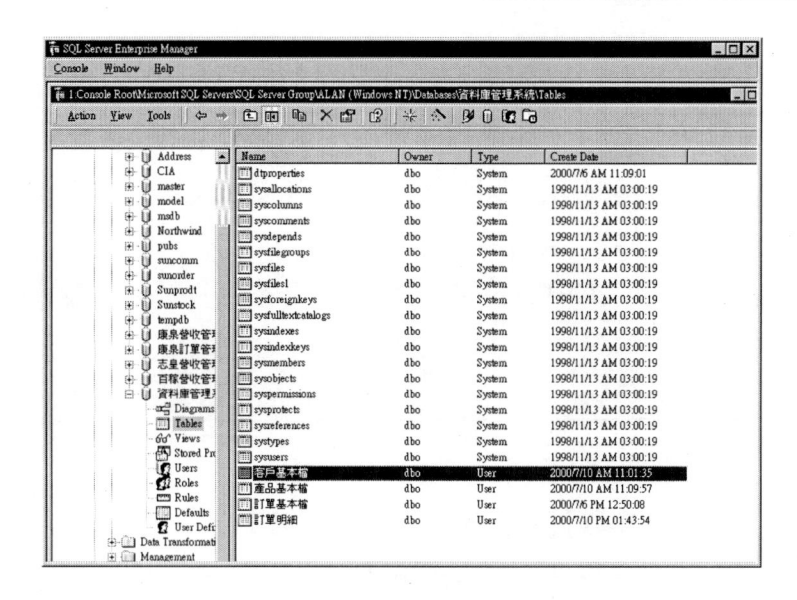

圖 5.10　建立四個表格畫面

就可以看到之前我們所建立的四個表格，如圖 5.10 所示畫面。

除了上述透過 Microsoft SQL Server7.0 裡面的 Enterprise Manager 來建立表格之外，我們也可以透過 Query Analyzer 工具執行 CREATE TABLE 指令來建立表格。我們先來說明如何使用 CREATE TABLE 指令來建立表格，以下是 CREATE TABLE 的語法格式：

```
CREATE TABLE[資料庫名稱.[擁有者].|擁有者]表格名稱
(
    欄位名稱#1  欄位型別 [欄位屬性] [欄位限制],
    欄位名稱#2  欄位型別 [欄位屬性] [欄位限制],
        :       :       :       :
        :       :       :       :
    欄位名稱#3  欄位型別 [欄位屬性] [欄位限制]
)
[ON {檔案群組 |DEFAULT}]
[TEXTIMAGE_ON {檔案群組 |DEFAULT}]
```

143

所以我們可以依照上述 CREATE TABLE 的語法格式，分別建立"客戶基本檔"、"產品基本檔"、"訂單基本檔"和"訂單明細"四個表格，其指令分別如下：

- 首先，利用 CREATE TABLE 指令來建立"客戶基本檔"表格，其指令如下：

```
CREATE TABLE [dbo].[客戶基本檔] (
    [客戶編號] [varchar] (50) NOT NULL ,
    [客戶名稱] [varchar] (50) NOT NULL ,
    [客戶簡稱] [varchar] (50) NULL ,
    [電話] [varchar] (50) NULL ,
    [傳真] [varchar] (50) NULL ,
    [地址] [varchar] (200) NULL ,
    [國別] [varchar] (50) NULL ,
    [備註] [varchar] (50) NULL ,
    [建檔日期] [smalldatetime] NOT NULL CONSTRAINT [DF_客戶基本檔_建檔日期] DEFAULT (getdate()),
) ON [PRIMARY]
GO
```

- 接著，利用 CREATE TABLE 指令來建立"產品基本檔"表格，其指令如下：

```
CREATE TABLE [dbo].[產品基本檔] (
    [產品編號] [varchar] (50) NOT NULL ,
    [單價] [real] NOT NULL ,
    [單位] [varchar] (50) NULL ,
    [內容] [varchar] (200) NULL ,
    [備註] [varchar] (50) NULL ,
) ON [PRIMARY]
GO
```

- 接著,利用 CREATE TABLE 指令來建立"訂單基本檔"表格,其指令如下:

```
CREATE TABLE [dbo].[訂單基本檔] (
    [訂單編號] [varchar] (50) NOT NULL ,
    [客戶訂單編號] [varchar] (50) NULL ,
    [日期] [smalldatetime] NOT NULL CONSTRAINT [DF_訂單基本檔_日期] DEFAULT (getdate()),
    [客戶編號] [varchar] (50) NOT NULL ,
    [客戶名稱] [varchar] (50) NULL ,
    [客戶地址] [varchar] (200) NULL ,
    [國別] [varchar] (50) NULL ,
    [交期] [smalldatetime] NOT NULL CONSTRAINT [DF_訂單基本檔_交期] DEFAULT (getdate()),
) ON [PRIMARY]
GO
```

- 最後,利用 CREATE TABLE 指令來建立"訂單明細"表格,其指令如下:

```
CREATE TABLE [dbo].[訂單明細] (
    [編號] [int] NOT NULL ,
    [訂單編號] [varchar] (50) NOT NULL ,
    [產品編號] [varchar] (50) NOT NULL ,
    [內容] [varchar] (200) NULL ,
    [數量] [real] NOT NULL ,
    [單位] [varchar] (50) NULL ,
    [單價] [real] NOT NULL ,
) ON [PRIMARY]
GO
```

5.3 如何設立主鍵與複合鍵

　　當我們建立好"資料庫管理系統"資料庫與分別建立好"客戶基本檔"、"產品基本檔"、"訂單基本檔"和"訂單明細"四個表格之後，我們必須分別為"客戶基本檔"、"產品基本檔"、"訂單基本檔"和"訂單明細"四個表格設立其主鍵或複合鍵。其方法如下：

- 首先，設立"客戶基本檔"的主鍵，其步驟為；先在"客戶基本檔"項目下按滑鼠右鍵，於出現的功能選單中選取"Design Table"，我們將看到如圖 5.6 所示的畫面。接著，點選"客戶編號"前面的 ▶，再點選 ，即可將"客戶編號"屬性設為主鍵，如圖 5.11 所示。

第五章　關係式資料庫案例研究

[圖:Design Table '客戶基本檔' 視窗]

資料行名稱	資料型態	長度	精確度	小數	是否允許N	預設值	識別	識別值種子
客戶編號	varchar	50	0	0				
客戶名稱	varchar	50	0	0				
客戶簡稱	varchar	50	0	0	✓			
電話	varchar	50	0	0	✓			
傳真	varchar	50	0	0	✓			
地址	varchar	200	0	0	✓			
國別	varchar	50	0	0	✓			
備註	varchar	50	0	0	✓			
建檔日期	smalldatetime	4	0	0		(getdate())		

圖 5.11　設立 "客戶基本檔" 的客戶編號為主鍵畫面

- 接著，設立 "產品基本檔" 的主鍵，其步驟為：先在 "產品基本檔" 項目下按滑鼠右鍵，於出現的功能選單中選取 "Design Table"，我們將看到如圖 5.7 所示的畫面。接著，點選 "產品編號" 前面的 ▶，再點選 🔑，即可將 "產品編號" 屬性設為主鍵，如圖 5.12 所示。

[圖:Design Table '產品基本檔' 視窗]

資料行名稱	資料型態	長度	精確度	小數	是否允許N	預設值	識別	識別值種子
產品編號	varchar	50	0	0				
單價	real	4	24	0				
單位	varchar	50	0	0	✓			
內容	varchar	200	0	0	✓			
備註	varchar	50	0	0	✓			

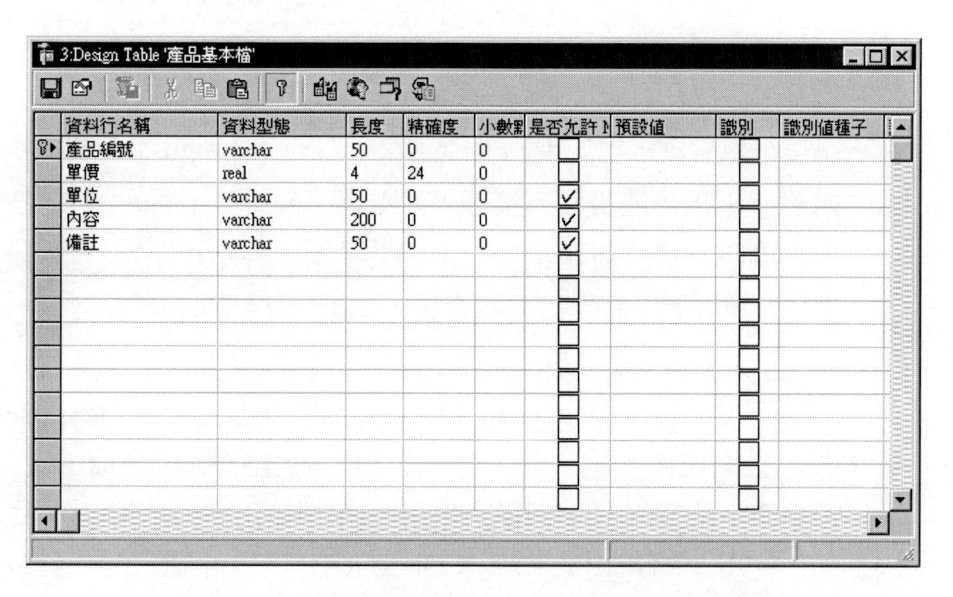

圖 5.12　設立 "產品基本檔" 的產品編號為主鍵畫面

- 接著,設立"訂單基本檔"的主鍵,其步驟為:先在"訂單基本檔"項目下按滑鼠右鍵,於出現的功能選單中選取"Design Table",我們將看到如圖 5.8 所示的畫面。接著,點選"訂單編號"前面的 ▶,再點選 ？,即可將"訂單編號"屬性設為主鍵,如圖 5.13 所示。

圖 5.13 設立"訂單基本檔"的訂單編號為主鍵畫面

- 接著,設立"訂單明細"的複合鍵,其步驟為:先在"訂單明細"項目下按滑鼠右鍵,於出現的功能選單中選取"Design Table",我們將看到如圖 5.9 所示的畫面。接著,先點選"編號"前面的 ▶,按住"Ctrl"鍵,同時點選"訂單編號"前面的 ▶,再點選 ？,即可將"編號"與"訂單編號"屬性設為複合鍵,如圖 5.14 所示。

除了上述透過 Microsoft SQL Server7.0 裡面的 Enterprise Manager 來設定主鍵或複合鍵之外,我們也可以透過 Query Analyzer 工具執行 PRIMARY KEY CONSTRAINT 指令來設定主鍵或複合鍵。我們先來說明如何使用 PRIMARY KEY CONSTRAINT 指令來設定主鍵或複合鍵,以下是 PRIMARY KEY CONSTRAINT 的語法格式:

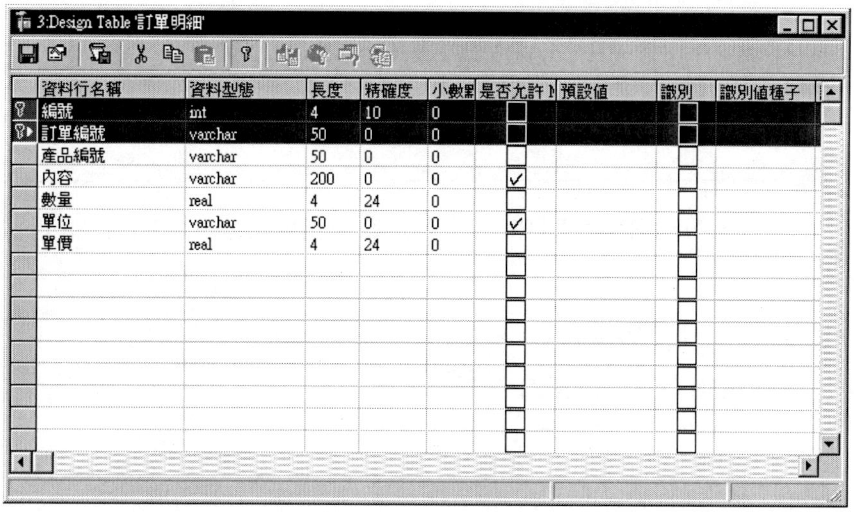

第五章　關係式資料庫案例研究

圖 5.14　設立 "訂單明細" 的編號與訂單編號為複合鍵畫面

```
[CONSTRAINT constraint名稱]
   PRIMARY KEY [CLUSTERED|NONCLUSTERED]
   (欄位名稱#1[,欄位名稱#2[…,欄位名稱#16]])
   [ON  檔案群組名稱 |DEFAULT]
```

所以我們可以依照上述 PRIMARY KEY CONSTRAINT 的語法格式，分別設定 "客戶基本檔"、"產品基本檔"、"訂單基本檔" 和 "訂單明細" 四個表格的主鍵或複合鍵，其指令分別如下：

- 首先，利用 PRIMARY KEY CONSTRAINT 指令來建立 "客戶基本檔" 表格的主鍵，其指令如下：

```
CONSTRAINT [PK_客戶基本檔] PRIMARY KEY NONCLUSTERED
(
    [客戶編號]
) ON [PRIMARY]
```

149

- 接著，利用 PRIMARY KEY CONSTRAINT 指令來建立"產品基本檔"表格的主鍵，其指令如下：

```
CONSTRAINT [PK_產品基本檔] PRIMARY KEY NONCLUSTERED
(
    [產品編號]
) ON [PRIMARY]
```

- 接著，利用 PRIMARY KEY CONSTRAINT 指令來建立"訂單基本檔"表格的主鍵，其指令如下：

```
CONSTRAINT [PK_訂單基本檔] PRIMARY KEY NONCLUSTERED
(
    [訂單編號]
) ON [PRIMARY]
```

- 最後，利用 PRIMARY KEY CONSTRAINT 指令來建立"訂單明細"表格的複合鍵，其指令如下：

```
CONSTRAINT [PK_訂單明細] PRIMARY KEY NONCLUSTERED
(
    [編號],
    [訂單編號]
) ON [PRIMARY]
```

5.4 如何建立表格之間的關聯性

當我們建立好 "資料庫管理系統" 資料庫與分別建立好 "客戶基本檔"、"產品基本檔"、"訂單基本檔" 和 "訂單明細" 四個表格，以及分別為 "客戶基本檔"、"產品基本檔"、"訂單基本檔" 和 "訂單明細" 四個表格設立其主鍵或複合鍵之後，我們便可以為這四個表格建立起之間的關聯性，意即設定各個表格的外鍵，其方法如下：

- 首先，在 "Diagrams" 項目下按滑鼠右鍵，於出現的功能選單中選取 "New Database Diagram…"，我們將看到如圖 5.15 所示的畫面。接著，點選 "下一步(N)"，我們將看到如圖 5.16 所示的畫面。

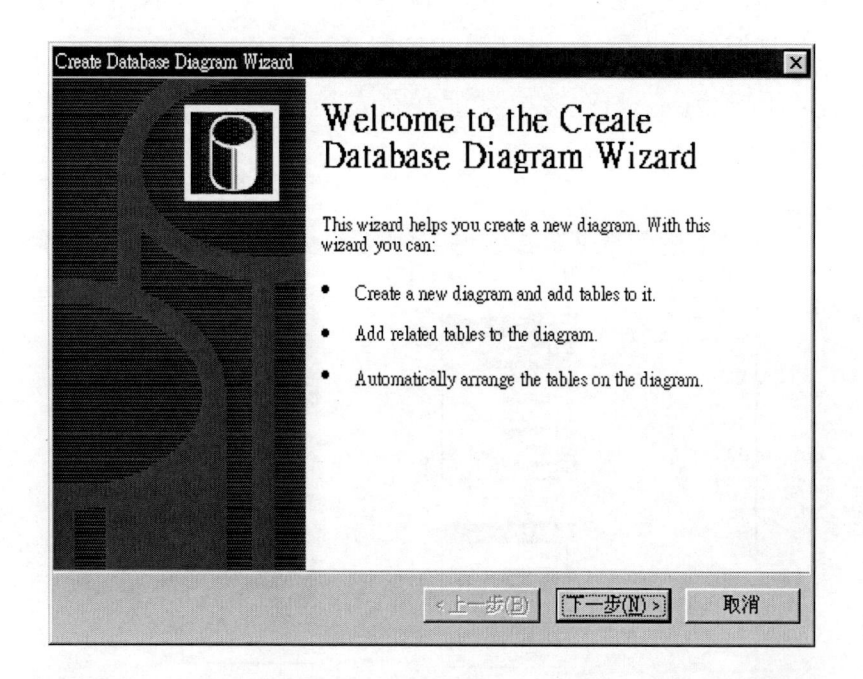

圖 5.15　建立資料庫圖表精靈畫面

● 資料庫基本理論與實作

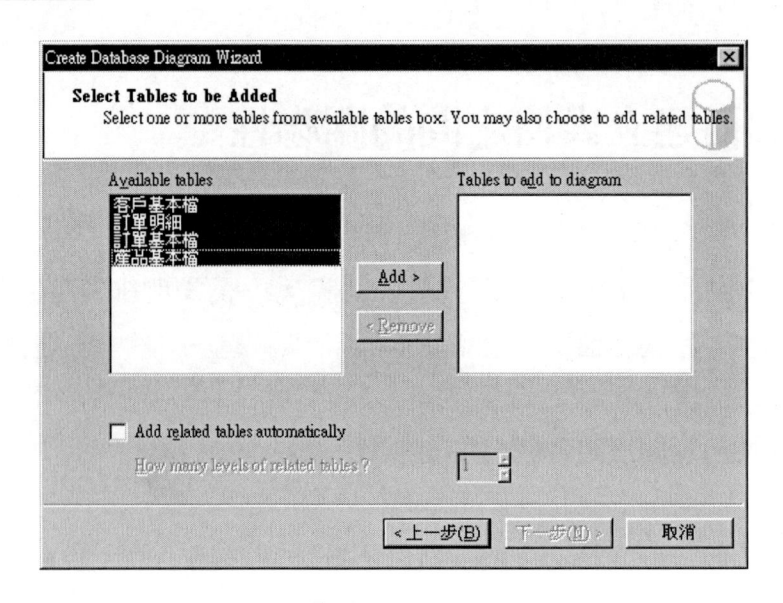

圖 5.16　選取建立資料庫圖表表格畫面

- 接著，先按住 "Ctrl" 鍵，同時點選 "客戶基本檔"、"產品基本檔"、"訂單基本檔" 和 "訂單明細" 將其反白，再點選 "Add >"，再點選 "下一步(N)"，然後再點選 "完成"，最後再點選 "確定"，我們將看到如圖 5.17 所示的畫面。

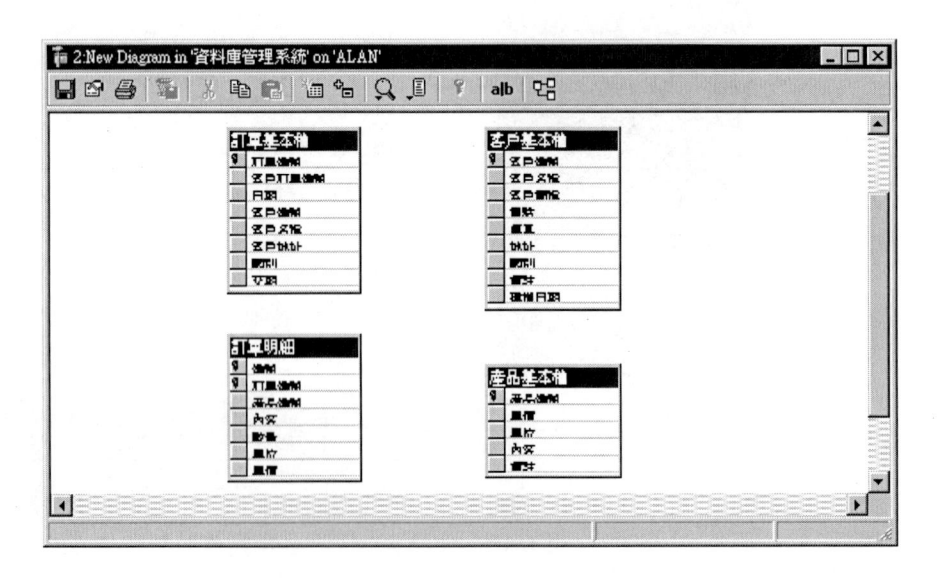

圖 5.17　建立資料庫四個表格圖表畫面

- 接著，點選"訂單基本檔"的"客戶編號"前面的 ▨，以拖曳的方式拖曳到"客戶基本檔"的"客戶編號"前面的 ▨，再點選"確定"，建立起"訂單基本檔"和"客戶基本檔"之間的外部索引；

- 接著，點選"訂單基本檔"的"訂單編號"前面的 ▨，以拖曳的方式拖曳到"訂單明細"的"訂單編號"前面的 ▨，再點選"確定"，建立起"訂單基本檔"和"訂單明細"之間的外部索引；

- 接著，點選"訂單明細"的"產品編號"前面的 ▨，以拖曳的方式拖曳到"產品基本檔"的"產品編號"前面的 ▨，再點選"確定"，建立起"訂單明細"和"產品基本檔"之間的外部索引；

建立好各個表格之間的關係之後，我們將看到如圖 5.18 所示的畫面。然後在工具列上點選 ▨，我們將看到如圖 5.19 所示的畫面。然後在"將資料庫圖表儲存為："欄位上輸入" 客戶訂購產品關係圖"，再點選"確定"，再點選"是(Y)"，即可將我們所建立表格之間的關聯性儲存起來。

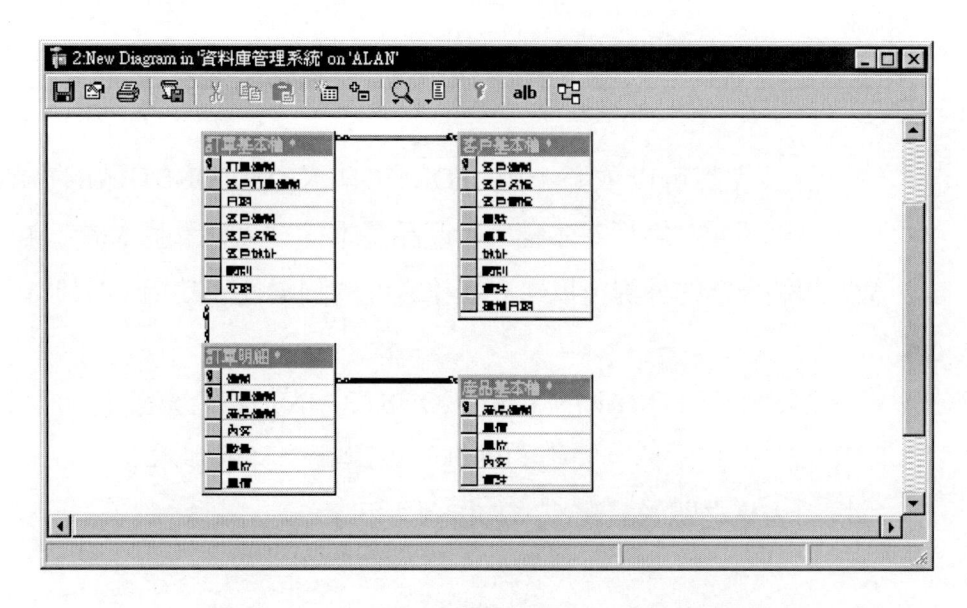

圖 5.18　建立資料庫四個表格之間的關係圖表畫面

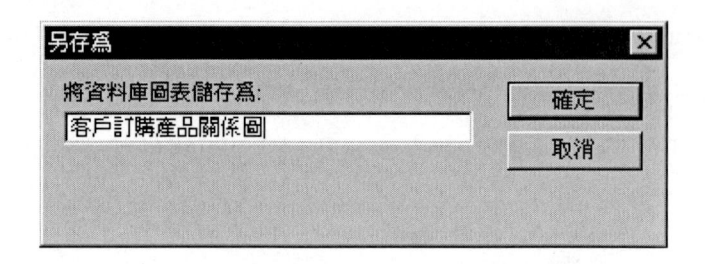

圖 5.19　將四個表格之間的關係圖表儲存畫面

除了上述透過 Microsoft SQL Server7.0 裡面的 Enterprise Manager 來設定外鍵之外，我們也可以透過 Query Analyzer 工具執行 FOREIGN KEY CONSTRAINT 指令來設定外鍵。我們先來說明如何使用 FOREIGN KEY CONSTRAINT 指令來設定外鍵，以建立表格之間的關聯性，以下是 FOREIGN KEY CONSTRAINT 的語法格式：

```
[CONSTRAINT constraint名稱]
    FOREIGN KEY (欄位名稱#1[,欄位名稱#2[,...,欄位名稱#16]])
    REFERENCES [擁有者.]參考表格[(參考欄位#1[,參考欄位#2[...,
參考欄位#16]])
```

所以我們可以依照上述 FOREIGN KEY CONSTRAINT 的語法格式，分別設定"客戶基本檔"、"產品基本檔"、"訂單基本檔"和"訂單明細"四個表格的外鍵，以建立表格之間的關聯性，其指令分別如下：

- 首先，利用 FOREIGN KEY CONSTRAINT 指令來設定"訂單基本檔"和"客戶基本檔"表格的外鍵，以建立"訂單基本檔"和"客戶基本檔"表格之間的關聯性，其指令如下：

```
CONSTRAINT [FK_訂單基本檔_客戶基本檔] FOREIGN KEY
(
    [客戶編號]
) REFERENCES [dbo].[客戶基本檔] (
    [客戶編號]
)
```

- 接著,利用 FOREIGN KEY CONSTRAINT 指令來設定 "訂單明細" 和 "訂單基本檔" 表格的外鍵,以建立 "訂單明細" 和 "訂單基本檔" 表格之間的關聯性,其指令如下:

```
CONSTRAINT [FK_訂單明細_訂單基本檔] FOREIGN KEY
(
    [訂單編號]
) REFERENCES [dbo].[訂單基本檔] (
    [訂單編號]
)
```

- 接著,利用 FOREIGN KEY CONSTRAINT 指令來設定 "訂單明細" 和 "產品基本檔" 表格的外鍵,以建立 "訂單明細" 和 "產品基本檔" 表格之間的關聯性,其指令如下:

```
CONSTRAINT [FK_訂單明細_產品基本檔] FOREIGN KEY
(
    [產品編號]
) REFERENCES [dbo].[產品基本檔] (
    [產品編號]
)
```

- 最後，我們將先前所介紹到利用 Query Analyzer 工具透過 SQL 指令來建立一個表格、設定表格的主鍵或是複合鍵、設定表格的完整性約束，以及如何建立表格之間的關聯性 (設定表格的外鍵) 的方式作一個整理。那麼，"客戶基本檔"、"產品基本檔"、"訂單基本檔" 和 "訂單明細" 四個表格的 SQL 指令寫法將分別如圖 5.20、圖 5.21、圖 5.22、圖 5.23 所示。

```
CREATE TABLE [dbo].[客戶基本檔] (
    [客戶編號] [varchar] (50) NOT NULL ,
    [客戶名稱] [varchar] (50) NOT NULL ,
    [客戶簡稱] [varchar] (50) NULL ,
    [電話] [varchar] (50) NULL ,
    [傳真] [varchar] (50) NULL ,
    [地址] [varchar] (200) NULL ,
    [國別] [varchar] (50) NULL ,
    [備註] [varchar] (50) NULL ,
    [建檔日期] [smalldatetime] NOT NULL CONSTRAINT [DF_客戶基本檔_建檔日期]
    DEFAULT (getdate()),
    CONSTRAINT [PK_客戶基本檔] PRIMARY KEY NONCLUSTERED
    (
        [客戶編號]
    ) ON [PRIMARY]
) ON [PRIMARY]
GO
```

圖5.20　以 CREATE TABLE 指令建立 "客戶基本檔"

```
CREATE TABLE [dbo].[產品基本檔] (
 [產品編號] [varchar] (50) NOT NULL ,
 [單價] [real] NOT NULL ,
 [單位] [varchar] (50) NULL ,
 [內容] [varchar] (200) NULL ,
 [備註] [varchar] (50) NULL ,
 CONSTRAINT [PK_產品基本檔] PRIMARY KEY NONCLUSTERED
 (
        [產品編號]
 ) ON [PRIMARY]
) ON [PRIMARY]
GO
```

圖 5.21　以 CREATE TABLE 指令建立 "產品基本檔"

```
CREATE TABLE [dbo].[訂單基本檔] (
 [訂單編號] [varchar] (50) NOT NULL ,
 [客戶訂單編號] [varchar] (50) NULL ,
 [日期] [smalldatetime] NOT NULL CONSTRAINT [DF_訂單基本檔_日期] DEFAULT (getdate()),
 [客戶編號] [varchar] (50) NOT NULL ,
 [客戶名稱] [varchar] (50) NULL ,
 [客戶地址] [varchar] (200) NULL ,
 [國別] [varchar] (50) NULL ,
 [交期] [smalldatetime] NOT NULL CONSTRAINT [DF_訂單基本檔_交期] DEFAULT (getdate()),
 CONSTRAINT [PK_訂單基本檔] PRIMARY KEY NONCLUSTERED
 (
     [訂單編號]
 ) ON [PRIMARY] ,
 CONSTRAINT [FK_訂單基本檔_客戶基本檔] FOREIGN KEY
 (
     [客戶編號]
 ) REFERENCES [dbo].[客戶基本檔] (
     [客戶編號]
 )
) ON [PRIMARY]
GO
```

圖 5.22　以 CREATE TABLE 指令建立 "訂單基本檔"

```
CREATE TABLE [dbo].[訂單明細] (
 [編號] [int] NOT NULL ,
 [訂單編號] [varchar] (50) NOT NULL ,
 [產品編號] [varchar] (50) NOT NULL ,
 [內容] [varchar] (200) NULL ,
 [數量] [real] NOT NULL ,
 [單位] [varchar] (50) NULL ,
 [單價] [real] NOT NULL ,
 CONSTRAINT [PK_訂單明細] PRIMARY KEY NONCLUSTERED
 (
    [編號],
    [訂單編號]
 ) ON [PRIMARY] ,
 CONSTRAINT [FK_訂單明細_訂單基本檔] FOREIGN KEY
 (
    [訂單編號]
 ) REFERENCES [dbo].[訂單基本檔] (
    [訂單編號]
 ),
 CONSTRAINT [FK_訂單明細_產品基本檔] FOREIGN KEY
 (
    [產品編號]
 ) REFERENCES [dbo].[產品基本檔] (
    [產品編號]
 )
) ON [PRIMARY]
GO
```

圖 5.23 以 CREATE TABLE 指令建立 "訂單明細"

- 接著，利用 Query Analyzer 工具建立"客戶基本檔"、"產品基本檔"、"訂單基本檔"和"訂單明細"四個表格，其方法如下：

    ♦ 進入 Query Analyzer (開始→程式集(P)→ Microsoft SQL Server7.0 →Query Analyzer) 後，首先，選取所要連接資料庫的伺服器，點選

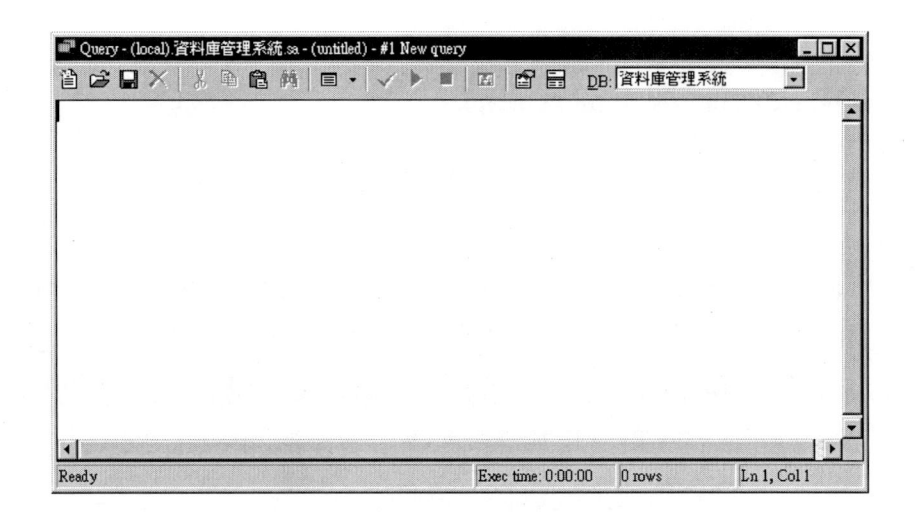

圖 5.24　進入 SQL Server Query Analyzer 畫面

"OK"，進入SQL Server Query Analyzer 視窗後，在 "DB:" 欄位下選取 "資料庫管理系統"，我們將看到如圖 5.24 所示的畫面。接著，我們可以在視窗中分別輸入如圖 5.20、圖 5.21、圖 5.22、圖 5.23 所示的 SQL 指令，輸入完畢後如圖 5.25 所示的畫面，再點選 ▶，即可建立 "客戶基本檔"、"產品基本檔"、"訂單基本檔" 和 "訂單明細" 四個表格。

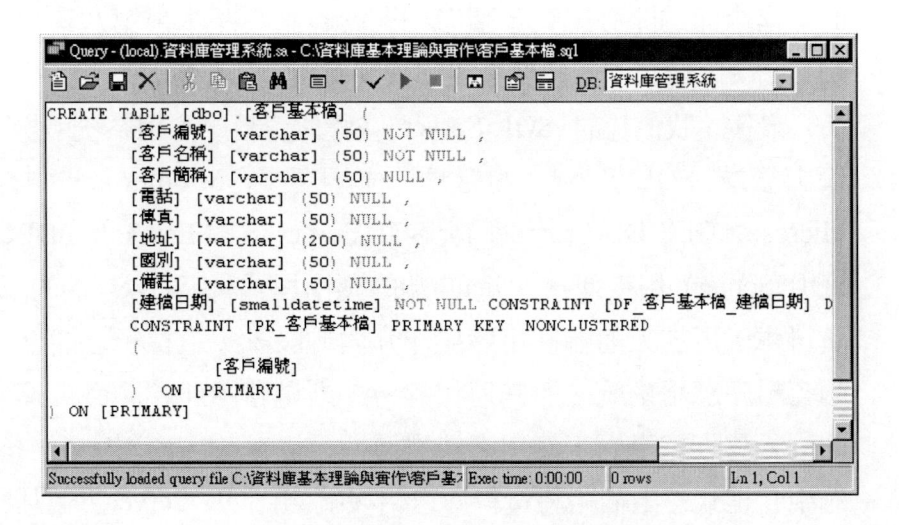

圖 5.25　輸入 SQL 指令後畫面

5.5 SQL Server 與主從式架構

Microsoft SQL Server7.0 是一種關係式資料庫，它除了支援傳統關係式資料庫元件 (如資料庫、表格) 和特性 (如連結表格：JOIN TABLE) 外，另外也支援一些常用的元件 (如預儲程序：STORED PROCEDURE) 和視野 (VIEW) 等，尤其 Microsoft SQL Server7.0 有一項重要的優點是它支援資料庫的複製，也就是當我們在資料庫上執行異動 (如新增、刪除、修改) 時，可以將其異動的結果傳至遠端 SQL Server 相同的資料庫上，讓兩邊資料庫上的資料保持同步。

SQL Server 在現今**主從式** (Client-Server) 架構扮演著非常重要的角色，它除了儲存資料的功能之外，亦提供了非常方便的管理工具來管理資料。在主從式架構下，SQL Server 僅僅扮演 Server 端的角色，而其主要的工作就是負責 Client 端的連線和提供來自 Client 端的資料存取和查詢要求而已，而並不負責使用者的操作介面的設計，因為這些是 Client 端的工作。然而，這些 Client 端使用者操作介面的開發工具非常多，本書便是以 Microsoft Visual Baisc6.0 (採 Client-Server 主從式架構) 和 Microsoft Active Server Page2.0 (採 N-Tile 階層式架構)，作為使用者的操作介面的開發工具，讀者如有興趣請參閱本書第八章和第九章的範例介紹，將會讓您對整個主從式架構有更進一步的認識。

最後，我們探討 SQL Server 在整個資料庫應用系統所扮演的角色。藉由後端 SQL Server 的管理，並且透過 Middleware 中介程式 (如 Microsoft OLE DB Provider for SQL Server 和 Microsoft ODBC Driver for SQL Server) 用來連接 Client 端的應用程式和 Server 端的 SQL Server 資料庫，再加上前端使用者操作介面的設計，這樣子才能稱為一套完整的資料庫應用系統。而其運作的方式則是藉由前端開發工具所設計出來的輸入和查詢畫面，使用者透過這個畫面來輸入資料，再由前端程式透過中介程式經由網路將資料傳送給後端的 SQL Server，並且將資料儲存在 SQL Server 資料庫上。當使用者要查詢資料時，前端程式只需將查詢命令傳給後端的 SQL Server 即可，SQL Server 會將所接收到的查詢命令在 SQL Server 上執行，並且將查詢結果傳回給 Client 端，再由前端程式負責等待接收查詢的結果，再將結果顯示在畫面上，這也正是整個主從式架構的原理所在。

習　題

5.1　利用 SQL Server 7.0 所提供的工具，將上一題所得的結果用資料庫的表格來表示。

Chapter 6

關係式資料庫設計理論

在本章我們將介紹一些有關於關係式資料庫設計的基本理論。由於對同一個資料庫而言，可能會有許多不同的設計結果，所以依據這些理論，我們不但可以去設計出該資料庫的綱目，同時更可以辨別出所設計的好壞，進而選擇出一個良好的資料庫綱目。一般而言，一個設計良好的關係式資料庫不但要能夠儲存所有相關之資訊，消除重複多餘的資訊，減少虛值的存在和不會產生錯誤的資訊外，同時也要能讓使用者能夠簡單及有效率的維護和檢索出所需的資訊。本章之主題即在討論如何設計出一組良好的關係綱目。

在整個關係式資料庫設計理論中，功能相依及正規化理論佔有非常重要的地位。事實上，在關係式資料庫設計時，我們就是依據各種資料間的功能相依性和正規化理論將關係式資料庫中的關係綱目做正規化處理，將該關係綱目分解成適當的**正規形式**或**常態化形式** (normal form)，而達到設計基本要求。

6.1 功能相依

功能相依 (functional dependences) 是一個非常重要的觀念。依據屬性間各種不同類型的功能相依性，我們可將一個關係綱目轉換成適當的正規化型式，同時對一個關係綱目而言，我們亦可以依據功能相依性判斷出那些屬性可當成該關係綱目的鍵。

6.1.1 基本觀念

基本上，功能相依可視為兩組屬性之間的約束。所以在關係式資料庫中，所有的資料皆必須滿足這些約束，否則便會產生錯誤。對一個關係綱目 R 的兩組屬性 X 和 Y 而言，屬性 X 和 Y 之間的功能相依 (簡寫為 F.D.) 可表示成：

$$R.X \rightarrow R.Y，$$

或在不會產生混淆狀況下,上述的表示法亦可表示成:X→Y。此時該功能相依所代表的意義為:在關係綱目 R 中,屬性 Y 的值是功能相依於屬性 X 的值;或說是,在 R 中,屬性 X 的值可決定屬性 Y 的值。而功能相依之正式定義為:

- 設 X 和 Y 為關係綱目 R 的兩組屬性,若 X→Y 成立時,則表示對於任何在關係表 R 中的兩個列錄 t_1 和 t_2 而言,當 $t_1[X] = t_2[X]$ 時,則 $t_1[Y] = t_2[Y]$ 必定為真。簡言之,當 X→Y 時,則在關係表 R 中的每一個屬性 X 的值都恰好有一個屬性 Y 的值與其相對映。

在上述定義中,X 是屬於 FD **左手邊** (left-hand side, LHS) 的屬性,而 Y 則是屬於 FD **右手邊** (right-hand side, RHS) 的屬性。在此我們要注意的事情為:當 X→Y 成立時,並不表示 Y→X 也一定成立。事實上,由於功能相依可視為兩組屬性之間的一種約束,所以資料庫中所有的關係瞬間值皆必須滿足此種約束。而當資料庫中所有的關係瞬間值皆滿足資料庫中所有的約束時,則這些瞬間值被稱為**合法的關係瞬間值** (legal relation instance) 或合法的**外在值** (legal extensions)。同時,由於功能相依是代表屬性之間的**語意** (semantics),所以功能相依是依據屬性本身在真實世界所代表的意義而決定出來的事實,換言之,我們無法從關係表中的瞬間值去直接推論出關係綱目中的功能相依。

【範例 6.1】

在圖 6.1(a) 的員工關係表中,由於在真實的世界中,每一位員工的身分證號碼都不一樣,所以對於員工關係表的任意兩個列錄 t_1 和 t_2 而言,當 t_1[身分證號碼] = t_2[身分證號碼] 時,則 t_1[姓名] = t_2[姓名] 一定成立,所以我們說【身分證號碼 → 姓名】這個功能相依性是成立的;基於同樣的理由,我們可以說下列三個功能相依性也都成立。

員工	身分證號碼	姓名	生日	地址	薪水
	A123456789	陳中衣	47.12.12	台北市永平路 1 號	30000
	A987654321	王台生	39.01.01	台北市和平路 2 號	50000
	F104105111	丁依依	52.10.10	台南市永安街 3 號	42000
	F222222222	郭　勝	51.04.04	null	30000

(a)

員工	身分證號碼	姓名	生日	地址	薪水
	A123456789	陳中衣	47.12.12	台北市永平路 1 號	30000
	A987654321	王台生	39.01.01	台北市和平路 2 號	50000
	F104105111	丁依依	52.10.10	台南市永安街 3 號	42000
	F222222222	郭　勝	51.04.04	null	30000
	A999999000	王台生	41.12.15	高雄市八德路 4 號	47000

(b)

圖 6.1　(a) 原有的**員工**關係綱表；(b) 新增一位員工後的**員工**關係綱表

身分證號碼 → 生日，身分證號碼 → 地址，身分證號碼 → 薪水

此時，在圖 6.1(a) 的員工關係表中，由於每位員工的姓名都不一樣，所以此時我們也許會問：下列的四個功能相依性是否成立？

姓名 → 身分證號碼，姓名 → 生日，姓名 → 地址，姓名 → 薪水

若此時我們能保證公司中每位員工的姓名都不一樣，則上述四個功能相依是成立的。但是，通常在一個公司中，員工的姓名是有可能會重複的；例如，當公司又增加一位叫做王台生的員工時，則此時我們由圖 6.1(b) 的關係表中，便可以很明顯的看到，上列四個功能相依是不正確的。

接下來我們定義**完全功能相依** (full functional dependence) 與**部份功能相依** (partial functional dependence) 的觀念：

- 設 X，Y 和 Z 分別為關係綱目 R 的三組屬性，當 X→Y 是一個完全功能相依時，則表示 (X–Z)→Y 一定不成立。若 (X–Z)→Y 成立，則表示 X→Y 是一個部份功能相依。

在關係式資料模型中，我們通常是用 F_R 來代表關係綱目 R 中的功能相依，但是在不會產生混淆狀況下，我們亦可直接用 F 來代表 R 中的功能相依。

【範例 6.2】
　　設 F = { AB→C, A→C, DE→G }，則 A→C 及 DE→G 皆是一個完全功能相依。由於當屬性 B 從 AB 中移去後，在 F 中，A→C 仍然成立，所以 AB→C 是一個部份功能相依；即 C 不是完全功能相依於 AB。

6.1.2　功能相依的推理法則

　　由於在一個關係式資料庫綱目中，通常會包含了許多不同形式的功能相依，並且大部份的功能相依都可經由其他的功能相依推論出來，所以在一個關係式資料庫中，要列舉出所有的功能相依不但是非常的浪費時間，而且是不需要的。因此，一般在設計一個關係式資料庫時，設計者通常祇會指定出一些明顯的功能相依，而不會列舉出所有的功能相依。

【範例 6.3】
　　假設 F = {A→B，B→C}，因為由 A→B 和 B→C 這兩個功能相依，我們可推論出 A→C，所以就邏輯觀點而言，此項推論又可寫成即 F ⊢ A→C

或 $\{A \rightarrow B, B \rightarrow C\} \vdash A \rightarrow C$，其中 $\vdash$ 這個符號是代表 "推論出" 的意義。換言之，雖然 $A \rightarrow C$ 此功能相依未明顯表示於 F 中，但事實上，$A \rightarrow C$ 這個功能相依是屬於 F。

就邏輯觀點而言，對於每一個 F 皆存在一個 F^+ (closure of F)。而 F^+ 則表示所有可經由 F 推論出來的功能相依；即

$$F^+ = \{X \rightarrow Y \mid F \vdash X \rightarrow Y\}。$$

基本上，我們可以利用 IR1，IR2，IR3，IR4，IR5 和 IR6 等六個**推理法則** (inference rules) 來計算出 F^+ 中所有的功能相依：

(IR1) **反射法則**：對 X 和 Y 兩組屬性而言，若屬性 Y 是屬性 X 的子集合時，我們可以推論出 $X \rightarrow Y$ 這個功能相依。換言之，若 $Y \subseteq X$ 則 $X \rightarrow Y$。

(IR2) **擴充法則**：當 F 包含 $X \rightarrow Y$ 和 Z 是一組屬性時，則可推論出 $XZ \rightarrow YZ$ 這個功能相依。換言之，$\{X \rightarrow Y\} \vdash XZ \rightarrow YZ$。

(IR3) **遞移法則**：當 F 包含 $X \rightarrow Y$ 和 $Y \rightarrow Z$ 兩組功能相依時，則我們可以推論出 $X \rightarrow Z$。即 $\{X \rightarrow Y, Y \rightarrow Z\} \vdash X \rightarrow Z$。

(IR4) **分割法則**：當 F 包含 $X \rightarrow YZ$ 時，則可以推論出 $X \rightarrow Y$ 及 $X \rightarrow Z$ 也在 F 中。即 $\{X \rightarrow YZ\} \vdash X \rightarrow Y$ 及 $X \rightarrow Z$。

(IR5) **聯集法則**：當 F 包含 $X \rightarrow Y$ 和 $X \rightarrow Z$ 時，則 $X \rightarrow YZ$ 也在 F 中。換言之，$\{X \rightarrow Y, X \rightarrow Z\} \vdash X \rightarrow YZ$。

(IR6) **虛遞移法則**：當 F 包含 $X \rightarrow Y$ 和 $WY \rightarrow Z$ 時，則 F 也包含 $WX \rightarrow Z$。即 $\{X \rightarrow Y, WY \rightarrow Z\} \vdash WX \rightarrow Z$。

上述六個推理法則中，IR1，IR2 和 IR3等三個法則又被合稱為**阿姆斯壯推理法則** (Armstrong's inference rule)。而阿姆斯壯推理法則亦已經被證明是安全及完整的。所謂**安全的** (sound) 是表示利用阿姆斯壯推理法則所推論出的功能相依必定滿足 F，換言之，即所推論出的功能相依必定是正確的；而**完整的** (complete) 則是表示利用阿姆斯狀推理法則必能推論出 F 中所有可能的功能相依。所以簡言之，對 F 而言，利用阿姆斯壯推理法則必能推論出 F 中所有正確的功能相依。雖然阿姆斯壯推理法則是安全及完整的，但是如直接利用阿姆斯壯推理法則找出 F^+ 則需要經過許多的推論步驟才能求出 F^+。為簡化推理步驟，所以才有 (IR4)，(IR5) 和 (IR6) 的推理法則的產生。現在讓我們先看一看在範例 6.4 中，到底有多少個功能相依可以被推論出來。

【範例 6.4】

設 R(A, B, C) 的 F = {A → B, B → C}，試算出 F^+。

F^+ = {A → A, A → B, A → C, B → B, B → C, C → C,

AB → A, AB → B, AB → C, AB → AB, AB → AC, …}

由範例 6.4 可知，即使是在 F 中僅明白的標示出少量功能相依，F^+ 中亦有可能會包含非常多的功能相依，所以要直接利用上述的六個推理法則來推論出 F^+ 是非常耗時且不實際的。所以我們會有系統的直接計算屬性 X 的 X^+。其原理和執行步驟為：

1. 依據 R 中屬性的語意決定 F 中的功能相依。

2. 對 F 中每組功能相依，X→Y，的左手邊屬性 X 而言，去計算屬性 X 的 X^+ (closure of X)。設 Y → Z 為 F 中一組功能相依，當 $Y \subseteq X^+$ 時，則表示利用阿姆斯狀推理法則必能從 F 中推論出 X → Z；即 F

⊢ X → Z。而演算法 6.1 是用來計算 X^+。

演算法 6.1　計算 X^+

Let $X^+ := X$;
Repeat
　　old $X^+ := X^+$;
　　For each functional dependency Y → Z in F **do**
　　　If Y ⊆ X^+　**Then** $X^+ := X^+ \cup Z$;
Until (old$X^+ = X^+$);

在演算法 6.1 中，當 old $X^+ = X^+$ 時，表示所有具有 X → Z 的功能相依皆已被算出，故當 old $X^+ = X^+$ 時就不須再繼續計算 X^+，因為再怎樣算 X^+ 值將保持一定而不會繼續改變。

【範例 6.5】

設 R(A, B, C) 的 F = {A → B，B → C}，試算出 A^+。依照演算法 6.1 可得：A+ = {A, B, C}。所以由 A^+ 可得知：在 A^+ 中集合中總共含有 A → A, A → B, A → C, A → AB, A → BC, A → AC, A → ABC 等七個功能相依。

6.1.3　鍵

在關係式資料模型中，**鍵** (key) 的觀念是非常重要的。事實上，當關係綱目 R 中所有屬性皆功能相依於屬性 X 時，則屬性 X 即為關係綱目 R 中的超值鍵；若此時屬性 X 又為關係綱目 R 的最小超值鍵，則屬性 X 即是關係綱目 R 的鍵。有時在一個關係綱目 R 中可能會有一個以上的鍵，此時這些鍵都被被稱為關係綱目 R 的備選鍵；在這些備選鍵中，我們可選擇其中一個當作關係綱目 R 的主鍵，而其他未被選中的備選鍵則稱之為次選鍵。任何一個關係綱目皆必須僅有一個主鍵。同時，在一個關係綱目 R 中，若屬性 Y 是屬於關係綱目 R 的備選鍵之一部份，則屬性 Y 被稱為關係綱目 R 的主要屬性。反之，屬性 Y 則被稱為關係綱目 R 中的非主要屬性。

【範例 6.6】

設關係綱目 R(A, B, C, D, E) 的 F ={A→C, B→D}，試找出 R 中所有的鍵。

依照下演算法 6.1 可得：

(1) A^+ = {A, C}

(2) B^+ = {B, D}

(3) AB^+ = {A, B, C, D}

(4) ABE^+ = {A, B, C, D, E}

由上面的計算結果可知 ABE 是一個最小的超值鍵，所以 ABE 是一個鍵。且由於在 R 中並無其他鍵的存在，所以 ABE 又必定是 R 的主鍵。

6.2 關係綱目設計原則簡介

在對關係資料庫做設計時，我們常會遇到一個問題：要如何判斷所設計的資料庫是否是一個良好的設計呢？一般而言，在設計一個關係式資料庫時，設計的結果都最好能滿足下列的基本要求：

● 要清楚的表達每個關係綱目和屬性的語意。

- **無更新異常** (update anomalies) 現象產生，即是減少重複的資訊，不會遺失任何資訊和能儲存所有的資訊。

- 盡量避免虛值的產生。

- 正規化處理的結果必須滿足無遺失聯結分解的特性，即資料庫中不會有偽造的列錄出現而造成資料庫中資訊會遺失。

- 正規化處理的結果能保留所有的相依性。

如不滿足上述的基本要求，則是一個設計不良的關係式資料庫。所以我們可以依據上述的基本要求去判斷和選擇所設計的資料庫綱目。本節將正式的討論上述各項基本要求。

6.2.1 要清楚的表達每個關係綱目和屬性的語意

每一個關係綱目和屬性皆代表一個特殊的語意。這語意分別描述該關係綱目和屬性所代表的意義。如一個關係綱目和其屬性愈容易被了解，則表示該關係綱目的設計愈好。如一個關係綱目是由許多實體類型及關係類型所組成時，則除了該關係綱目語意很難被了解外，更會產生其他更嚴重的問題。

試考慮將圖 6.2 所表示的實體關係圖。在圖 6.3(a) 中，我們利用員工、參加和計劃等三個表格來表示圖 6.2 的實體關係圖。而在圖 6.3(b) 中，我們利用員工計劃的表格來表示圖 6.2 的實體關係圖。

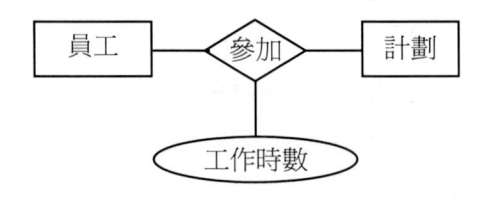

圖 6.2　參加關係類型的實體關係圖

(a)

員工	身分證號碼	姓名	生日
	A123456789	陳中衣	47.12.12
	A987654321	王台生	39.01.01
	F104105111	丁依依	52.10.10
	F222222222	郭　勝	51.04.04

參加	身分證號碼	計劃代號	工作時數
	A123456789	1	11
	A123456789	2	7
	A987654321	1	34
	F104105111	1	5
	F104105111	2	12
	F104105111	3	12
	F222222222	4	30

計劃	計劃代號	計劃名稱	執行地點	等級
	1	X1	台北	極機密
	2	N1	台南	密
	3	N2	台南	密
	4	K1	金門	密

(b)

員工計劃	身分證號碼	姓名	生日	工作時數	計劃代號	計劃名稱	執行地點	等級
	A123456789	陳中衣	47.12.12	11	1	X1	台北	極機密
	A123456789	陳中衣	47.12.12	7	2	N1	台南	密
	A987654321	王台生	39.01.01	34	1	X1	台北	極機密
	F104105111	丁依依	52.10.10	5	1	X1	台北	極機密
	F104105111	丁依依	52.10.10	12	2	N1	台南	密
	F104105111	丁依依	52.10.10	12	3	N2	台南	密
	F222222222	郭　勝	51.04.04	30	4	K1	金門	密

圖 6.3　(a) 員工、參加和計劃三個關係表；(b) 員工計劃關係表

由於圖 6.3(b) 中的關係綱目是由兩個實體類型和一個關係類型所組成，所以其語意非常不易被了解。反之，我們可以很明顯的看出圖 6.3(a) 中各個關係綱目的語意。例如：在員工關係表中，每一個列錄即代表著一位員工的資料，同時，此列錄是由「身分證號碼」，「姓名」及「生日」等三個屬性值所組成。在參加關係表中，每一個列錄即代表著一位員工參與某計劃的工作時數；同時，參加關係綱目是藉由屬性「身分證號碼」來建立參加與員工兩關係綱目間的連結，而屬性「計劃代號」則建立了參加與計劃兩關係綱目間的連結。所以屬性「身分證號碼」與「計劃代號」皆為參加關係綱目的外鍵。換言之，在實體關係模型中，參加是員工與計劃兩實體間的關係類型。

再仔細分析員工與計劃兩個關係綱目中每一個屬性，如果此時員工的「身分證號碼」及「計劃代號」兩個屬性名稱都命名為「代號」，則會非常容易產生混淆，尤其是當我們在使用員工計劃關係綱目時，此問題會更加明顯。所以在設計時，最好能讓每個屬性名稱皆僅代表一個意義；否則資料庫設計師需非常小心的處理這些同名稱的屬性才不會產生問題。

設計準則 1

> 設計出的每一個關係綱目的語意要清晰；換言之，一個設計良好的關係綱目通常只用來描述單一個實體類型或關係類型和每個屬性名稱皆僅代表一個意義。

6.2.2 無更新異常現象產生

在資料庫設計時，其中的一個目標就是減少資料所佔記憶體空間。試比較圖 6.3(a) 及 圖 6.3(b) 兩組關係綱目，雖然我們可知

$$員工計劃 = 員工 * 參加 * 計劃$$

但由於在員工計劃關係表中，有許多資料都重複出現，所以會需要較多的記憶體空間來儲存這些資料。而造成資料重複的原因是：員工計劃關係綱目是由兩個實體類型和一個關係類型所組成，所以只要當一位員工參與了 2 項計劃，則該員工的資料便會重複出現 2 次於該關係表中；同樣的，只要當一個計劃有幾名員工參加時，則和該計劃有關的資料便會重複出現幾次。而這種多餘重複的資訊除了會浪費記憶體空間外，另一個更嚴重的問題便是會產生更新異常的問題；更新異常問題又可分為新增異常、刪除異常和修改異常等三種現象，現在我們便依據圖 6.3(a) 和圖 6.3(b) 的關係表來討論這些問題。

1. 新增異常：新增異常問題是指在執行新增動作時可能會產生下列兩種情形：

- **資料不一致的問題**：在執行新增王台生參加「計劃代號」= 3 的計劃到員工計劃關係表時，不但我們必須將有關於「計劃代號」= "3" 的計劃資料再輸入關係表中，而造成資料的重複；同時，在輸入此列錄時，我們還要確定在此新增的列錄中，有關於「計劃代號」= "3" 的計劃資料都必須與關係表中其他列錄有關於「計劃代號」= "3" 的計劃資料一致；否則，資料間便會有不一致情形發生。換言之，設 t_1 和 t_2 是員工計劃關係表中兩個列錄，當 t_1 [計劃代號] = t_2 [計劃代號] 時，我們必須確保

    t_1[計劃代號,計劃名稱,執行地點,計劃等級]
    = t_2[計劃代號,計劃名稱,執行地點,計劃等級]

    一定成立，否則，資料間便會有不一致情形發生。所以為了維持此一致性，在執行新增作業時，當一筆新的列錄要加入一個關係表時，我們需檢查此新的列錄是否與原有的資料一致，而增加執行時的複雜度，造成資料的重複和降低執行效率。但對於圖 6.3(a) 中關

係表而言,因王台生的員工身分證號碼為 A987654321,故我們只需將列錄 <A9876543212,3> 加入參加關係表中即可,而不會增加執行時的複雜度,造成資料的重複和降低執行效率。

- **無法儲存相關的資訊**:對一個沒有任何員工參與的計劃而言,我們很難將與計劃有關的資料加入員工計劃關係表中,如欲強行輸入該筆資料,唯一的方法是將虛值存入「身分證號碼」,「姓名」,「生日」和「工作時數」等屬性中;然而此時員工計劃關係綱目的主鍵為 {身分證號碼,計劃代號},而實體約束法則又規定主鍵的值不可含有虛值,因此如果屬性「身分證號碼」的值是虛值便又違反了實體約束法則,所以此時,該計劃資料仍將無法輸入員工計劃關係表中。同樣的,對於一位沒有參與任何計劃之員工,該員工的資料亦將無法輸入員工計劃關係表中,而此問題對在圖 6.3(a) 中的關係表皆不會發生。

2. **刪除異常**:刪除異常問題是指在執行刪除動作時可能會遺失相關的資訊:當我們要刪除某員工參與某計劃的記錄時,則可能不但刪除了該員工的記錄,同時也可能刪除了該員工和該計劃的相關資料,進而遺失了許多有用的資訊。例如,當要刪除郭勝參加「計劃代號」= "4" 的記錄時,則由於該員工僅參與一個計劃,而且「計劃代號」= "4" 的計劃也僅有郭勝一名員工參與,所以當執行此刪除動作時,此刪除動作會同時刪除了郭勝的員工資料和有關於「計劃代號」= "4" 的計劃基本資料,而造成資料的遺失。但在圖 6.3(a) 中,我們只需將列錄 <F222222222,4> 從參加關係表中刪除即可,而不會遺失任何資訊。

3. **修改異常**:修改異常問題是指在執行修改動作時可能會產生資料不一致的問題:因為在圖 6.3(b) 的員工計劃關係表中,有資料重複出現的現象發生,所以有可能會造成資料不一致的問題。例如,現在要將陳中衣的生日由 "47.12.12" 改為 "47.12.13" 的時候,則我們必須對整個員工計劃關係表做搜尋，找出所有含陳中衣的列錄，並逐一將員工的生日改為 "47.12.13"，否則便會產生資料不一致的現象。但在圖 6.3(a) 中，我們只需要考慮員工關係表，直接將列錄 <A123456789，陳中衣，47.12.12> 改為 <A123456789，陳中衣，47.12.13> 即可。

設計準則 2

> 設計出的關係綱目中應避免更新異常現象發生。如為了改進系統執行效率，而允許在所設計出的資料庫中，有更新異常現象產生時，則我們要確定所有更新動作皆能正確地執行，不會有資料不一致性現象產生。

6.2.3 無遺失聯結分解

正規化處理是將一個複雜的關係綱目分解至數個較簡單且能滿足需求的關係綱目。在此分解的結果必須是**無遺失聯結分解** (lossless join decomposition)。如果分解的過程不滿足無遺失聯結分解的特性，則所設計出的關係綱目一定是不正確的。

所謂「**無遺失聯結分解**」是指當一個關係綱目 R 被分解成數個關係綱目 $R_1, R_2, ..., R_m$ 時，則對於 R 的瞬間值 r 而言，下列公式必定成立：

$$\Pi_{<R_1>}(r) * \Pi_{<R_2>}(r) * ... * \Pi_{<R_m>}(r) = r$$

在上面的式子中，＊ 是一個自然聯結操作子，而 Π 則是一個投射操作子。在此，有一點我們要特別注意：此處所指的遺失是指資訊的遺失，而不是指列錄的遺失。事實上，當一個分解是遺失聯結分解時，則在執行完自然聯結操作運算和投射操作運算後，在新產生的關係表中，可能會增加許多原本不存在的列錄，所以此時我們將無法辨別出那些列錄是真的，那些列錄是假的，而造成資訊的遺失。這些原本不存在的列錄被稱為**偽造的列錄** (spurios tuples)。

【範例 6.7】

當我們將員工計劃關係表分解成如圖 6.4(a) 的員工地點與員工計劃_1 兩個表格時，由於【員工計劃 ≠ 員工地點 * 員工計劃_1】，所以此分解是遺失聯結分解；換言之，我們無法從員工地點與員工計劃_1 兩個關係表中獲得員工計劃關係表中原有的資訊。事實上，當執行【員工地點 * 員工計劃_1】後，我們會獲得許多原來不存在於員工計劃關係表中的列錄，而由於這些原來不存在於員工計劃關係表中的列錄所表示的資訊是不正確的，所以此時我們無法去判斷在圖 6.4(b) 所示的員工計劃關係表中，那些列錄所代表的資訊是正確的，而那些是假的。換言之，我們遺失了原有的資訊。

在圖 6.4(b) 員工計劃關係表中，被加上井字符號 # 的列錄皆是偽造的列錄。因此將員工計劃分解成員工地點與員工計劃_1 兩個關係綱目是一個不良的分解；造成此不良分解的原因是員工地點與員工計劃_1 關係綱目間的關係是利用屬性「執行地點」來聯繫的。而在關係式資料模型中，兩關係綱目間的關係是分別利用外鍵值和主鍵值相互之間的配合來維繫的，但屬性「執行地點」即不是主鍵又不是外鍵，所以會造成此分解為遺失分解。

在關係式資料模型中，兩關係綱目間的關係是利用外鍵來維繫，而依據外鍵的定義及功能相依與主鍵間的關係，我們可利用下列所敘述的特性來執行無遺失聯結分解。

- **無遺失聯結分解的特性**：設 F 為關係綱目 R 中的功能相依，當 R 被分解成 R_1 和 R_2 時，若此分解滿足下列條件，則此分解必定是無遺失聯結分解：

$$(R_1 \cap R_2) \rightarrow R_1 \quad 或 \quad (R_1 \cap R_2) \rightarrow R_2$$

第六章 關係式資料庫設計理論

員工地點	姓名	執行地點
	陳中衣	台北
	陳中衣	台南
	王台生	台北
	丁依依	台北
	丁依依	台南
	郭　勝	金門

員工計劃_1	身分證號碼	生日	工作時數	計劃代號	計劃名稱	執行地點	等級
	A123456789	47.12.12	11	1	X1	台北	極機密
	A123456789	47.12.12	7	2	N1	台南	密
	A987654321	39.01.01	34	1	X1	台北	極機密
	F104105111	52.10.10	5	1	X1	台北	極機密
	F104105111	52.10.10	12	2	N1	台南	密
	F104105111	52.10.10	12	3	N2	台南	密
	F222222222	51.04.04	30	4	K1	金門	密

(a)

員工計劃	身分證號碼	姓名	生日	工作時數	計劃代號	計劃名稱	執行地點	等級
	A123456789	陳中衣	47.12.12	11	1	X1	台北	極機密
	A123456789	陳中衣	47.12.12	7	2	N1	台南	密
	A987654321	王台生	39.01.01	34	1	X1	台北	極機密
	F104105111	丁依依	52.10.10	5	1	X1	台北	極機密
	F104105111	丁依依	52.10.10	12	2	N1	台南	密
	F104105111	丁依依	52.10.10	12	3	N2	台南	密
	F222222222	郭　勝	51.04.04	30	4	K1	金門	密
#	A987654321	陳中衣	39.01.01	34	1	X1	台北	極機密
#	F104105111	陳中衣	52.10.10	5	1	X1	台北	極機密
#	F104105111	陳中衣	52.10.10	12	2	N1	台南	密
#	F104105111	陳中衣	52.10.10	12	3	N2	台南	密
#	A123456789	王台生	47.12.12	11	1	X1	台北	極機密
#	F104105111	王台生	52.10.10	5	1	X1	台北	極機密
#	A123456789	丁依依	47.12.12	11	1	X1	台北	極機密
#	A987654321	丁依依	39.01.01	34	1	X1	台北	極機密
#	A123456789	丁依依	47.12.12	7	2	N1	台南	密

(b)

圖 6.4　(a) **員工地點** 和 **員工計劃_1** 關係綱目及關係表；
　　　　(b) 員工地點 ＊ 員工計劃_1 的關係表

179

依據上述的特性，我們可以將一個關係綱目分解成許多個較小的關係綱目，而且此分解保證是為無遺失分解。

依上述，我們可以很容易的判斷將員工計劃分解至員工地點與員工計劃_1 兩個關係綱目的過程是否為無遺失分解；其判斷過程如下：令 R_1 ＝員工地點和 R_2 ＝員工計劃_1，則 $(R_1 \cap R_2)$ ＝ {執行地點}。但由於員工計劃關係綱目的主鍵為 {身分證號碼,計劃代號} 且無其他次選鍵存在，所以屬性「執行地點」不是一個備選鍵。因此【執行地點 ↛ 姓名】，所以 $(R_1 \cap R_2) \not\to R_1$；同樣的理由，因【執行地點 ↛ 身分證號碼, 生日, 工作時數, 計劃代號, 計劃名稱, 等級】，所以以 $(R_1 \cap R_2) \not\to R_2$。由上述可得知此分解的結果並不滿足無遺失聯結分解的特性，所以會造成資訊的遺失。

事實上，在正規化處理時，要做到無遺失聯結分解並不難。我們僅需依照無遺失聯結分解的特性和某一組功能相依來做分解即可。**其分解的步驟如下：**

- 設關係綱目 R(W, X, Y, Z) 包含了 W, X, Y 和 Z 等四組屬性且 X→Y 是關係綱目 R 中的一組功能相依。若依據 X→Y 這組功能相依，我們可將 R 分解成 R_1(X, Y) 和 R_2(W, X, Z) 兩個關係綱目，其中 R_2 ＝ R－Y。在此分解中，由於屬性 X 分別是關係綱目 R_1 的主鍵和關係綱目 R_2 的外鍵，所以 $(R_1 \cap R_2)$ ＝ {X}；同時由於 X 是 R_1 的主鍵，所以 X → XY，換言之，$(R_1 \cap R_2) \to R_1$。所以此分解的結果必定是無遺失聯結分解。

【範例 6.8】

設一個關係綱目 R(A, B, C, D, E, F) 的功能相依 F 為：

fd1： A →BC　　　　　fd2：D →EF

則關係綱目 R 的功能相依可利用圖 6.5 來描述。若依據 A→BC 這組功能相依來分解關係綱目 R，我們可將 R 分解成：R_1(A, B, C) 及 R_2(A, D, E, F)。因 ($R_1 \cap R_2$) = {A} 且 A→ABC，故知此分解是無遺失聯結分解。若繼續依據 D→EF 這組功能相依來對 R_2 做分解，則得到 R_3(D, E, F) 及 R_4(A, D)；同樣的，因為 ($R_3 \cap R_4$) = {D} 且 D→DEF，所以此分解也是一個無遺失聯結分解。

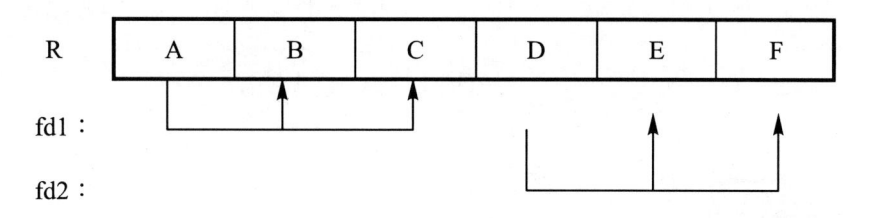

圖 6.5　關係綱目 R 及其所屬的功能相依

設計準則 3

> 正規化處理時，分解的結果必須是無遺失聯結分解。

6.2.4　保留所有的相依性

　　在關係式資料庫中，每一個功能相依皆代表一個約束，所以在對資料庫執行更新動作時，必須要確定在更新後的資料庫，所有的資料皆仍然滿足資料庫的每一個功能相依，否則便違反了資料的一致性。為了有效的維護資料的一致性，我們希望在對每一個關係表做資料更新時，此更新動作皆不會牽涉到另一個關係表。但如果對關係式資料庫做設計不當時，則將無法保留資料庫中所有的功能相依，而造成某個功能相依的遺失。因為每一個功能相依皆代表一個約束，所以當某個功能相依遺失時，資料庫設計人員必須利用程式來描述此一個遺失的功能相依。換言之，在執行更新作業時，資料庫設計人員將被迫執行聯結動作，將所有相關的關係表聯結在一起，再做檢查動作以確保資料的一致性。同時，

181

因為要執行聯結動作,所以系統的執行效率會降低。基於這些理由,在對關係式資料庫做設計時,應保留住資料庫中所有的功能相依性,否則便是一個不良的設計。

設關係綱目 R 被分解成 $R_1, R_2, ..., R_m$ 個關係綱目,F 為 R 中的功能相依,F_i 則為關係綱目 R_i 的功能相依。若此分解滿足下列條件,則此分解必定能保留 F 中所有的功能相依,換言之,即是:

$$(F_1 \cup F_2 \cup ... \cup F_m)^+ = F^+$$

【範例 6.9】

考慮圖 6.6 的計劃關係綱目,而其所屬的功能相依 F 為:

【計劃代號 → 執行地點, 等級】和【執行地點 → 等級】。

假如此時依據【計劃代號 → 等級】和無遺失聯結分解的特性,將計劃分解成如圖 6.6 所示的 R_1 和 R_2 兩個關係綱目。因為 $(R_1 \cap R_2)$ = {計劃代號},而

計劃	計劃代號	執行地點	等級
	1	台北	極機密
	2	台南	密
	3	台南	密
	4	金門	密

R_1	計劃代號	執行地點
	1	台北
	2	台南
	3	台南
	4	金門

R_2	計劃代號	等級
	1	極機密
	2	密
	3	密
	4	密

$R_1 * R_2$	計劃代號	執行地點	等級
	1	台北	極機密
	2	台南	密
	3	台北	密
	4	金門	密

R_3	計劃代號	執行地點
	1	台北
	2	台南
	3	台南
	4	金門

R_4	執行地點	等級
	台北	極機密
	台南	密
	金門	密

圖 6.6　**計劃**,R_1,R_2,$R_1 * R_2$,R_3 和 R_4 等六個關係表,其中,$R_1 * R_2$ 關係表是將 R_1 的列錄 <3, 台南> 改為 <3, 台北> 後,再執行 $R_1 * R_2$ 的結果。

且【計劃代號→計劃代號,執行地點】和【計劃代號→計劃代號,等級】,所以【計劃代號→R_1,R_2】。所以此分解是無遺失聯結分解。此時在 R_1 中的功能相依 F_1={計劃代號→執行地點},而在 R_2 中的功能相依 F_2={計劃代號→等級}。所以 $(F_1 \cup F_2)$={計劃代號→執行地點,計劃代號→等級}。但是因為【執行地點→等級 $\notin (F_1 \cup F_2)^+$】,所以知道【執行地點→等級】這個功能相依在分解後遺失了,即 $(F_1 \cup F_2)^+ \neq F^+$。換言之,此分解沒有保留 F 中所有的功能相依。

若「計劃代號」="3" 的執行地點改為台北時,則需將 R_1 的列錄 <3,台南> 改為 <3,台北>。但是在執行 $R_1 * R_2$ 後,我們可由圖 6.6 的 $R_1 * R_2$ 關係表中,發現 <1,台北,極機密'> 和 <3,台北,密> 的兩筆列錄違反了【執行地點→等級】這個功能相依。要確保資料的正確性,我們除了必須將列錄 <3,台南> 改為 <3,台北>,也要將 R2 的列錄 <3,密> 改為 <3,極機密>。

在此例題中,造成這種資料不一致的原因是由於在分解的過程中,我們遺失了【執行地點→等級】這個功能相依。因為每一個功能相依皆代表一個約束,所以為了要維護此遺失的功能相依所代表的約束,在執行完更新動作後,我們都必須將 R_1 和 R_2 這兩個相關的關係表聯結起來,然後再對聯結後的結果做檢查,看此聯結後的結果是否滿足這個遺失的功能相依所代表的約束。事實上,如將計劃關係表分解成如圖 6.6 所示的 R_3 和 R_4 這兩個關係表時,則此分解不但是無遺失聯結分解且也能保留 F 中所有的功能相依。所以此時要將「計劃代號」= 3 的計劃執行地點改為台北時,對關係表 R_3 而言,我們僅需將列錄 <3,台南> 改為 <3,台北>即可,而不需要考慮其他的關係表。

由上述的例題可知,在分解過程中如有遺失任何功能相依,則是一個不良的設計。事實上,對遞移性功能相依做分解時,僅需依照一定的步驟,即可做到無遺失任何功能相依。其分解的步驟如下:

- 設關係綱目 R(X, Y, Z) 包含了 { X→Y, Y→Z, X→Z }等功能相依。則此時依據遞移法則,我們可排出:X→Y→Z。此時,我們可由後面的功能相依,Y→Z,開始分解,同時依據無遺失聯結分解的方式,將 R

被分解成 $R_1(X, Y)$ 和 $R_2(Y, Z)$ 兩個關係綱目,其中 $R_1 = R - Z$。

> **設計準則 4**
>
> 在正規化處理時,分解的結果必須要保留所有原來的相依性。

6.2.5 盡量避免虛值的產生

在關係式資料庫中,虛值是一種特別的資料值。雖然說,虛值表達方式有許多種,但是就其定義而言,虛值可代表一個目前未知的值,但是在未來,該虛值可以被其他的值所取代,或是代表一個可能不存在的未知值。

【範例 6.10】

在圖 6.7 的員工表格中,由於每一位員工都一定會有地址的資料,所以雖然目前郭勝的地址不詳,但在未來一定會有一個正確的地址,所以在屬性「地址」中的虛值是代表一個未知值;而對於屬性「特殊病症」而言,並非每一位員工都一定會有公司規定要記錄的特殊病症,所以該屬性中的虛值是代表一個可能不存在的值。

員工	姓名	特殊病症	地址	薪水
	陳中衣	null	台北市永平路 1 號	null
	王台生	null	台北市和平路 2 號	50000
	丁依依	null	台南市永安街 3 號	42000
	郭 勝	肝病	null	30000

圖 6.7 含虛值的員工關係表

事實上,當資料庫含有虛值時,不但會造成記憶體的浪費,同時更會增加查詢處理的困難度。現在讓我們對這些問題做一個簡單的說明:

- 造成記憶體的浪費:對於圖 6.7 員工表格的「特殊病症」屬性而言,由於大部份的員工都沒有公司規定要記錄的特殊病症,所以我們可以將圖 6.7 的關係表分解成圖 6.8 所示的兩個關係表。此時由於陳中衣,王台生和丁依依等三名員工都沒有公司規定要記錄的特殊病症,所以此三名員工的資料不存在於員工病歷關係表中,進而可以減少所需的記憶體空間。但是上述的分解會產生「懸掛列錄」(dangling tuples) 的問題。事實上,當我們執行【員工1＊員工病歷】的動作時,則陳中衣,王台生和丁依依等三名員工的基本資料都會消失不見,而造成資訊的遺失。此時這些消失不見的列錄被稱之為懸掛的列錄。造成這些懸掛列錄的原因是:在分解圖 6.7 的關係表時,相對於陳中衣,王台生和丁依依等三名員工的列錄僅出現於分解後的其中一個關係表中,所以在執行聯結操作運算時,相對於這些列錄的資訊會遺失。

- 增加查詢處理時的複雜度:虛值可以代表許多的意義和任意的值,所以對一個含有虛值的資料庫而言,要找出所有滿足查詢條件的列錄將是一件很困難的事。另一個查詢的問題便是如何去計算聚合函數的結果。例如,當我們要利用 AVG 這個函數去計算圖 6.7 關係表中所有

員工1	姓名	地址	薪水
	陳中衣	台北市永平路 1 號	null
	王台生	台北市和平路 2 號	50000
	丁依依	台南市永安街 3 號	42000
	郭　勝	null	30000

員工病歷	姓名	特殊病症
	郭　勝	肝病

圖 6.8　懸掛列錄的問題:**員工 1 和員工病歷兩個關係表**

員工的平均薪水時，由於陳中衣的薪水不詳，所以要如何去計算 AVG 這個聚合函數的結果將是一件值得爭議的事。由此例可知，資料庫中應盡量避免虛值的產生。

設計準則 5

> 資料庫中應盡量避免虛值的產生。

6.3 正規化形式 (分解法)

此章節主要是在討論為何需要做正規化處理和如何做正規化處理。這些正規形式包括了第一階正規形式 (1NF)，第二階正規形式 (2NF)，第三階正規形式 (3NF) 及波亦師-高德正規形式 (BCNF)。在對關係綱目做正規化處理的過程中我們常會遇到一個問題：即當正規化處理的結果有許多組時，我們要如何判斷那一組結果是比較好的或是屬於不良的設計呢？一般而言，如不滿足 6.2 節所述的基本要求則是一個設計不良的關係式資料庫。換言之，我們可依據 6.2 節所述的基本要求去判斷和選擇所設計的資料庫綱目。基本上，正規化處理方法可分為兩種：**分解法** (decomposition) 和**合成法** (synthesis)。本節我們將針對分解法做介紹。

6.3.1 第一階正規形式 (First Normal Form, 1NF)

在關係式資料模型中，每一個屬性都必須為簡單型的屬性；換言之，每一個屬性的值都必須是單原值。而當一個關係綱目的每一個屬性值均為單原值時，我們則稱該關係綱目屬於 1NF。

1NF 的定義：當關係綱目 R 屬於 1NF 時，則在 R 中，每一個屬性定義域內的值和屬性值皆必須是單原值。

【範例 6.11】

試考慮圖 6.9(a) 的表格。在此表中，是利用多重值屬性「電話」來儲存員工的電話號碼。由於每一位員工都可能擁有許多之電話，所以在圖 6.9(a) 的表格中，屬性「電話」的值不是單原值。換言之，相對於此關係表的關係綱目不屬於 1NF。

要將圖 6.9(a) 的關係綱目轉換成 1NF，則必須將圖 6.9(a) 的表格展開成圖 6.9(b) 所示的關係表。此時在圖 6.9(b) 關係綱目中，屬性「電話」變成了一個簡單型屬性，所以圖 6.9(b) 的關係綱目是屬於 1NF，而轉換後關係綱目的主鍵是 {身分證號碼，電話}。但是在圖 6.9(b) 的關係表中，有資料值會重複出現的情形發生，所以會有更新異常的現象發生。而造成此現象的原因是：非主要屬性「姓名」和「生日」都不是完全功能相依於該關係綱目的鍵，所以會造成更新異常的問題。要解決此更新異常的問題就必須將該關係綱目做正規化處理，使分解後的每一個關係綱目的非主要屬性都完全功能相依於該關係綱目的鍵。

(a)

員工	身分證號碼	姓名	生日	電話
	A123456789	陳中衣	47.12.12	7771111
	A987654321	王台生	39.01.01	8888881，8888882
	F104105111	丁依依	52.10.10	9999991
	F222222222	郭　勝	51.04.04	5565555

(b)

員工	身分證號碼	姓名	生日	電話
	A123456789	陳中衣	47.12.12	7771111
	A987654321	王台生	39.01.01	8888881
	A987654321	王台生	39.01.01	8888882
	F104105111	丁依依	52.10.10	9999991
	F222222222	郭　勝	51.04.04	5565555

圖 6.9　(a) 未正規化的關係表；
　　　　(b) 轉換成 1NF 的關係綱目和其所屬的關係表

在 6.3 節中，我們將利用圖 6.10(a) 和 6.10(b) 的關係綱目及其所屬的功能相依和關係表來討論為何需要做正規化處理和如何做正規化處理。在此，員工計劃關係綱目中的功能相依為：

fd0：身分證號碼，計劃代號→工作時數
fd1：身分證號碼，計劃名稱→工作時數
fd2：身分證號碼→姓名，生日
fd3：計劃代號→計劃名稱，執行地點，等級
fd4：計劃名稱→計劃代號，執行地點，等級
fd5：執行地點→等級

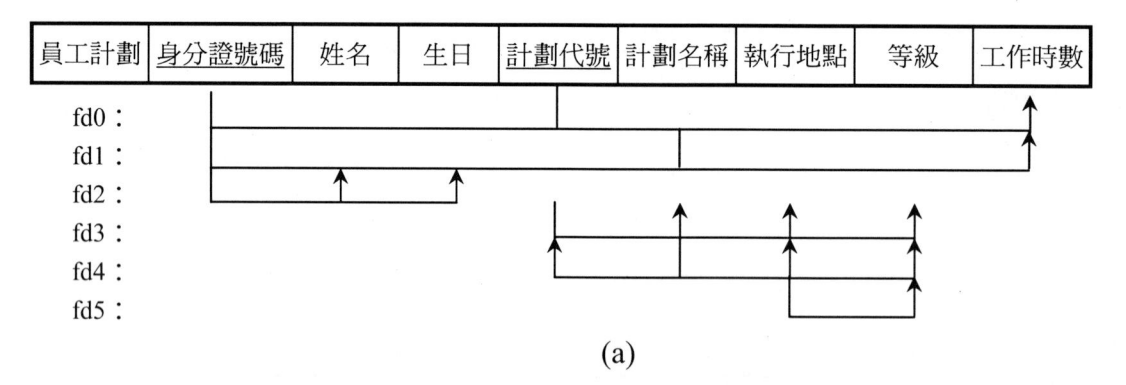

(a)

員工計劃	身分證號碼	姓名	生日	計劃代號	計劃名稱	執行地點	等級	工作時數
	A123456789	陳中衣	47.12.12	1	X_1	台北	極機密	11
	A123456789	陳中衣	47.12.12	2	N_1	台南	密	7
	A987654321	王台生	39.01.01	1	X_1	台北	極機密	34
	F104105111	丁依依	52.10.10	1	X_1	台北	極機密	5
	F104105111	丁依依	52.10.10	2	N_1	台南	密	12
	F104105111	丁依依	52.10.10	3	N_2	台南	密	12
	F222222222	郭　勝	51.04.04	4	K_1	金門	密	30

(b)

圖 6.10　(a) 關係綱目及其所屬的功能相依；(b) 關係表

由於依照演算法 6.1 可得：

1. 身分證號碼$^+$ = {身分證號碼，姓名，生日}

2. 計劃代號$^+$ = {計劃代號，計劃名稱，執行地點，等級}

3. 計劃名稱$^+$ = {計劃代號，計劃名稱，執行地點，等級}

4. 身分證號碼，計劃名稱$^+$ = {身分證號碼，姓名，生日，計劃代號，計劃名稱，執行地點，等級，工作時數}

5. 身分證號碼，計劃代號$^+$ = {身分證號碼，姓名，生日，計劃代號，計劃名稱，執行地點，等級，工作時數}

所以 {身分證號碼，計劃名稱} 和 {身分證號碼，計劃代號} 都是員工計劃關係綱目的最小超值鍵。換言之，{身分證號碼，計劃名稱} 和 {身分證號碼，計劃代號} 皆是員工計劃關係綱目的備選鍵。由於在此關係綱目中，除了屬性「工作時數」外，其他的非主要屬性都不是完全功能相依於 {身分證號碼，計劃代號} 和 {身分證號碼，計劃名稱} 這兩個鍵，所以會產生更新異常的問題。而這些問題則與 6.2.2 節所述的都完全一樣。

6.3.2　第二階正規形式 (Second Normal Form, 2NF)

基本上，當一個關係綱目 R 的非主要屬性都完全功能相依於 R 的鍵時，則關係綱目 R 便屬於 2NF。以下是第二階正規形式 (2NF) 的定義：

2NF 的定義：若關係綱目 R 屬於 2NF，則 R 必定屬於 1NF，且在關係綱目 R 中，所有的非主要屬性皆完全功能相依於 R 的鍵。

由於在圖 6.10 的關係綱目中，除了屬性「工作時數」外，其他所有的非主要屬性都不是完全功能相依於 {身分證號碼，計劃代號} 和 {身分證號碼，計劃名稱} 這兩個鍵，所以關係綱目員工計劃不屬於 2NF。當一個關係綱目不屬於 2NF 時，我們可將該關係綱目分解成數個關係綱目，使每一個關係綱目的非主要屬性皆能夠完全功能相依於該關係綱目的鍵；換言之，分解目的就是要消除這種部份功能相依的現象。

在員工計劃關係綱目中，由於 fd2 這個功能相依的存在，所以【身分證號碼，計劃名稱→姓名，生日】這一組部份功能相依是一組多餘的部份功能相依。而此時的正規化處理，即是要將這組部份功能相依消除掉。所以我們選擇 fd2 這組功能相依作為分解的依據，依照無遺失聯結分解的特性，我們可將員工計劃關係綱目分解成下列兩個關係綱目：

員工(<u>身分證號碼</u>，姓名，生日)　　和

員工計劃_1 (<u>身分證號碼，計劃代號</u>，工作時數，計劃名稱，執行地點，等級)

但此時在關係綱目員工計劃_1 中，非主要屬性「執行地點」和「等級」也都不是完全功能相依於 {身分證號碼，計劃代號} 和 {身分證號碼，計劃名稱} 兩個鍵，所以關係綱目員工計劃_1 仍不屬於 2NF。因此可依據 fd3 或 fd4 的功能相依對員工計劃_1 再做進一步分解。假如依據 fd3，則我們可將員工計劃_1 分解成下列兩個關係綱目：

計劃(<u>計劃代號</u>，計劃名稱，執行地點，等級)　　和

參加(<u>身分證號碼，計劃代號</u>，工作時數)

假設在資料查詢時，我們常需要有關於每位員工參加某計劃的名稱和工作時數的資訊時，則我們亦可以依據 fd4，將員工計劃_1 分解成下列兩

個關係綱目：

計劃(計劃名稱，計劃代號，執行地點，等級)　和
參加(身分證號碼，計劃名稱，工作時數)

而得到圖 6.11 所示的三個新的關係表。

在上述的分解中，若依據 fd3 對員工計劃_1 關係綱目做分解時，則在找尋有關於每位員工參加某計劃的名稱和工作時數的資訊時，將需要執行下列的動作：

員工 ＊ 參加 ＊ 計劃

而依據 fd4 對員工計劃_1 做分解時，查詢該資料僅需要執行下列的動作：

員工 ＊ 參加

員工	身分證號碼	姓名	生日
	A123456789	陳中衣	47.12.12
	A987654321	王台生	39.01.01
	F104105111	丁依依	52.10.10
	F222222222	郭　勝	51.04.04

參加	身分證號碼	計劃名稱	工作時數
	A123456789	X1	11
	A123456789	N1	7
	A987654321	X1	34
	F104105111	X1	5
	F104105111	N1	12
	F104105111	N2	12
	F222222222	K1	30

計劃	計劃名稱	計劃代號	執行地點	等級
	X1	1	台北	極機密
	N1	2	台南	密
	N2	3	台南	密
	K1	4	金門	密

圖 6.11　員工、參加和計劃三個關係表

比較這兩種結果，可以很明顯的看出：由於在找尋有關於每位員工參加某計劃的名稱和工作時數的資訊時，依據 fd4 對員工計劃_1 關係綱目做分解時，查詢該資料僅需要執行一次自然聯結的操作運算，所以查詢的速度會比較快。換言之，雖然依據 fd3 或 fd4 對員工計劃_1 關係綱目做分解所得的結果都是正確的，但是在 "我們時常需要有關於每位員工參加某計劃的名稱和工作時數的資訊" 的環境下，依據 fd4 對員工計劃_1 關係綱目做分解所得的設計結果會比較好。

在圖 6.11 中，員工關係綱目的主鍵為 {身分證號碼}，由於此關係綱目的非主要屬性「姓名」和「生日」都完全功能相依於 {身分證號碼}，所以員工關係綱目是屬於 2NF。因為計劃關係綱目的兩個鍵分別為 {計劃代號} 和 {計劃名稱}，而且計劃關係綱目的非主要屬性「執行地點」和「等級」都完全功能相依於 {計劃代號} 和 {計劃名稱}，所以計劃關係綱目也是屬於 2NF。同樣的，在參加關係綱目中，非主要屬性「工作時數」是完全功能相依於 {身分證號碼，計劃名稱}，所以此關係綱目也屬於 2NF。

接下來我們看分解後的結果是否可完全克服 1NF 中更新異常問題：

5. **新增異常**：在不違反任何約束情形下，我們可直接將列錄 <A9876543212, 3> 加入參加關係表中，而不用去檢查此新的列錄是否與原有的資料一致。

　　我們可直接將有關於計劃的資料加入計劃關係表中，而不必管該計劃有無員工參加。同樣的，對於一位沒有參與任何計劃之員工，該員工的資料亦可直接輸入員工關係表中，而不會有無法儲存資料的情形發生。

6. **刪除異常**：此時當我們要刪除某員工參與某計劃的記錄時，並不會遺失任何資訊。例如，當郭勝退出計劃 K1 時，我們可以將列錄 <F222222222, 4> 直接從參加關係表中刪除即可，而不會遺失任何資訊。

7. **修改異常**：由於在圖 6.11 的員工關係表中,並沒有資料重複出現的現象發生,所以當我們要將陳中衣的生日由 "47.12.12" 改為 "47.12.13" 的時候,我們不需要對整個員工關係表做搜尋,此時只需要直接將列錄 <A123456789,陳中衣,47.12.12> 改為 <A123456789,陳中衣,47.12.13> 即可,而不會有資料不一致的情形發生。

雖然此時我們已解決 1NF 中更新異常的問題,但在計劃關係表中,仍然還是有問題存在。雖然在計劃關係綱目中,所有非主要屬性皆完全功能相依於鍵,但是計劃關係綱目的非主要屬性之間並非是完全獨立的;某些非主要屬性與主要屬性間仍具有遞移相依的關係存在。此時在計劃關係綱目中,屬性「執行地點」是一個非主要屬性,且由於【計劃代號→執行地點】和【執行地點→等級】這兩個功能相依的存在,所以可得知【計劃代號→等級】這個功能相依是一個遞移相依的關係;同樣的,由於【計劃名稱→執行地點】和【執行地點→等級】這兩個功能相依的存在,所以【計劃名稱→等級】也是一個遞移相依關係。當一個關係綱目是在 2NF 時,這種遞移關係的存在是造成更新異常問題的原因。

接下來我們看在計劃關係表中會有那些更新異常的問題:

1. **新增異常**：當我們要將列錄 <5,K2,金門,密> 新增至計劃關係表時,由於【執行地點→等級】這個功能相依的關係,所以在執行此新增動作的同時,我們必須要確定在該列錄中,執行地點為金門的「等級」是否為 "密",否則便可能會發生資料不一致的問題。另外由於違反了實體約束法則,我們無法直接將列錄 <台中,密> 直接加入計劃關係表中。

2. **刪除異常**：由於目前在金門執行的計劃只有「計劃代號」= "4" 的計劃,所以當我們要刪除「計劃代號」= "4" 的計劃資料時,則會造成有關於執行地點為金門的「等級」資料的遺失。

3. **修改異常**：由於【執行地點→等級】功能相依的存在，所以當我們要將「計劃代號」＝"2"的計劃執行地點由"台南"遷移到"台北"時，我們必須要確定該列錄中，有關台北的「等級」資料是否正確，否則便可能會產生資料不一致的問題。例如，當我們將列錄 <2，N1，台南，密> 改為 <2，N1，台北，密> 時，而不進一步的去檢查「執行地點」＝"台北"的「等級」值時，則執行此修改動作後，在計劃關係表中，當「執行地點」＝"台北"時，會有兩種不同的「等級」值出現，而產生資料不一致的問題。

此時造成 2NF 更新異常問題的原因為：該關係綱目的某些非主要屬性與鍵之間具有遞移相依關係存在。而要解決此更新異常的問題就必須將該關係綱目繼續分解，使關係綱目的非主要屬性與鍵之間不具有遞移相依關係存在。

6.3.3　第三階正規形式 (Third normal Form, 3NF)

3NF 的定義：若關係綱目 R 屬於 3NF，則關係綱目 R 必定屬於 2NF，而且關係綱目 R 的非主要屬性都不遞移功能相依於 R 的鍵。

依據前面所說的，我們又可將 3NF 定義如下：

3NF 的定義：若關係綱目 R 屬於 3NF，則在 R 中，每一個 X→A 的功能相依都必定滿足下列的其中一個條件：在關係綱目 R 中，(a) X 是一個超值鍵或 (b) A 是一個主要屬性。

依據 3NF 的定義，我們可以直接去測試某一個關係綱目是否屬於 3NF，而不用先產生 2NF。若關係綱目 R 不屬於 3NF，則表示在關係綱目 R 中，至少有一個 X→A 的功能相依違反了 3NF 定義的條件 (a) 和條件 (b)。違反條件 (b) 則表示屬性 A 不是一個主要屬性；而違反條

件 (a) 則表示 X 可能是一個非主要屬性或是某個鍵的子集合。若屬性 X 是一個非主要屬性，則表示關係綱目 R 的非主要屬性 A 與鍵之間具有遞移相依關係存在；若屬性 X 是某個鍵的子集合，則表示關係綱目 R 的非主要屬性 A 是部份相依於 R 的鍵。而此兩種狀況皆違反了 3NF 的定義。

依照 3NF 的定義，可知圖 6.11 的員工和參加兩個關係綱目皆已經屬於 3NF。但是由於計劃關係綱目的非主要屬性「等級」是遞移相依於「計劃代號」和「計劃名稱」這兩個鍵，所以計劃關係綱目不屬於 3NF。此時我們可以繼續對計劃關係綱目做進一步的正規化處理，在分解後，使每一個關係綱目的非主要屬性都不遞移相依於該關係綱目的鍵。

在圖 6.11 的計劃關係綱目中，由於有【計劃名稱→執行地點→等級】這兩個功能相依的存在，所以可得知【計劃名稱→等級】是一組遞移功能相依。而此時的正規化處理，即是要將這組遞移功能相依消除掉。因此依據無遺失聯結分解和無遺失任何功能相依的分解方式，我們可利用【執行地點→等級】這個功能相依，將計劃關係綱目分解成圖 6.12 所示的計劃_1 和地點兩個關係綱目。此時計劃_1 和地點兩個關係綱目皆屬於 3NF。且由於【(計劃_1∩地點)→地點】以及 (F 計劃)$^+$ = (F 計劃_1∪ F 地點)$^+$，所以此分解是無遺失聯結分解和無遺失任何的功能相依。同時在分解後，原來在 2NF 中的更新異常問題也都不會發生了。事實上，當我們要將一個關係綱目分解至 3NF 時，一定可以做到無遺失聯結分解和無遺失任何的功能相依。

計劃_1	計劃名稱	計劃代號	執行地點
	X1	1	台北
	N1	2	台南
	N2	3	台南
	K1	4	金門

地點	執行地點	等級
	台北	極機密
	台南	密
	金門	密

圖 6.12　**計劃_1 和地點兩個關係表**

6.3.4 波亦師-高德正規形式

當一個屬於 3NF 的關係綱目 R 含有許多個備選鍵，而且這些備選鍵皆至少是由兩個屬性所組成的和這些備選鍵間至少具有一個共同屬性時，則此時在關係表 R 中亦可能會有資料重複的情形，因此一樣會遇到更新異常的狀況。為處理此種狀況，波亦師和高德又提出一種更嚴格的正規化定義，我們稱之為**波亦師-高德正規形式** (Boyce/codd, BCNF)。以下為 BCNF 的定義：

BCNF 的定義：若關係綱目 R 屬於 BCNF，則對於 R 的每一個 X→A 的功能相依而言，X 必定是 R 的超值鍵。

與 3NF 定義相比較，因為 3NF 並不考慮主要屬性間的功能相依，所以對功能相依 X→A 而言，只要 A 是主要屬性，便滿足 3NF 的定義，所以 BCNF 較 3NF 更為嚴謹。也就是說每一個屬於 BCNF 關係綱目必定屬於 3NF，但是屬於 3NF 的關係綱目則不一定屬於 BCNF。同時，依據 BCNF 定義，我們更可以推論出任何只具有兩個屬性的關係綱目一定是屬於 BCNF。

【範例 6.12】

試考慮圖 6.13 的關係綱目，此關係綱目的功能相依為：【部門代號→部門名稱】，【部門名稱→部門代號】，【部門代號, 地點→經理】和【部門名稱, 地點→經理】。此關係綱目的備選鍵分別為 {部門代號, 地點} 和 {部門名稱, 地點}。同時，在此關係綱目中，非主要屬性為「經理」。由於屬性「經理」與兩個鍵之間不具有遞移相依關係且屬性「經理」是完全功能相依於這兩個鍵，所以部門經理關係綱目是屬於 3NF。但在部門經理關係表中，我們發現對於屬性「部門代號」和「部門名稱」而言，會有資料重複情形，所以會有更新異常問題發生。例如，將資訊部門改為機電部門時，我們須對整個關係表做搜尋檢查，以確定是否要更新關係表中其他的列錄，否則即會造成資料不一致現象。

在部門經理關係綱目中，會有更新異常問題發生的原因是由於【部門代號→部門名稱】和【部門名稱→部門代號】這兩個功能相依的存在。事實上，由於屬性「部門名稱」和「部門代號」都不是該關係綱目的超值鍵，所以部門經理關係綱目並不屬於 BCNF。此時，要解決更新異常問題，就必對部門經理關係綱目繼續分解。若依據【部門代號→部門名稱】的功能相依和無遺失聯結分解的特性，我們可將部門經理分解成下列兩個關係綱目：

(1)部門(部門代號，部門名稱)和分公司經理(部門代號，地點，經理)

若依據【部門名稱→部門代號】的功能相依和無遺失聯結分解的特性，我們則可將部門經理分解成下列兩個關係綱目：

(2)部門(部門名稱，部門代號)和分公司經理(部門名稱，地點，經理)

部門經理	部門代號	部門名稱	地點	經理
	1	資訊	台北	A987654321
	1	資訊	金門	F222222222
	1	資訊	台南	F104105111
	2	會計	台北	A123456789

圖 6.13　部門經理關係表

部門	部門代號	部門名稱
	1	資訊
	2	會計

分公司經理	部門代號	地點	經理
	1	台北	A987654321
	1	金門	F222222222
	1	台南	F104105111
	2	台北	A123456789

圖 6.14　部門和分公司經理兩個關係表

我們可依實際需要去決定採用那一組結果。假設採用 (a)，其分解後的結果則如圖 6.14 所示，此時部門和分公司經理兩個關係綱目皆屬於 BCNF，而且資料重複狀況亦獲得解決。

【範例 6.13】

試考慮圖 6.15(a) 的 CSZ 關係綱目及其所屬的關係表,而此關係綱目的功能相依為:【城市,街道→郵遞區號】和【郵遞區號→城市】。此時,此關係綱目有兩個備選鍵:{城市,街道} 和 {街道,郵遞區號}。由於「郵遞區號」不是 CSZ 關係綱目的超值鍵,所以 CSZ 關係綱目是屬於 3NF 但不屬於 BCNF。同時,由於這兩個備選鍵之間具有一個共同的屬性「街道」,所以在此關係表中會有更新異常的問題。例如,當我們要刪除"台北市和平路"的資訊時,則在執行此刪除動作的同時,亦會造成"郵遞區號 118 是屬於台北市的郵遞區號"之類資訊的遺失。要解決此種更新異常問題,就必須將 CSZ 關係綱目分解成圖 6.15(b) 所示的 ZC 和 SZ 兩個關係綱目。此時,SZ 和 ZC 兩個關係綱目都屬於 BCNF。但問題是:這個分解雖然是屬於無遺失聯結分解,但是分解的結果,卻造成了【城市,街道→郵遞區號】這個功能相依的遺失。

CSZ	城市	街道	郵遞區號
	台北	永安街	117
	台北	永平路	117
	台北	和平路	118

(a)

SZ	郵遞區號	城市
	117	台北
	118	台北

ZC	街道	郵遞區號
	永安街	117
	永平路	117
	和平路	118

(b)

圖 6.15 (a) CSZ 關係表;(b) ZC 和 SZ 關係表

由上述例題可知,當我們要將一個關係綱目分解至 BCNF 時,雖可做到無遺失聯結分解,但卻有可能會造成某個功能相依的遺失。

6.3.5 討 論

1. **BCNF 與 3NF 的比較**:相對於 BCNF 而言,在設計時採用 3NF 的最大好處是當我們要將一個關係綱目分解至 3NF 時,一定可以做到無遺失聯結分解和無遺失任何的功能相依。而缺點則是在 3NF 中,可能會發生小部份資料重複出現的問題，但由於此時資料重複問題是發生在主要屬性間，而通常主要屬性的值又很少會被更改，所以問題較小。但當某個功能相依遺失時，設計人員將被迫執行聯結動作將所有相關的關係表聯結在一起，再做檢查動作以確保資料的一致性。故系統的執行效率會降低；而不做檢查動作，則又可能會造成資料不一致性問題。所以相對於 3NF 的缺點而言，功能相依遺失的問題是一個非常嚴重的問題；所以在設計關係式資料庫時，我們寧可選擇有小部份資料重複出現問題的 3NF，而不會去選擇有遺失任何功能相依的 BCNF。

2. **ER Model 與正規化處理的關係**：當一個關係綱目在 1NF 中，但不在 2NF 中的時候，則表示該關係綱目的某非主要屬性不是完全功能相依於該關係綱目的鍵，所以會有更新異常的問題。相對於 ER 模型而言，造成部份功能相依的原因為 (a) 多重值屬性，和 (b) 關係綱目中含有兩個不同的實體類型。其中多重值屬性的問題是個較複雜的問題，而我們將於 6.5 節再對此問題做一討論。所以如果我們能利用 ER 圖直接轉換到關係綱目時，將使問題簡單化。不但如此，利用 ER 圖直接轉換到關係綱目時，我們所得的每一個關係綱目都應屬於 2NF，而且不會有多重值屬性的問題。所以此時我們僅需就每個關係綱目分開做正規化處理，將關係綱目分解到 3NF 或 BCNF 即可。

6.4 正規化形式 (合成法)

基本上，正規化處理方法可分為兩種：分解法和合成法。分解法在 6.3 節我們已經討論過了，簡單的說，分解法是指在做正規化處理時，將一個不屬於某特定正規型式之關係綱目一步步的由 1NF，2NF …分解成許多個屬於某特定正規型式的關係綱目；而合成法則是依據各個功能相依的左手邊 (LHS) 屬性來分類，將具有共同 LHS 屬性的功能相依合在一起，再將這些功能相依所包含的屬性合組成所需的關係綱目，而達到分解之效果。在介紹合成法之前，我們將先介紹**最小覆蓋** (minimal cover) 的觀念，然後才討論合成法是如何的運作。

在此我們先將討論如何判斷兩組功能相依是否相等及如何找尋最小覆蓋。現假設 F 和 G 分別代表兩組功能相依， 如果

$$F^+ = G^+$$

則表示 F 和 G 是相等的。要測試 F 和 G 是否相等，祇需測試 F 是否覆蓋 G 和 G 是否覆蓋 F；所謂「F 覆蓋 G」表示 G 中所有的功能相依皆存於 F^+ 中，而所謂「G 覆蓋 F」則表示 F 中所有的功能相依皆存於 G^+ 中。如果 F 覆蓋 G 和 G 覆蓋 F 皆成立時，則表示 F 和 G 是相等的。計算 F 是否覆蓋 G 的方式如下：

- 對 G 的每一個功能相依 X→Y 而言，去判斷 Y 是否存於 X_F^+ 中，如 G 的每一個功能相依皆滿足此條件，則 F 覆蓋 G；反之，則 F 不覆蓋 G。

【範例 6.14】

設 F = { A→C，AC→D，E→AD，E→H } 和 G = {A→CD，E→AH}， 試問 F 和 G 是否相等？

(1) 對 F 而言，A_F^+ = {A，C，D} 及 E_F^+ = {A，C，D，E，H}，而對 G 的每一個功能相依來說：由於屬性 C 和 D 皆在 A_F^+ 中，所以 F 可以推論出 A→CD；同樣的，由於屬性 A 和 H 也都在 E_F^+ 中，所以 F 可以推論出 E→AH 。因為 F 可以推論出 G 中所有的功能相依，所以 F 覆蓋 G。

(2) 對 G 而言，A_G^+ = {A，C，D}，AC_G^+ = {A，C，D}，及 E_G^+ = {A，C，D，E，H}，而對 F 中的每一個功能相依來說：由於屬性 C 在 A_G^+ 中；屬性 D 在 AC_G^+ 中；而且屬性 A，D 及 H 也都在 E_F^+ 中；所以 G 可以推論出 F 中所有的功能相依。換言之，G 覆蓋 F。

由 (1) 和 (2) 可得知 F 相等於 G。

在功能相依理論中**最小一組** (minimal set) 功能相依是非常重要的一個觀念。對一組功能相依 F 來說，如 F_{min} 為 F 的最小一組功能相依，則 F_{min} 一定要滿足下列三個條件：

1. 在 F_{min} 中，每一個功能相依的右手邊部份皆必須僅有一個屬性；即對每一個 X→Y 而言，Y 是一個屬性而非一組屬性。
2. 在 F_{min} 中，不存在一個功能相依 X→Y 及一組屬性 Z，使得 F − {X→Y} ∪ {Z→Y} = F，其中，Z ⊂ X。
3. 在 F_{min} 中，不存在一個功能相依 X→Y，使 F − { X→Y } = F。

在上述條件中，條件 (1) 是確保 F_{min} 中的每一個功能相依的右手邊部份皆必須僅有一個屬性，即是確保 F_{min} 中的每一個功能相依皆**正規格式** (canonical form) 中。條件 (2) 是確保 F_{min} 中每一個功能相依左手邊部份不包含無關的屬性或**多餘的屬性** (extraneous attribute)。而條件 (3) 則是確保 F_{min} 中不含有多餘的功能相依。此時 F_{min} 又稱為 F 的最小覆蓋。

【範例 6.15】

設 F = {A→B，AB→C}，試找出 F_{min}。

依 F_{min} 的三個條件求 F_{min} 步驟如下：

(1) 在 F 中，每一個功能相依的右手邊部份皆僅有一個屬性，故不須簡化。
(2) 依據虛遞移法則，我們可將 A→B 及 AB→C 化簡成 A→B 和 A→C。所以屬性 B 在 AB→C 中是一個多餘的屬性。而且當 G = {A→B，A→C} 時，$F^+ = G^+$，所以依據條件 2 我們證明 B 是一個無關的屬性。
(3) 此時在 G 中，沒有多餘的功能相依。

所以依照上述計算可得 F_{min} = { A→B，A→C }。

要有系統的找出 F 中的最小覆蓋，F_{min}，我們可以首先利用分割法則來轉換 F 中的每一個功能相依，使 F 中的每一個功能相依的右手邊部份皆僅為一個屬性；然後利用演算法 6.2 來消除多餘的屬性；最後再利用演算法 6.3 將所有多餘的功能相依消除掉。

演算法 6.2　消除無關的屬性

For each X→B in F **do**

begin　　Let　L := X;

　　For each attribute A $\in$ L **do**

　　　　If B is in $(L-A)^+$ **Then** L := L – A;

　　replace X→B by L→B;

end.

演算法 6.3　消除多餘的功能相依

Let F_{min} := F;

For each FD X→A in F **do**

begin　　Let G := F_{min} – {X→A};

　　If A $\subseteq$ X_G^+ **Then** F_{min} := G;

end.

利用演算法 6.2 和 演算法 6.3 可找出一個最小覆蓋，但不幸的，對 F 而言，可能會有許多個不同的最小覆蓋，也因為如此，對同一個資料庫而言，可能會有許多不同的設計。在此我們將不討論如何找尋所有最小覆蓋方法，若讀者有興趣可參閱其它書籍和論文。

【範例 6.16】

設一個關係綱目 R 的功能相依 F 為：

$$FD： AB→C，A→D，A→B，B→A，C→D$$

試找出 F_{min}。

(1) 依演算法 6.2，對於 AB→C 而言：我們發現 $A^+ = \{A，B，C，D\}$ 和 $B^+ = \{A，B，C，D\}$。由於 $C \in A^+$ 和 $C \in B^+$，所以屬性 A 或 B 皆可為無關之屬性，所以我們可任意消除任一個多餘的屬性 A 或 B。而消除後可得下列兩組結果：

(G_1)　　A→C，A→B，A→D，B→A，C→D　　或
(G_2)　　B→C，A→B，A→D，B→A，C→D。

(2) 依演算法 6.3 可以發現在 G_1 和 G_2 中，A→D 都是一個多餘的功能相依，所以我們消除 A→D 而得到下列兩組結果：

(G_{min1})　　A→C，A→B，B→A，C→D　　或
(G_{min2})　　B→C，A→B，B→A，C→D。

基本上，在使用合成法時，我們必須先對關係綱目其所屬的功能相依做處理，找尋最小覆蓋。然後再依據各個功能相依的左手邊 (LHS) 屬性來分類，將具有共同 LHS 屬性的功能相依合在一起，將這些功能相依所包含的屬性合組成所需的關係綱目，而達到分解之效果。利用關係合成演算法 6.4 和關係綱目 R 中的功能相依，我們可直接將 R 分解成許多符合 3NF 的關係綱目，並且所得到的關係綱目一定可以滿足無遺失聯結分解的要求和不會遺失任何的功能相依。而當我們利用合成演算法 6.5 時，我們則可以依據關係綱目 R 的功能相依，直接將 R 分解成許多符合 BCNF 的關係綱目，而求得的結果一定可以滿足無遺失聯結分解

的要求，但是利用演算法 6.4 將關係綱目 R 分解至 BCNF 時，則有可能會遺失某些功能相依。

演算法 6.4　　在非遺失聯結分解和不會遺失任何的功能相依狀況下，將關係綱目 R 分解至 3NF

Find a minimal cover F_{min} for F；

I := 1;

For each left-hand side X that appear in F_{min} **do**

begin create a relational schema $R_I(X, A_1, ..., A_n)$，

where $X \rightarrow A_1$，...，$X \rightarrow A_n$ are F. D. in F_{min} with

X as left-hand side；

I := I + 1；

end；

Place all remaining attributes in a single relation schema；

If none of the relational schema contains a key of R，

Then　create one more relation schema that contains R's primary key

演算法 6.5　在非遺失聯結分解狀況下，將關係綱目 R 分解至 BCNF

I := 1;

While R is not in BCNF　**do**

begin　**Find** a F. D. $X \rightarrow A$ in R that violates BCNF；

create a relational schema $R_I(X, A)$　；

R := R － A；　　I := I + 1；

end.

6.5 第四階正規形式 (Fourth Normal Form, 4NF)

　　到目前為止，我們僅針對關係資料庫中的功能相依做簡單的討論。但事實上，在關係資料庫中仍有許多其他種類的相依性存在。但除了**多重值相依性** (Multivalued Dependencies, MVD) 的問題外，在實際應用上，其他情況不但很少發生而且很難被偵側出來，所以在對關係式資料庫做設計時，我們通常都不會特別去考慮那些問題。所以本節僅就多重值的問題做討論。

　　由於在關係資料模型中，每一個屬性的值都必須為單原值，所以當表格中某個屬性值不為單原值而為多重值時，我們則必須將此表格展開，將此表格轉換成滿足 1NF 要求的關係表。但當表格被展開後，則有可能會有更新異常的問題產生。事實上，就非正式而言，對一個至少含有三組屬性的關係綱目而言，當在這三組屬性中，有兩組屬性是獨立而互不相關的多重值屬性時，便會有多重值相依性的關係，所以雖然關係綱目已經屬於 BCNF，仍然會有更新異常的問題。而我們僅就問題本身做一介紹。

【範例 6.17】

　　在圖 6.16(a) 的表格中，我們假設每一位員工可能擁有許多支電話號碼和每一位員工皆可參與許多不同的計劃；同時，員工的電話號碼與其參與的計劃間是無任何相依性存在的關係。此時為了要將圖 6.16(a) 的表格正規化，我們必須將圖 6.16(a) 的表格展開成圖 6.16(b) 所示的關係表。此時，在圖 6.16(b) 的關係表中，屬性「電話號碼」和屬性「計劃名稱」皆已經被轉換成簡單型屬性，而且在圖 6.16(b) 的三個屬性之間都不存有任何的功能相依，所以此時圖 6.16(b) 關係綱目的主鍵是由「姓名」，「電話號碼」和「計劃名稱」等三個屬性所共同組合而成的；因此圖 6.16(b) 的關係綱目是屬於 BCNF。

員工	姓名	電話號碼	計劃名稱
	陳中衣	{7771111,7771112}	{N1,N2}
	王台生	{8888881,8888882}	{N2}

(a)

員工	姓名	電話號碼	計劃名稱
	陳中衣	7771111	N1
	陳中衣	7771111	N2
	陳中衣	7771112	N1
	陳中衣	7771112	N2
	王台生	8888881	N2
	王台生	8888882	N2

(b)

圖 6.16　(a) 未正規化的員工表格；(b) 轉換成正規化的員工關係表

而在將圖 6.16(a) 的表格展開成圖 6.16(b) 所示的關係表時，為了維護關係表中資料的一致性，我們必須將每一位員工所屬的「電話號碼」與所參與的「計劃名稱」兩個屬性值的所有組合都存於圖 6.16(b) 的關係表中。而此時，在圖 6.16(b) 的關係表中便會有資料重複出現的情形發生。例如，同樣的電話號碼和計劃名稱即在圖 6.16(b) 的關係表中重複出現了許多次。若此時陳中衣又參加計劃 N3 時，當我們要將此資訊輸入關係表中，則必須同時將

　　<陳中衣，7771111，N3>　和　<陳中衣，7771112，N3>

等兩筆列錄輸入到員工關係表中，否則便會有資料不一致的問題。

要解決這種問題，我們必須定義一個比 BCNF 更嚴謹的正規形式，4NF，來解決此問題。在介紹 4NF 定義與相關理論之前，我們先介紹一種直接解決此問題的方法。那就是我們在對 ER 圖轉換到關係綱目時做處理時，對每一組獨立的多重值屬性 A_i 而言，我們都必須要建立一個新的關係綱目 R_i。在每一個新的關係綱目 R_i 中都包含了兩組屬性，此兩組屬性分別為前一步驟中關係綱目 R 的主鍵 PK 和一個多重值屬性 A_i，即 $R_i(\underline{PK,A_i})$。如此便可解決此問題。同時，此關係綱目必為 4NF，而不會有更新異常的問題。

【範例 6.18】

依據第三章和上面所述的轉換方式,我們對「電話號碼」和「計劃名稱」這兩個多重值屬性單獨處理,我們可以將圖 6.16(b) 的關係綱目轉成圖 6.17 的員工電話和員工計劃兩個關係綱目。此時員工電話和員工計劃兩個關係表中,都沒有資料重複出現的情形;若此時要將 "陳中衣參加計劃 N3" 的資訊輸入資料庫時,我們僅需將列錄 <陳中衣,7771111,N3> 直接輸入員工計劃關係表中,而不會有資料不一致的問題。所以此時,有關於 BCNF 的更新異常問題都已解決了。

員工電話	姓名	電話號碼
	陳中衣	7771111
	陳中衣	7771112
	王台生	8888881
	王台生	8888882

員工計劃	姓名	計劃名稱
	陳中衣	N_1
	陳中衣	N_2
	王台生	N_1
	陳中衣	N_3

圖 6.17 轉換成 4NF 的員工電話和員工計劃兩個關係表

在介紹 4NF 定義之前,我們先介紹有關於多重值相依的相關理論。

MVD 定義:設關係綱目 R 包含了 X 和 Y 兩組屬性,若 X $\twoheadrightarrow$ Y 這一個 MVD 成立時,則對於 R 的 t_1,t_2,t_3 和 t_4 等任意四個列錄而言,當 $t_1[X] = t_2[X]$ 時,則下列條件必須成立

- $t_3[X] = t_4[X] = t_1[X] = t_2[X]$
- $t_3[Y] = t_1[Y]$ 和 $t_4[Y] = t_2[Y]$
- $t_3[R–XY] = t_2[R–XY]$ 和 $t_1[R–XY] = t_4[R–XY]$

在上述的定義中的 t_1,t_2,t_3 和 t_4 等四個列錄並非一定是完全不同的列錄。基本上,功能相依性可說是多重值相依的一種特例。

在關係綱目 R 中，若 X→→ Y 成立，則屬性 X 的值可決定一組有關於屬性 Y 的值，或是屬性 Y 的值是多重相依於屬性 X 的值。而又由於 MVD 定義的對稱性，所以當關係綱目 R 的 X→→ Y 成立時，則 X→→ Z 也一定成立，其中 Z = (R − X − Y)。而上述關係亦可寫為 X→→ Y/Z。事實上，當關係綱目 R 含有 X，Y 和 Z 三組屬性時，若 X→→ Y 成立，則屬性 Z 的值是完全取決於屬性 X 的值而與屬性 Y 的值無關。同時，對於 X→→ Y 而言，若屬性 Y 是屬性 X 的子集合或是 X ∪ Y = R 時，則 X→→ Y 是一個無用的**多重值相依性** (trivial MVD)，反之，X→→ Y 則為一個有用的多重值相依性。

【範例 6.19】

由於在圖 6.16(b) 的**員工**關係綱目中，多重值相依性有【姓名→→ 電話號碼】和【姓名→→ 計劃名稱】兩個。所以若

<丁依依, 9999990, N1> 和 <丁依依, 9999991, N2>

兩筆列錄都在**員工**關係表中，則

<丁依依, 9999991, N1> 和 <丁依依, 9999990, N2>

兩筆列錄也一定要在**員工**關係表中，否則便會有資料不一致的問題。也因為【姓名→→ 電話號碼】和【姓名→→ 計劃名稱】這兩個多重值相依性的存在，所以當圖 6.16(a) 的**員工**表格被展開成圖 6.16(b) 的**員工**關係表時，在**員工**關係表中，會有四筆列錄是關於陳中衣的資訊。除此之外，若此時陳中衣又參加計劃 N3 時，當我們要將此資訊輸入**員工**關係表中，則必須同時將

<陳中衣, 7771111, N3> 和 <陳中衣, 7771112, N3>

等兩筆列錄輸入到**員工**關係表中，否則便會有資料不一致的問題。

在介紹如何利用多重值相依的觀念來解決此問題之前，我們先介紹

有關於 4NF 的定義。

4NF 的定義：若關係綱目 R 屬於 4NF，則關係綱目 R 必定屬於 BCNF，且對於在 R 的每一個**有用的**多重相依性 X ⟶⟶ Y 而言，屬性 X 必定是一個超值鍵。

依據 4NF 定義來看，由於圖 6.16(b)**員工**關係綱目的兩個多重值相依性【姓名 ⟶⟶ 電話號碼】和【姓名 ⟶⟶ 計劃名稱】都是有用的多重相依性，但是屬性「姓名」並不是**員工**關係綱目中的超值鍵，所以**員工**關係綱目雖然是屬於 BCNF，但並非為 4NF。在介紹如何將一個關係綱目分解成 4NF 前，我們先介紹有關於 4NF 的無遺失聯結分解的特性：

4NF 的無遺失聯結分解的特性：當 R 被分解成 R1 和 R2 時，若此分解滿足下列條件，則此分解必定是無遺失聯結分解：

$$(R1 \cap R2) \twoheadrightarrow R1 \quad 或 \quad (R1 \cap R2) \twoheadrightarrow R2$$

依據上述的特性，我們可以很容易的發展出演算法 6.6。由於功能相依性是多重值相依性中的一種特例，所以利用演算法 6.6 和關係綱目 R 的多重值相依性，我們可以直接將關係綱目 R 分解成許多個符合 4NF 定義的關係綱目，而且分解的結果一定能做到無遺失聯結分解。但是利用演算法 6.6 將關係綱目 R 分解成許多個符合 4NF 的關係綱目時，則有可能會遺失某些功能相依。

演算法 6.6 在無遺失聯結分解狀況下，將關係綱目 R 分解至 4NF

    I := 1;
    While R is not in 4NF **do**
    begin Find a nontrivial MVD，X ⟶⟶ Y in R that violates 4NF；
        create a relational schema $R_I(X,Y)$ and replace R by (R − Y)；
        I := I + 1；
    end.

【範例 6.20】

依據【姓名─≫ 電話號碼】和【姓名─≫ 計劃名稱】這兩個多重值相依性以及演算法 6.6，我們可以將圖 6.16(b) 的**員工**關係綱目分解成圖 6.17 的**員工電話**和**員工計劃**兩個關係綱目。由於**員工電話**關係綱目的【姓名─≫ 電話號碼】是一個無用的多重值相依性，所以此時**員工電話**關係綱目是屬於 4NF；同樣的，在**員工計劃**關係綱目中，【姓名─≫ 計劃名稱】也是一個無用的多重值相依性，所以**員工計劃**關係綱目也是屬於 4NF。

此時**員工電話**和**員工計劃**兩個關係表中，都沒有資料重複出現的情形；同時，若此時要將"陳中衣參加計劃 N3"的資訊輸入資料庫時，我們僅需將列錄 ＜陳中衣，7771111，N3＞ 直接輸入**員工計劃**關係表中，而不會有資料不一致的問題。所以此時，有關於 BCNF 的更新異常問題都已解決了。

到目前為止，本章所討論的分解方式皆是依據無遺失聯結分解的特性將一個關係綱目分解成為兩個關係綱目。但在有些時候，當一個關係綱目 R 中並沒有明顯的功能相依性和多重值相依性時，我們將無法利用無遺失聯結分解的特性，將一個關係綱目分解成為兩個關係綱目，但是卻有可能將該關係綱目分解成兩個以上的關係綱目。遇到此種情形時，我們可以依據聯結相依性，將關係綱目 R 由 4NF 分解成數個屬於第五階正規形式 (5NF) 的關係綱目。在實際應用上，此種情況不但很少發生而且很難被偵側出來，所以在對關係式資料庫做設計時，我們通常都不會特別去考慮所謂聯結相依性的問題。所以我們在此不討論聯結相依性和 5NF 的相關理論。

6.6 摘要

功能相依是一個非常重要的觀念。依據屬性間各種不同類型的功能相依性，我們可將一個關係綱目轉換成適當的正規化型式，同時對一個關係綱目而言，我們亦可以依據功能相依性判斷出那些屬性可當成該關係綱目的鍵。

在對關係資料庫做設計時必須要滿足下列的基本要求：

1. 要清楚的表達每個關係綱目和屬性的語意。
2. 無更新異常現象產生，即是減少重複的資訊，不會遺失任何資訊和能儲存所有的資訊。
3. 盡量避免虛值的產生。
4. 正規化處理的結果必須滿足無遺失聯結分解的特性，即資料庫中不會有偽造的列錄出現而造成資料庫中資訊會遺失。
5. 正規化處理的結果能保留所有的相依性。

1NF 的定義：當關係綱目 R 屬於 1NF 時，則在 R 中，每一個屬性定義域內的值和屬性值皆必須是單原值。

當一個關係綱目在 1NF 中，但不在 2NF 中的時候，則表示該關係綱目的某非主要屬性不是完全功能相依於該關係綱目的鍵，所以會有更新異常的問題。要解決此類的更新異常的問題就必須將該關係綱目繼續分解，使分解後的每一個關係綱目的非主要屬性與鍵之間都是完全功能相依。

2NF 的定義：若關係綱目 R 屬於 2NF，則關係綱目 R 必定屬於 1NF，且關係綱目 R 的非主要屬性皆完全功能相依於 R 的鍵。

當一個關係綱目是在 2NF 中，而且該關係綱目的非主要屬性之間並非是完全獨立的時候，則在該關係綱目所屬的關係表中，會有更新異常問題的發生；而要解決此更新異常的問題就必須將該關係綱目繼續分解，使分解後，每一個關係綱目的非主要屬性與鍵之間都不具有遞移相依關係存在。

3NF 的定義：若關係綱目 R 屬於 3NF，則關係綱目 R 的每一個 X→A 的功能相依必定滿足 (a) X 是一個超值鍵，或者 (b) A 是一個主要屬性。

當一個屬於 3NF 的關係綱目 R 含有許多個備選鍵，同時，這些備選鍵皆至少由兩個屬性所組成的，而且這些備選鍵間至少具有一個共同屬性時，則在關係表 R 會有資料重複的情形，因此一樣會遇到更新異常的狀況。要解決此更新異常的問題就必須將該關係綱目繼續分解成 BCNF。

BCNF 的定義：若關係綱目 R 屬於 BCNF，則對於 R 的每一個 X→A 功能相依而言，X 必定是一個超值鍵。

相對於 BCNF 而言，在設計時採用 3NF 的最大好處是：當我們要將一個關係綱目分解至 3NF 時，一定可以做到無遺失聯結分解和無遺失任何的功能相依。而缺點則是：在 3NF 中可能會發生小部份資料重複出現的問題。但是在關係資料庫設計時，我們寧可選擇有小部份資料重複出現問題的 3NF，而不會去選擇有遺失任何功能相依的 BCNF。

在關係資料模型中，對一個屬於 3NF 和至少含有三組屬性的關係綱目而言，當在這三組屬性中，有兩組屬性是獨立而互不相關的多重值屬性時，便會產生更新異常的問題，要解決此一問題，我們可對 ER 圖轉換到關係綱目時做處理。將此關係綱目分解成 4NF，就不會有更新異常的問題。

習 題

6.1 說明下列名詞的定義

(a)功能相依性

(b)完全功能相依與部份功能相依性

(c)第一階正規化

(d)第二階正規化

(e)第三階正規化

6.2 說明如何去辨別一個關係式資料庫設計的好壞。如果沒達到這些基本的要求會有什麼問題？

6.3 說明造成一個關係表會有更新異常現象的主要原因。

6.4 對兩組功能相依的集合而言，說明如何去判斷這兩組功能相依是否相等。

6.5 依據下列三組的功能相依分別說明 R(A, B, C, D) 是在那一個正規格式 (Normal Form) 中。如 R 有問題，請將 R 分解為適當的正規格式。(答案中要指出每個 relation 的主鍵及外鍵)

(a) FD = {A→B, B→C}

(b) FD = {AB→C, C→A, AB→D}

(c) FD = {AC→D, AB→D, C→B, B→C}

6.6 當屬性 A 是 R(<u>A</u>, B, C) 的主鍵時，下列的分解是否為無遺失聯結分解。

$R_1(A, B)$ $R_2(B, C)$

6.7 指出最高的 Normal Form 和該 relation 的 primary key 。

(a) R(A, B, C, D, E) 和 FD = {A→B, A→C, D→E}。

(b) T(I, J, K, L, M) 和 FD = {IK→LM, JK→LM, I→J, J→I}

6.8 定義 3NF 和 BCNF，並說明在關係式資料庫設計時，什麼時候要選擇 3NF 而不選擇 BCNF。

6.9 當 A 和 B 是兩個不同的屬性時，證明 R(A, B) 一定屬於 BCNF。

6.10 依據下列的功能相依 F，將 R(A, B, C, D, E, F, G) 分解到適當的正規格式，並說明為何分解的結果是適當的正規格式。

$$F = \{AC \rightarrow D, BC \rightarrow D, A \rightarrow B, B \rightarrow A, EF \rightarrow G, G \rightarrow E\}$$

6.11 (a) 將下列的 ER-diagram 轉換成關係綱目的表示方法。

(b) 對 (a) 轉換的結果做正規化處理，將每一個關係綱目都分解到適當的正規格式。(如果有兩種不同的分解結果時，請說明你為何要選擇此一結果。)

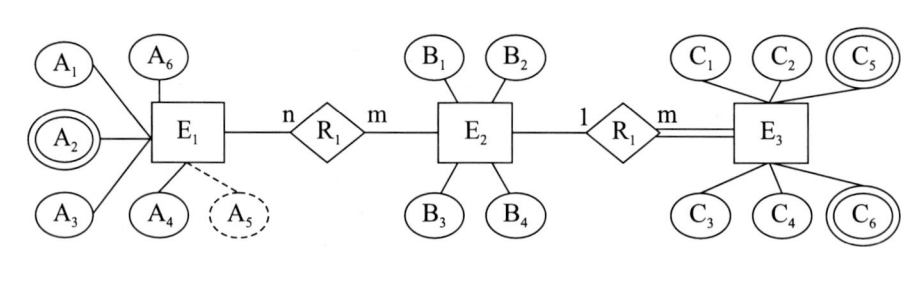

$A_1 \rightarrow A_3, A_3 \rightarrow A_1,$ $B_1 \rightarrow B_2, B_2 \rightarrow B_3,$ $C_1C_2 \rightarrow C_3C_4,$
$A_1A_4 \rightarrow A_5, A_3A_4 \rightarrow A_5,$ $B_3 \rightarrow B_4, B_1B_2 \rightarrow B_4,$ $C_3 \rightarrow C_1C_4,$
$A_1A_4 \rightarrow A_6, A_3A_4 \rightarrow A_6,$

Chapter 7

索引檔及查詢式的處理

在對資料庫查詢時，大部分的查詢表達式都是由選擇操作子，投射操作子和聯結操作子所組成，這類查詢表達式通稱為 SPJ Query。本文將針對此類查詢表達式的寫法做深入討論。其中，首先，對於選擇操作子而言，我們將介紹如何利用索引來增加查詢效率。然後對於 SPJ Query 而言，我們將介紹如何設定查詢動作的先後順序與**執行策略** (execution strategy)，來提升整體的查詢效率。

7.1　索　引

對資料庫查詢時，我們常常僅需用到檔案內的少部分資料錄。例如，在接受訂單或產生工作製令時，我們僅需查詢某項產品的庫存量，如此時資料庫系統必須讀入每一筆記錄後，才能查詢出該項產品的庫存量，則顯得非常沒有效率。為解決此問題，我們通常會利用**索引** (index) 來讀取資料，提高查詢效率。因為從磁碟讀取資料的速度遠慢於對主記憶體存取的速度和中央處理器運算的速度，所以在查詢時，我們將盡量減少對磁碟存取的次數，並盡量使用主記憶體和中央處理器以增加查詢處理的效率。因此查詢的成本估算是以區段存取的次數為基準，而利用索引來查詢的目的是希望盡量減少對區段存取的次數，增加查詢效率。索引可分為主索引、集結索引和次索引。本章將對此三種索引的基本觀念做簡單的介紹。

7.1.1　主索引

一個**主索引** (primary index) 檔是由搜尋鍵(排序鍵)和**區段指標** (block pointer) 兩個固定長度的欄位所組成的排序檔案。其中，第一個欄位是存放搜尋鍵的值，此時，主索引檔的搜尋鍵與資料檔的主鍵是相同的屬性；其排序順序與資料檔的順序是一致的，都是依據資料檔案主鍵值的大小來排序的。而第二個欄位是存放一個指標，指向具有該搜尋鍵值的資料錄所存放的**區段位址** (block address)。

如圖 7.1 所示，由於主索引檔和資料檔的順序是一致的，所以在主索引檔中，我們僅需記錄每一個區段的第一筆資料錄的主鍵值即可。而這種索引結構稱之為**稀疏索引** (sparse index or non-dense index)。反之，若資料檔內每一筆資料錄都有一個索引與其相對應，則此類索引結構稱之為**稠密索引** (dense index)。在查詢時，我們可以先搜尋索引檔，找出滿足條件的區段位置，然後再依據此位置，將該區段讀入，從中找出所需的資料錄。例如，當要查詢編號為 200 的產品庫存量時，我們發現到 196 ≦ 200 < 201，所以知道編號為 200 的產品資料是存於編號為 196 所指的區段中。此時，資料庫系統會將此區段讀入主記憶體中，然後再搜尋編號為 200 的產品庫存量。如不利用索引來查詢時，我們則必須從頭到尾依序讀取資料檔的每一筆資料，才能查詢到所需的資料。除此之外，在稀疏索引中，並非資料檔內每一筆資料錄都有一個索引與其相對應，且相對於資料檔而言，在索引檔的每一筆資料僅占據兩個欄位，所以一個區段可儲存許多索引資料。所以當我們在檢查一個區段的索引資

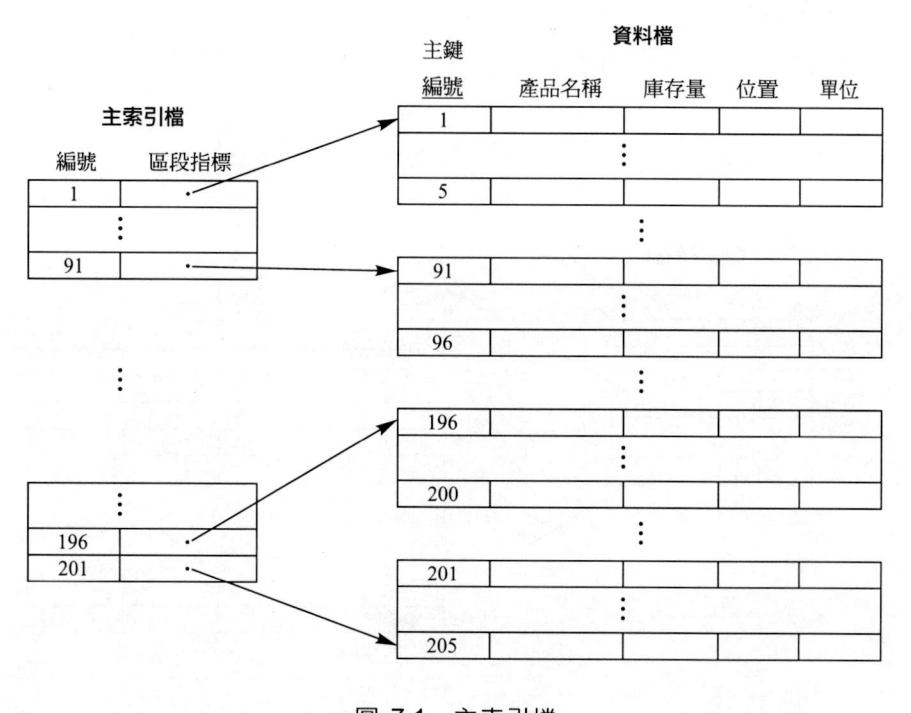

圖 7.1　主索引檔

料時，我們便可以很快的辨別許多資料檔內資料的區段位置，如此一來，更可加快查詢的速度。

7.1.2 集結索引

集結索引 (clustering index) 的架構與主索引的架構雷同；其索引檔的排序順序與資料檔的順序是一致的；其差別在集結索引的搜尋鍵 (排序鍵) 並非資料檔的主鍵。集結索引的排序順序與資料檔的排序順序都是依據搜尋鍵值的大小來排序的。由於搜尋鍵並非資料檔的主鍵，該屬性值並非唯一的，所以當我們利用一個集結索引的搜尋鍵查詢時，可能會找出許多筆資料。集結索引檔是由搜尋鍵和區段指標兩個固定長度的欄位所組成的排序檔案。如圖 7.2 所示，由於集結索引檔和資料檔的順序是一致的，所以在集結索引檔中，我們僅需記錄每個不同搜尋鍵所在的區段即可。在查詢時，我們可以先搜尋索引檔，找出滿足條件的區段起始位置，然後再依據此位置，連續將區段讀入，找出所需的資料錄。例

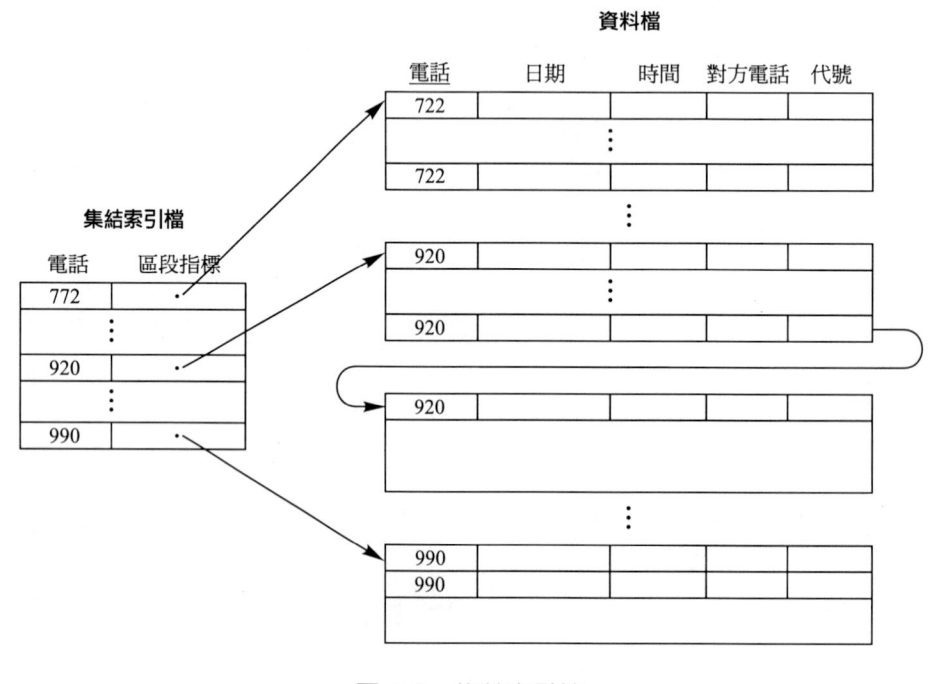

圖 7.2 集結索引檔

如,當要查詢客戶電話號碼為 920 的所打電話資料時,此時,資料庫系統會連續將具有該號碼的區段讀入,直到具有該號碼的區段讀完為止。

由於主索引與集結索引的排序順序與資料檔的順序是一致的,但一個資料檔又僅有一種排序順序,所以主索引與集結索引是不可以同時存在的。到目前為止,索引的搜尋鍵皆由單一個屬性所組成,但有些時候,索引的搜尋鍵可由許多個屬性所組成,以方便查詢。例如,當我們要知道某人在某天打的所有的電話,且依照先後次序排列時,我們便可利用 {電話,日期,時間} 三個屬性合成索引的搜尋鍵,如此一來,便可輕易查詢到所需的資料。

7.1.3 次索引

就如同集結索引與主索引的架構一樣;一個次索引是由搜尋鍵 (排序鍵) 和索引資料錄兩個固定長度的欄位所組成的排序檔案。而其與集結索引和主索引不同的是:如圖 7.3 所示,**次索引** (secondary index) 的排序順序與資料檔的排序順序是不同的。由於資料檔僅有一種排序方式,因此當索引不是主索引與集結索引時,該索引必定是一個次索引。也因為次索引的排序順序與資料檔的排序順序是無關的,所以對於一個資料檔而言,我們可以有許多的次索引存在。

由於次索引的排序順序與資料檔的排序順序是無關的,所以此類索

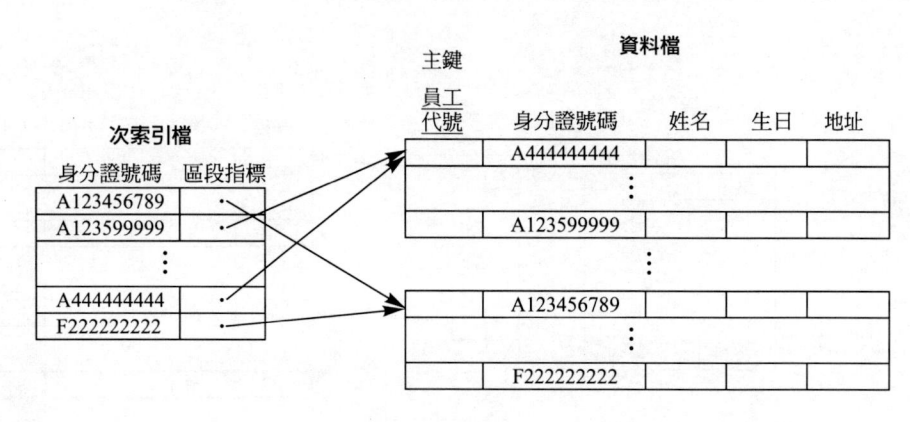

圖 7.3 次索引檔

引的結構必定是稠密索引。就如同集結索引與主索引一樣；次索引搜尋鍵的屬性可以是鍵或不是鍵。當搜尋鍵的屬性是鍵時，該屬性值是唯一的且此欄位通常被稱為次要鍵；所以當我們利用一個次索引的搜尋鍵查詢時，最多會找出一筆筆資料。如圖 7.3 所示，此時身分證號碼在資料檔中是一個次要鍵，當我們要查詢身分證號碼 A123456789 的員工姓名時，我們可以利用次索引檔來直接找尋，否則，我們必須從頭到尾依序讀取資料檔的每一筆資料，才能查詢到所需的資料。兩相比較，可以很明顯的看出利用索引查詢的好處。

　　當搜尋鍵的屬性不是鍵時，當我們利用一個次索引的搜尋鍵查詢時，可能會找出許多筆資料。其建立的方式可利用圖 7.4 的方法，我們在次索引與資料檔間另外一個層次的索引來處理這種多重指標的問題。使用這方法的好處是使次索引是由固定長度的欄位所組成的排序檔案。當我們要查詢時，我們先經次索引的區段指標找到存放該資料錄指標區段，然後再利用資料錄指標將所需的資料錄找出。例如，在圖 7.4 中，當我們要查詢電子系學生的姓名時，我們可以利用次索引來到存放該資料錄指標區段，然後再利用資料錄指標將所需的資料錄找出所有電子系學生的姓名。

　　如果一個索引檔可以小到全部存放在主記憶體中，則其搜尋時間會很短；當索引檔太大而必須放於磁碟時，則其搜尋效率會降低。所以一

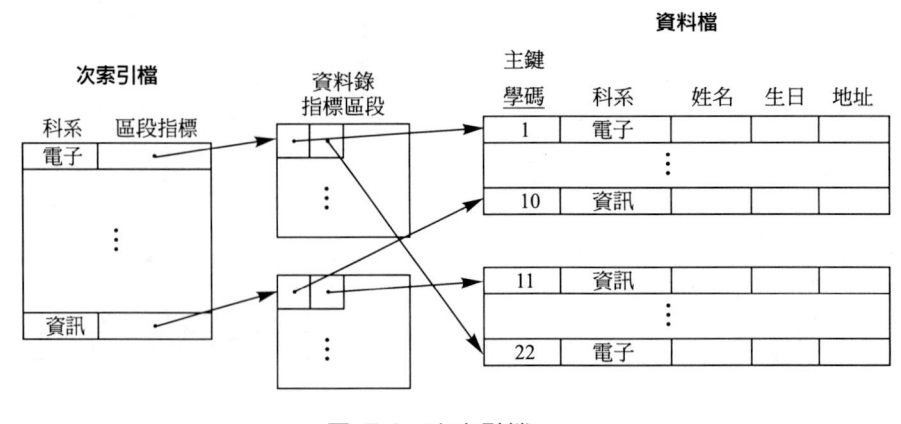

圖 7.4　次索引檔

般商業系統大多會採用**平衡樹** (balanced tree) 的觀念,利用 B^+ 樹的檔案結構來建立索引檔,以提升查詢效率。由於本文主要著重於索引檔觀念的介紹,所以我們所介紹的索引架構皆為循序檔案。讀者有興趣,可查閱其他相關書籍。

7.1.4　SQL Server 中如何建立索引鍵

記得我們在第五章時曾經介紹到在 Microsoft SQL Server7.0 中,如何建立一個表格、設定表格的主鍵或是複合鍵、設定表格的完整性約束,以及如何建立表格之間的關聯性 (設定表格的外鍵)。其實,當我們在設定表格的主鍵或是複合鍵時,Microsoft SQL Server7.0 就已經自動地替我們的主鍵或是複合鍵建立索引了,所以我們由第五章所提到的 "客戶基本檔"、"產品基本檔"、"訂單基本檔" 和 "訂單明細" 四個表格為例,當它設定表格的主鍵或是複合鍵後,分別如圖 5.11、圖 5.12、圖 5.13 和圖 5.14 所示,這時我們分別點選工具列上屬性按鈕 ，再點選 "索引/索引鍵" 頁籤,我們將可以分別看到如圖 7.5、圖 7.6、圖 7.7 和

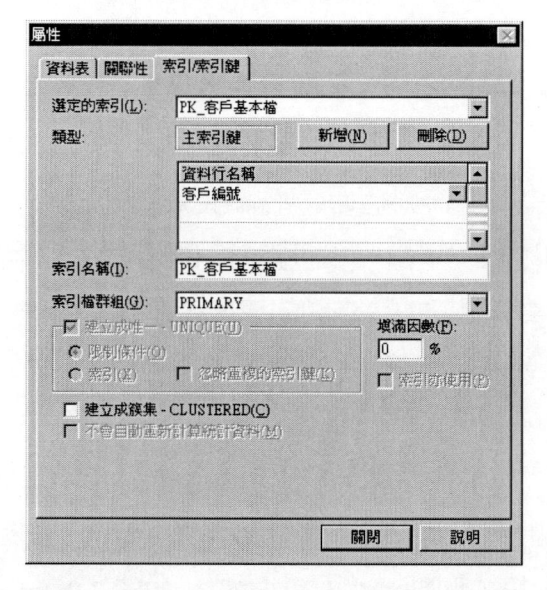

圖 7.5　"客戶基本檔" 的主鍵即為索引鍵 畫面

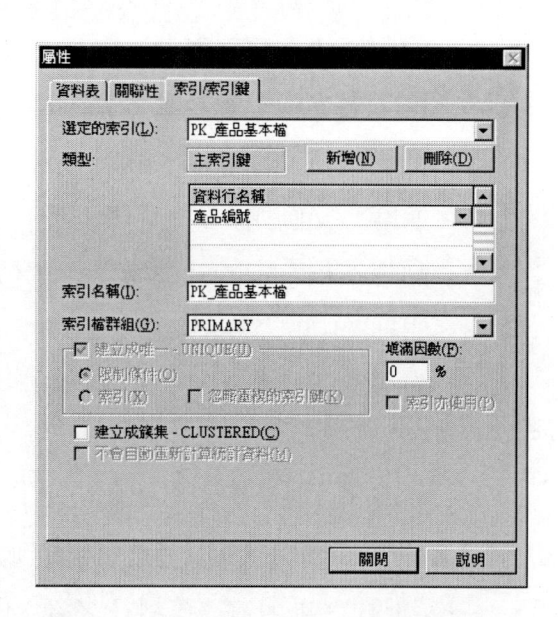

圖 7.6　"產品基本檔" 的主鍵即為索引鍵 畫面

221

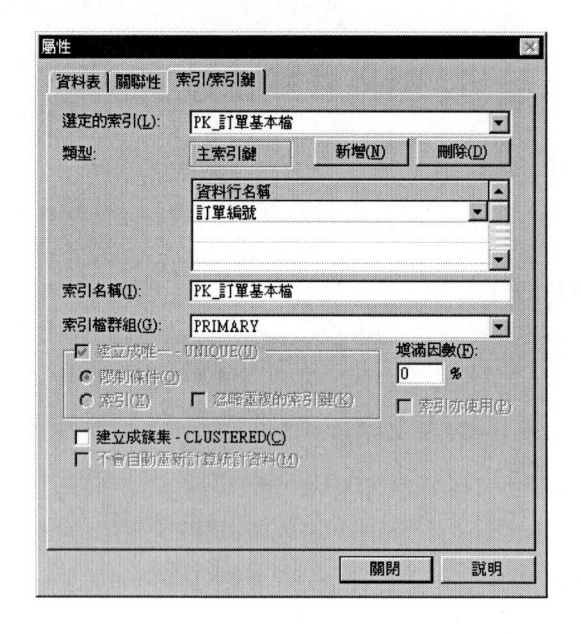

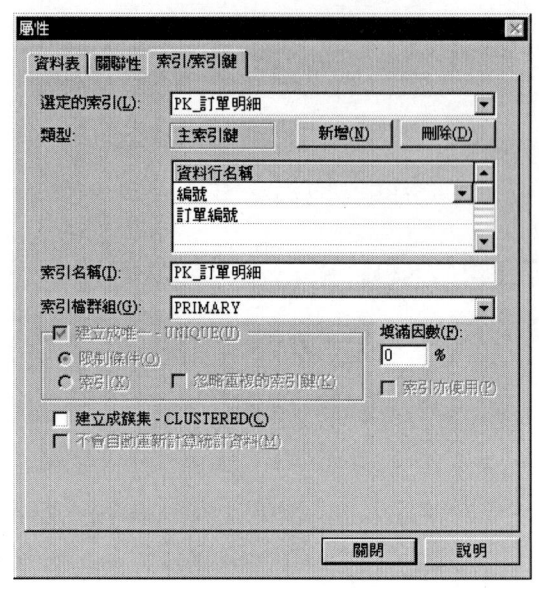

圖 7.7　"訂單基本檔"的主鍵即為索引鍵畫面　　圖 7.8　"訂單明細"的複合鍵即為索引鍵畫面

圖 7.8 所示畫面。

　　有時候基於在查詢資料時能夠加快查詢的速度，我們往往會將查詢的欄位建立為索引鍵，例如：在 "訂單基本檔" 中我們需要透過 "客戶編號" 去查詢 "客戶基本檔" 中的 "客戶名稱" 和 "客戶地址"，這時候我們便可將 "訂單基本檔" 中的 "客戶編號" 建立為索引鍵，以加快查詢的速度。又例如：在 "訂單明細" 中我們需要透過 "產品編號" 去查詢 "產品基本檔" 中的 "內容"、"單位" 和 "單價"，這時候我們便可將 "訂單明細" 中的 "產品編號" 建立為索引鍵以加快查詢的速度，建立索引鍵的方法為：

- 首先，在 "訂單基本檔" 項目下按滑鼠右鍵，於出現的功能選單中選取 "Design Table"，我們將看到如圖 7.7 所示的畫面。接著，點選 "新增 (N)"，並且在 "資料行名稱" 的第一欄點選 "客戶編號"，如圖 7.9 所示的畫面，接著點選 "關閉"，然後點選視窗右上角角 "✕" 關閉 Design

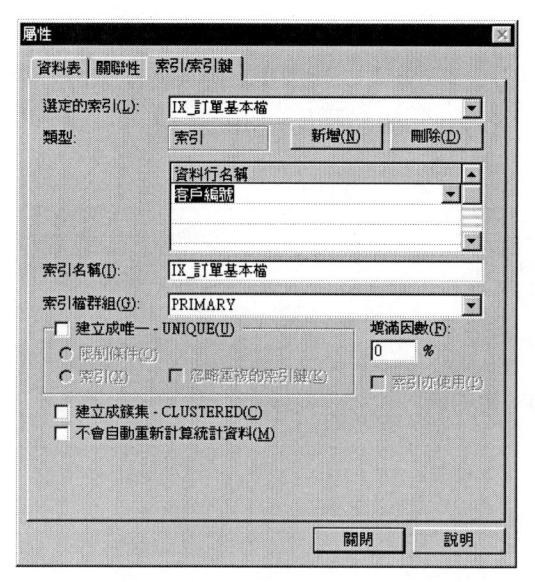

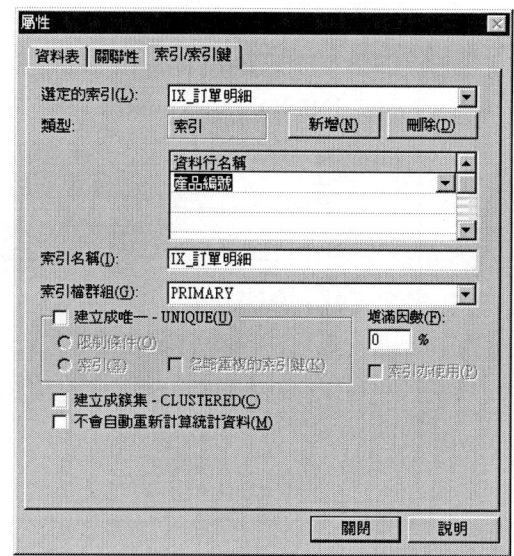

圖 7.9 設立 "訂單基本檔" 的客戶編號為索引鍵畫面

圖 7.10 設立 "訂單明細" 的產品編號為索引鍵畫面

Table "訂單基本檔" 視窗，然後點選 "是(Y)" 儲存變更，點選 "是(Y)" 儲存即可。

- 接著，在 "訂單明細" 項目下按滑鼠右鍵，於出現的功能選單中選取 "Design Table"，我們將看到如圖 7.8 所示的畫面。接著，點選 "新增(N)"，並且在 "資料行名稱" 的第一欄點選 "產品編號"，如圖 7.10 所示的畫面，接著點選 "關閉"，然後點選視窗右上角的 " ✕ "，關閉 Design Table "訂單明細" 視窗，然後點選 "是(Y)" 儲存變更，點選 "是(Y)" 儲存即可。

除了上述透過 Microsoft SQL Server7.0 裡面的 Enterprise Manager 來建立索引鍵之外，我們也可以透過 Query Analyzer 工具執行 CREATE INDEX 指令來建立索引鍵。我們先來說明如何使用 CREATE INDEX 指令來建立索引鍵，以下是 CREATE INDEX 的語法格式：

```
CREATE [UNIQUE] [CLUSTERED | NONCLUSTERED]
    INDEX index_name ON  表格名稱(欄位名稱[,…n])
[WITH
    [PAD_INDEX]
    [[,] FILLFACTOR = fillfactor]
    [[,] IGNORE_DUP_KEY]
    [[,] DROP_EXISTING]
    [[,] STATISTICS_NORECOMPUTE]
]
[ON  檔案群組名稱]
```

所以我們可以依照上述 CREATE INDEX 的語法格式，分別設定"訂單基本檔"的"客戶編號"和"訂單明細"的"產品編號"建立為索引鍵，其指令分別如下：

- 首先，利用 CREATE INDEX 指令來建立"訂單基本檔"的"客戶編號"為索引鍵，其指令如下：

```
CREATE   INDEX [IX_訂單基本檔] ON [dbo].[訂單基本檔]([客戶編號]) ON [PRIMARY]
GO
```

圖 7.11 以 CREATE INDEX 指令建立"訂單基本檔"的"客戶編號"為索引鍵

- 接著，利用 CREATE INDEX 指令來建立"訂單明細"的"產品編號"為索引鍵，其指令如下：

```
CREATE   INDEX [IX_訂單明細] ON [dbo].[訂單明細]([產品編號]) ON [PRIMARY]
GO
```

圖 7.12 以 CREATE INDEX 指令建立"訂單明細"的"產品編號"為索引鍵

- 接著，利用 Query Analyzer 工具建立 "訂單基本檔" 的 "客戶編號" 為索引鍵和建立 "訂單明細" 的 "產品編號" 為索引鍵，其方法如下：

1. 進入 Query Analyzer (開始→程式集(P)→Microsoft SQL Server7.0→Query Analyzer) 後，首先，選取所要連接資料庫的伺服器，點選 "OK"，進入 SQL Server Query Analyzer 視窗後，在 "DB:" 欄位下選取 "資料庫管理系統"，我們將看到如圖 5.24 所示的畫面。接著，我們可以在視窗中分別輸入如圖 7.11、圖 7.12 所示的 SQL 指令，輸入完畢後如圖 7.13 所示的畫面，再點選 ▶ ，即可建立 "訂單基本檔" 的 "客戶編號" 為索引鍵和建立 "訂單明細" 的 "產品編號" 為索引鍵了。

```
CREATE    INDEX [IX_訂單基本檔] ON [dbo].[訂單基本檔]([客戶編號]) ON [PRIMARY]
GO
CREATE    INDEX [IX_訂單明細] ON [dbo].[訂單明細]([產品編號]) ON [PRIMARY]
GO
```

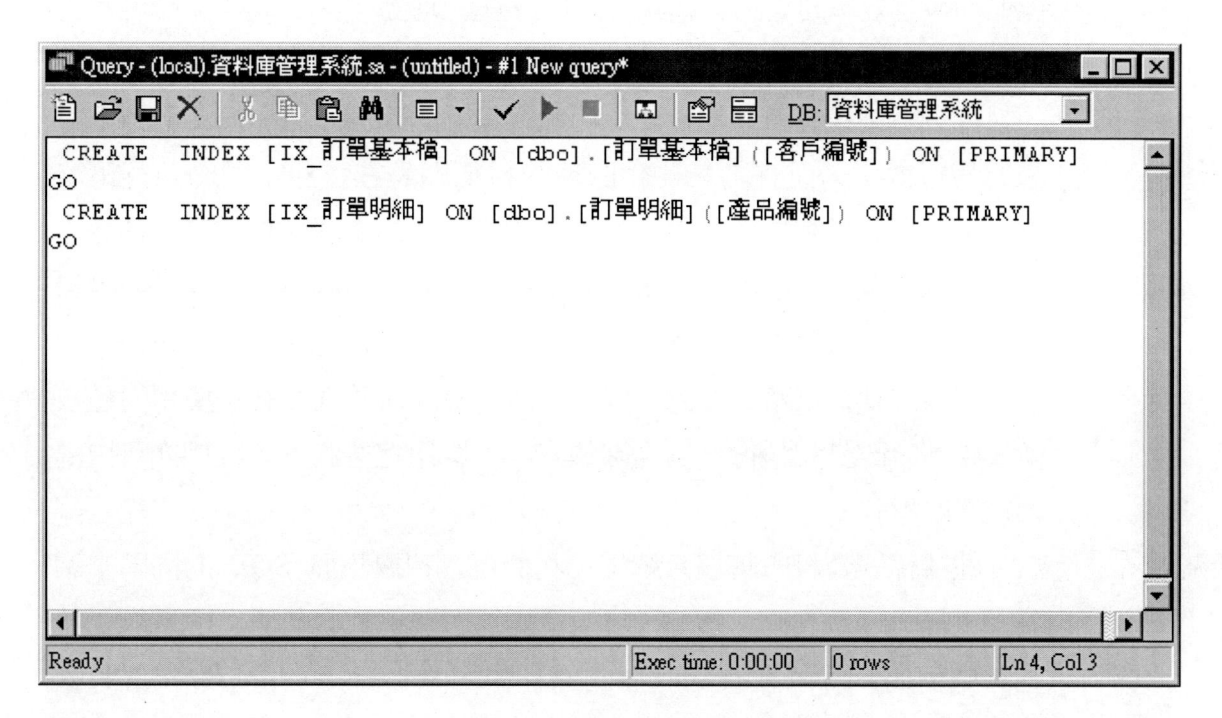

圖 7.13 輸入 SQL 指令後畫面

7.2 最佳化處理步驟

由於關係式資料模型的資料操作語言，例如 SQL，是高階的資料查詢語言和非程序式的資料操作語言，此類的查詢表達式只描述要找尋那些資訊，而並未描述要如何去找尋資料或是查詢的執行策略。所以一般而言，程序式查詢處理的速度都比非程序式查詢處理的速度要快。因此接下來的討論將著重於介紹關係式資料模型查詢最佳化處理的基本觀念。對於商業化的關係式資料管理系統而言，為加快查詢處理的執行效率，都將原有的查詢表達式經由最佳化處理器轉換成另一個具有同等功能但卻較有效率的查詢表達式，以加快查詢速度。

在資料庫管理系統中，對一個高階的查詢而言，可以採用各種不同的執行策略來找尋所需的資訊；而執行策略的不同，將會直接影響到查詢的執行效率。而查詢最佳化處理的目標即是在這些不同的執行策略中，選擇一個最有效率的執行策略來找出所需的資訊。但通常要選擇一個最佳執行策略的成本是非常高的，所以基於成本因素，在大部分的情形下，資料庫管理系統所選擇的執行策略並不一定是最好的，而是一個合理有效的執行策略。在此，我們將討論資料庫管理系統是使用何種技術去處理、改良和執行一個高階的查詢。應用這些觀念，我們亦可撰寫出較好的程式。

在關係式資料庫管理系統中，我們可以利用類似 SQL 的高階查詢語言來描述一個查詢。圖 7.14 簡單描述了關係式資料庫管理系統對於查詢處理的步驟。在查詢處理的過程中，**掃描器 (scanner)** 和**解析器 (parser)** 會先檢查高階查詢表達式的**每一個部分 (token)** 和該查詢表達式的寫法是否合乎文法；當文法沒有錯誤時，在此階段，我們仍須檢查該查詢表達式的語意是否正確。在經過文法和語意的檢查後，該查詢表

高階查詢表達式(如 SQL)

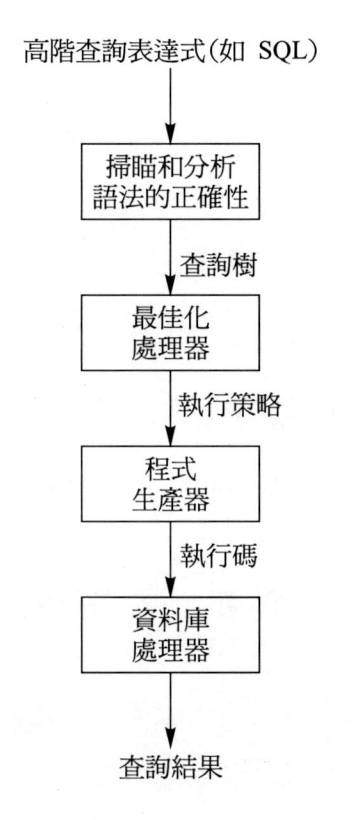

```
┌─────────────┐
│ 掃瞄和分析   │
│ 語法的正確性 │
└─────────────┘
      │ 查詢樹
┌─────────────┐
│   最佳化     │
│   處理器     │
└─────────────┘
      │ 執行策略
┌─────────────┐
│   程式       │
│   生產器     │
└─────────────┘
      │ 執行碼
┌─────────────┐
│   資料庫     │
│   處理器     │
└─────────────┘
      │
    查詢結果
```

圖 7.14　查詢處理的步驟

達式將會被轉換成**查詢樹** (query tree) 或是**查詢圖** (query graph)。在查詢樹中，每一個節點都是一個操作運算子，而每一個樹葉都是一個關係表。然後查詢**最佳化處理器** (query optimizer) 會依據對查詢樹分析的結果，選擇出一個適當的執行策略。此時，**程式產生器** (code generator) 便會依據查詢最佳化處理器所選的執行策略去產生一個適當的執行碼，並送入**資料庫處理器** (runtime database processor) 去執行，產生最後的查詢結果。

　　基本上，最佳化處理的工作可分為兩個階段去執行。第一個階段是將原來的查詢表達式轉換成另一個具有同等功能但執行效率較高的查詢表達式。第二個階段則是針對表達式的每一個操作運算子，選出適當的執行策略。

7.3 操作子的執行策略

本節,我們將舉例說明選擇操作子和聯結操作子的重要演算法或是執行策略,進而找出一個執行效率良好的執行策略。

7.3.1 利用索引來執行選擇操作運算

選擇操作運算是從一個特定的關係表中選出所有滿足選擇條件的列錄。假設目前的查詢的表達式為:$\sigma_{A\theta C}(R)$,其中,R 是一個關係表,A 是關係表 R 的一個屬性,C 是一個常數,而 θ 則是一個純量比較操作子。

我們將索引的種類分為主索引,集結索引和次索引三類。接下來,我們介紹如何有效的運用這些不同種類的索引找尋所需的資料。

1. **(S₁) 主索引**:設主索引檔設的**排序鍵欄位** (ordering key field) 是屬性 A。當 θ 是 "=" 時,則系統會先搜尋索引檔,找出滿足選擇條件 A = C 列錄的位置,然後再依據此位置,從資料檔內找出所需的列錄。當 θ 是 >,≧,< 或 ≦ 時,系統會依據滿足條件 A = C 列錄的位置,往前或往後找出所需的列錄。

2. **(S₂) 集結索引**:假設屬性 A 是集結索引的排序鍵欄位。若查詢表達式的選擇條件是 A = C 時,我們可以利用集結索引找出所有滿足選擇條件的列錄。

3. **(S₃) 次索引**:假設屬性 A 是次索引的排序鍵欄位。此時,雖然索引檔是依據屬性 A 的值來排序,但是資料檔卻不是依據屬性 A 的值來排序，所以查詢時，我們可以利用次索引檔找出所有滿足選擇條件列錄的位置，然後依據所得的位置，將列錄從資料檔中檢索出來。

當選擇操作的 <選擇條件> 是由許多子句所組合而成的，則每一個子句都可藉由布林操作子 AND，OR 和 NOT 將這些子句任意的組合在一起使用。當所有的子句都是利用 AND 連結在一起時，則此 <選擇條件> 被稱之為**共結條件** (conjunctive condition)。如果用 OR 連結在一起時，則此 <選擇條件> 被稱之為**離接條件** (disjunctive condition)。基本上，當選擇操作的 <選擇條件> 是共結條件時，其執行策略可概略的分為下列兩種：

1. **(S_4)** 當選擇操作的 <選擇條件> 是共結條件時，我們可以利用下列的轉換法則，先將該選擇操作轉換成一連串的選擇操作，然後根據是否有索引檔的存在和檔案儲存的方式，採用 S_1 到 S_3 的任何一種執行策略找出所需的資訊。

$$\sigma_{<選擇條件\_1> AND <選擇條件\_2> AND...AND <選擇條件\_n>}(關係表名稱)$$
$$= \sigma_{<選擇條件\_1>}(\sigma_{<選擇條件\_2>}(...(\sigma_{<選擇條件\_n>}(關係表名稱))...))$$

在上列的表達式中，$\sigma_{<選擇條件\_1>}$，$\sigma_{<選擇條件\_2>}$，$\cdots$，$\sigma_{<選擇條件\_n>}$ 的執行順序並非是唯一的。事實上，其執行順序可以依據實際需要而任意排列。由於每一個選擇條件的寬嚴度都不一樣，所以選擇條件的執行順序也會影響查詢處理的速度。對一個關係表而言，當選擇條件限制較嚴時，則僅有少數的列錄會滿足該選擇條件，因此我們通常都會選擇限制較嚴的條件先執行，以增加執行的效率。

【範例 7.1】

假設在關係資料庫的學生關係表中,兩個次索引檔的排序鍵分別是「主修」和「城市」,同時大部分的學生都居住於台北市,此時對於下列查詢表達式的執行策略應該採用那種方式。

$$\sigma_{主修 = "資訊" \text{ AND } 城市 = "台北"}(學生)$$

上述的查詢,可轉換成下列兩種執行順序:

(1) $\sigma_{主修 = "資訊"}(\sigma_{城市 = "台北"}(學生))$ 或是

(2) $\sigma_{城市 = "台北"}(\sigma_{主修 = "資訊"}(學生))$

因為大部分的學生都居住於台北市,所以選擇條件【主修 = 資訊】較【城市 = 台北】嚴格;換言之,第二種執行順序會有較高的執行效率。

2. **(S_5)** 利用多重索引鍵的特性表找出滿足選擇條件的列錄。我們用範例 7.2 來說明此種的執行策略。

【範例 7.2】

假設在關係資料庫的學生關係表中,兩個次索引檔的排序鍵分別是「主修」和「城市」,則下列查詢表達式的執行策略應該採用那一種。

$$\sigma_{主修 = "資訊" \text{ AND } 城市 = "台北" \text{ AND } "年齡" > "18"}(學生)$$

對於上述的查詢可以有許多方法,例如,我們可以利用一個次索引檔找出所有"資訊"系的學生,然後再去檢查該學生的居住城市和年齡是否滿足選擇條件,或是利用 S_4 的方法找出所需的資料。而利用多重索引的查詢步驟為:

(1)利用以「城市」為排序鍵的次索引檔,找出所有居住在台北市的學生列錄存放於資料檔的位置。

(2)利用以「主修」為排序鍵的次索引檔,找出所有資訊系學生列錄存放於資料檔的位置。到目前為止,我們都尚未對資料檔做檢索的動作。

(3)將上兩項所得的結果交集,找出滿足【主修＝資訊】和【城市＝台北】選擇條件的列錄存放位置,然後依據交集所得的位置,從資料檔檢索出列錄並判斷該列錄是否滿足【年齡＞18】選擇條件。由於同時都滿足【主修＝資訊】和【城市＝台北】兩個選擇條件的列錄會比滿足【主修＝資訊】或是【城市＝台北】單一選擇條件的列錄少,所以對磁碟讀取的次數也會比其他方法少。

7.3.2 聯結操作子的執行策略

由於在實際的關係式資料庫中,執行聯結操作運算的方法有許多種,但有些聯結操作必須在特定的條件下才能執行。本節將介紹**排序合併聯結** (sort-merge join) 演算法,此方法是一個非常重要的聯結操作運算方法。了解此演算法的精神後,在 SQL Server 7.0 中,使用此聯結操作演方法才不會產生問題。

當主記憶體可以容納整個關係表時,執行聯結操作會大量降低區段讀取的次數。但一般而言,關係表常含有大量的資料,所以關係表通常無法全部載入主記憶體時。此時只要關係表列錄的順序是依照在聯結屬性的值排序時,我們可以利用排序合併聯結的方法,大量降低區段讀取的次數,而加快查詢的速度。對於【$R_1 \bowtie_{R_1.A=R_2.B} R_2$】排序合併聯結的查詢方法則如演算法 7.1 所示。

演算法 7.1　排序合併聯結【$R_1 \bowtie_{R_1.A=R_2.B} R_2$】

Sort the tuples in R_1 relation on attribute A；
Sort the tuples in R_2 relation on attribute B；
P_1 := address of first tuple of R_1 relation；
P_2 := address of first tuple of R_2 relation；
While ($P_2 \neq$ null) Do
begin
    T_2 := tuple to which P_2 points；　$S_2 := \{T_2\}$；
    $P_2 := P_2$. NEXT；　　　　　　　　done:=false；

/*　對於屬性 B 而言，此迴路是將具有相同屬性值的列錄放入 S_2 集合中　*/

    While (not done and $P_2 \neq$ null) Do
    begin T_2' := tuple to which P_2 points；
      If $T_2[B]$ = $T_2'[B]$
      Then begin　$S_2 := S_2 \cup \{T_2'\}$；
                $P_2 := P_2$. NEXT；
        end
    Else　　done := false；
    end；

/*　將不屬於查詢結果的列錄忽略掉　　　　　　　　　　　　　　　　*/

    T_1 := tuple to which P_1 points；　$P_1 := P_1$. NEXT；
    While ($T_1[A]$ < $T_2[B]$) Do
    begin
      T_1 := tuple to which P_1 points；　$P_1 := P_1$. NEXT；
    end；

/*　執行聯結操作運算　　　　　　　　　　　　　　　　　　　　　　　　*/

　　　　　　　　While (T_1 [A]　=　T_2 [B]) Do
　　　　　　　　　　begin
　　　　　　　　　　　　For each tuple t in S_2 Do
　　　　　　　　　　　　　　compute $T_1 \bowtie$ t and add this tuple to result；
　　　　　　　　P_1 := P1 . NEXT；　T_1 := tuple to which P_1 points；
　　　　　　　　　　end；
　　　　　　　　end；

　　在演算法 7.1 中，關係表 R_1 和 R_2 的列錄都分別依據屬性 A 和屬性 B 的值來排序，當 R_2 關係表內具有相同 t[B] 屬性值的列錄都被讀入主記憶體後，對於 R_1 關係表的列錄 T_1 而言，我們會先將滿足 T_1 [A] ≦ t[B] 的列錄都讀入主記憶體內，然後再對滿足 T_1 [A] = t[B] 的列錄做聯結操作運算並放入最後的查詢結果中。換言之，當我們不考慮排序所需要的成本時，演算法 7.1 僅對此兩個關係表各讀取一次。

　　使用排序合併聯結的優點是不需要主記憶體可以容納整個關係表，但缺點是參與聯結操作的關係表都必須依照聯結屬性的值來排序。雖然如此，因為使用排序合併聯結可以大量降低區段讀取的次數，所以先將關係表的列錄都依照聯結屬性的值來排序也是值得的。

7.4　SPJ Query 查詢動作的先後順序

7.4.1　利用啟發式方法對關係式代數做最佳化處理

　　本節將利用範例 7.3 的 SQL 表達式來說明利用啟發式方法做最佳

化處理的基本觀念。雖然大部分的商業化資料庫管理系統都提供最佳化處理器，以改進查詢效率。但最一般的程式設計師而言，我們可利用本節所介紹的觀念來撰寫程式，直接增加查詢效率。

【範例 7.3】

假設學校教職員有 700 名，1000 門課程，其中教師有 400 位，資料庫課程有 10 門。對 400 名教師而言，平均每人講授 3 門課程。其中有 7 位老師負責教資料庫。依據這些條件對下列的 SQL 表達式做最佳化查詢處理。

```
SELECT      教職員姓名
FROM        教職員，講授，課程
WHERE       課程名稱 = "資料庫" AND 教職員代號 = 教師代號 AND
            講授．課程代號 = 課程．課程代號
```

上述的查詢是要找出"所有講授資料庫課程的老師姓名"。在最佳化處理時，為了產生查詢樹，上述的 SQL 表達式必須先轉換成一個具有同等功能的關係式代數查詢表達式，圖 7.15(a) 即為轉換的結果。由於關係式代數是一種程序式的語言，所以圖 7.15(a) 的關係式代數查詢表達式會展現出一定的執行順序。但是該執行順序並不一定是最好的，所以我們必須將該關係式代數查詢表達式轉換成另一個具有同等功能的關係式代數查詢表達式，以增加查詢處理的速度。在轉換的過程中，我們必須先產生一個查詢樹，而圖 7.15(b) 即是圖 7.15(a) 關係式代數查詢表達式的查詢樹。而查詢樹的執行方式是依照【左節點－右節點－中間節點】的順序反覆計算，直到**根部節點** (root node) 為止。我們利用 (1)，(2)，… 來表示查詢樹的執行順序。同時，在各節點旁，我們利用 [n] 來表示各關係表所含列錄的筆述。

依據圖 7.15 查詢樹的執行順序，在計算的過程中，我們需要建立一個臨時性的關係表 TEMP，其中 TEMP = ((教職員 × 講授) × 課程)；然後在依次的執行選擇操作和投射操作。在此查詢中，由於臨時性關係表 TEMP 含有 8.4×10^8 筆資料，所以此臨時性關係表的尺寸會大到主記憶體都無法容納的

$\Pi_{教職員姓名}(\sigma_{課程名稱 = "資料庫" \text{ AND } 教職員代號 = 教師代號 \text{ AND } 講授.課程代號 = 課程.課程代號}$（教職員 × 講授 × 課程））

(a)

(4) $\Pi_{教職員姓名}$ [7]
|
(3) $\sigma_{課程名稱= "資料庫" \text{ AND } 教職員代號 = 教師代號 \text{ AND } 講授.課程代號 = 課程.課程代號}$
|
(2) × [840000000]
 / \
(1) × 課程 [1000]
[840000]
 / \
[700] 教職員   講授 [1200]

(b)

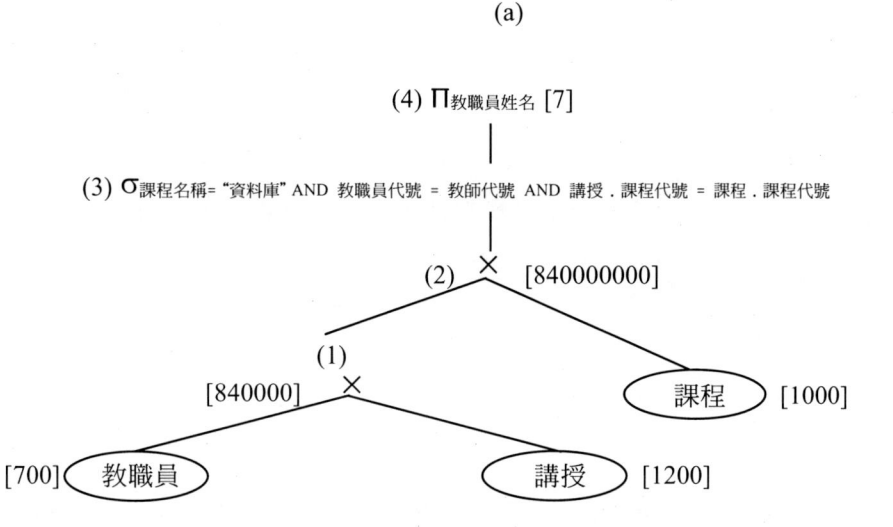

圖 7.15　(a) 相對於範例 7.3 關係式代數查詢表達式；
　　　　(b) 相對於圖 7.15(a) 關係式代數查詢表達式的查詢樹

地步，而必須將關係表 TEMP 存放於磁碟上。如此一來，就會大量的降低查詢處理的速度。所以如果能降低此臨時性關係表 TEMP 的尺寸，則可以大幅提高處尋處理的效率。

對圖 7.15 的查詢做進一步的分析，我們可以發現：在課程關係表中，查詢只對於【課程名稱＝資料庫】的列錄有興趣，所以在查詢處理時，如果能夠先將滿足此條件的列錄選出，便可以消除大量不必要的列錄；同時，在執行完笛卡爾乘積操作後，立刻將滿足【教職員代號 ＝ 教師代號】和【講授．課程代號 ＝ 課程．課程代號】的列錄選出，亦可大量降低臨時性關係表 TEMP 的尺寸。依據這個分析的結果，我們可以將

```
                    (6) Π教職員姓名 [7]
                         │
                    (5) σ 講授.課程代號=課程.課程代號 [7]
                         │
                    (4) × [12000]
                   ╱           ╲
            [1200] (2) σ 教職員代號 = 教師代號    (3) σ 課程名稱 = "資料庫" [10]
                   │                              │
             (1) × [840000]                    (課程) [1000]
             ╱        ╲
      [700](教職員)   (講授)[1200]
```

圖 7.16　先執行選擇操作的查詢樹

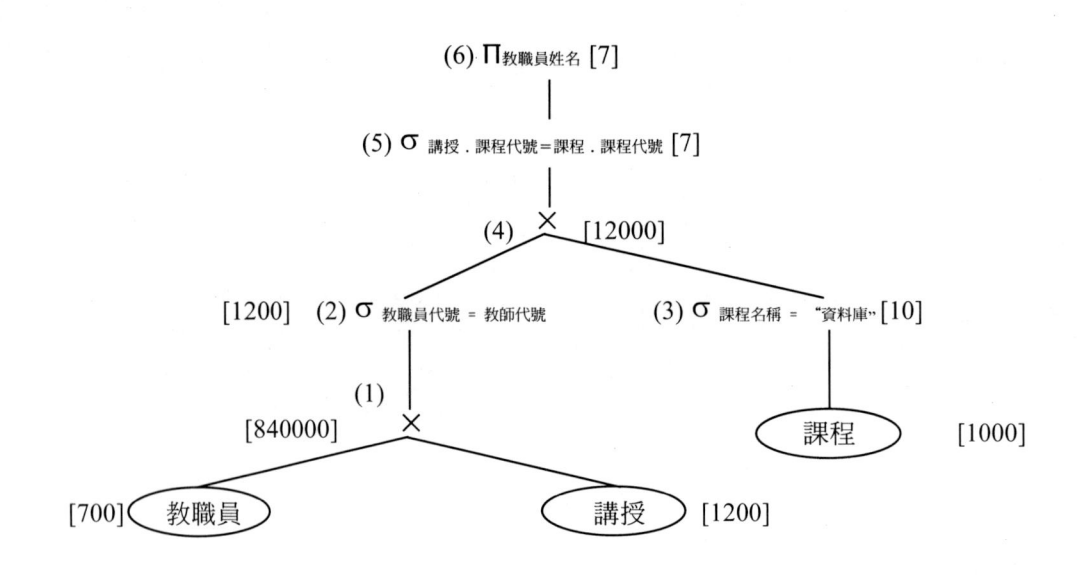

圖 7.15 的查詢樹轉換成圖 7.16 的查詢樹。在圖 7.16 運算過程中，臨時性關係表 TEMP 的最大尺寸為 8.4×10^5，比圖 7.15 查詢樹的所產生臨時性關係表 TEMP 的尺寸小 1000 倍。

另一種會影響臨時性關係表尺寸 (或是執行效率) 的因素則是笛卡爾乘積操作執行的順序。由於笛卡爾乘積操作具有關聯性，所以 $(R_1 \times R_2) \times R_3 = R_1 \times (R_2 \times R_3)$ 一定成立。雖然笛卡爾乘積操作執行的順序不會影響查詢的結果，但是會影響到查詢的效率。例如，由於學校會有許多的教職員和不同的課程，所以在執行【教職員 × 講授】時，所產生的臨時性關係表的尺寸仍然有可能會大。但是畢竟教資料庫課程的老師只有幾位，所以【($\sigma_{課程名稱 = "資料庫"}$ 課程) × 講授】的運算結果所產生的臨時性關係表的尺寸會更小。依據這個分析的結果，我們可以將圖 7.16 的查詢樹進一步的轉換成圖 7.17 的查詢樹。

由於執行笛卡爾乘積操作成本較高，所以在最佳化處理時，都盡量避免直接執行笛卡爾乘積操作運算，而是利用其他對等的操作來取代笛卡爾乘積操作。因為【$\sigma_{<聯結條件>} (R_1 \times R_2)$】可以轉換成【$R_1 \bowtie_{<聯結條件>} R_2$】，

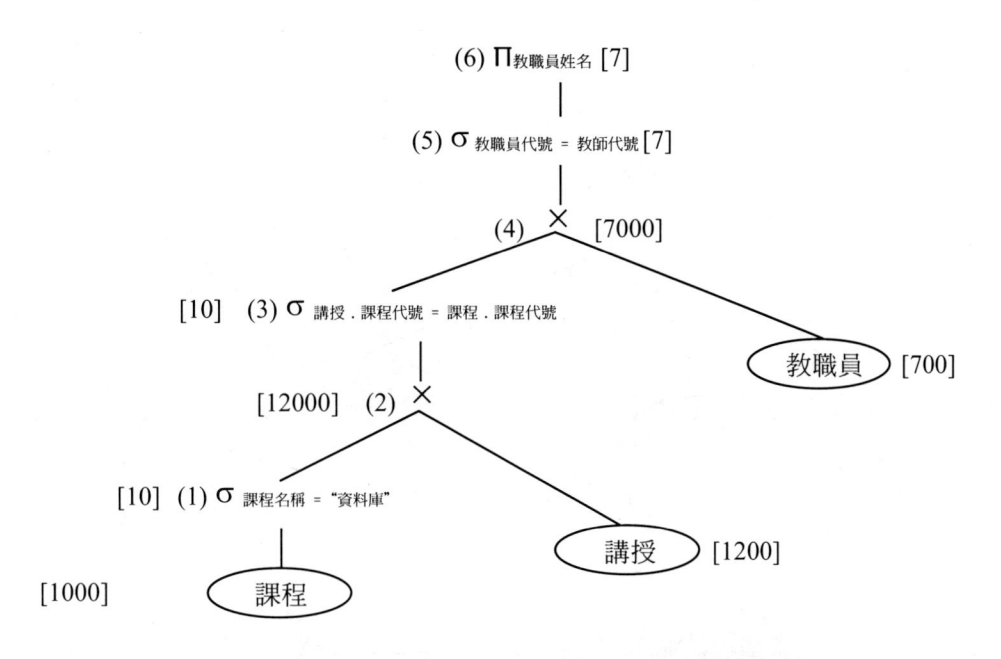

```
                    (6) Π教職員姓名 [7]
                         │
                    (5) σ 教職員代號 = 教師代號 [7]
                         │
              (4) ×         [7000]
             ╱         ╲
    [10]  (3) σ 講授.課程代號 = 課程.課程代號
             │                    ╲
        [12000] (2) ×              教職員  [700]
             ╱    ╲
   [10] (1) σ 課程名稱 = "資料庫"
             │              ╲
  [1000]    課程             講授  [1200]
```

圖 7.17　調整笛卡爾乘積操作順序後的查詢樹

　　所以圖 7.17 查詢樹可再轉換成圖 7.18 的查詢樹。至此如果依據圖 7.18 查詢樹的執行步驟來執行查詢，在運算過程中，所有的臨時性的關係表最多含有 10 筆資料，而此臨時性的關係表又都可存於主記憶體中，所以執行速度會比原來的快了許多。事實上，依據圖 7.18 查詢樹的執行步驟，在整個查詢過程中，我們僅需對此三個關係表各讀取一次即可得到查詢的結果。

　　要減小臨時性關係表的尺寸，除了要先執行選擇操作和避免直接執行笛卡爾乘積操作運算外，我們也可以盡早執行投射操作運算，將不必要的屬性都消除掉。對圖 7.18 的查詢做進一步分析，我們發現：在課程關係表中，對於滿足【課程名稱 = 資料庫】選擇條件的列錄而言，在往後的查詢中，我們將只會使用到「課程代號」的屬性，所以在查詢處理時，我們可使用投射操作將該屬性值保留下來。同樣的，對於教職員關係表而言，我們僅需要使用到「教職員代號」和「教職員姓名」兩個屬

```
                    (4) Π 教職員姓名 [7]
                              │
                (3) ⋈ 教職員代號 = 教師代號 [7]
                    ╱                      ╲
       [10]   (2) ⋈ 講授.課程代號 = 課程.課程代號        
              ╱                    ╲          ╲
   [10]  (1) σ 課程名稱 = "資料庫"         ╲      ( 教職員 ) [700]
              │                         ╲
   [1000]  ( 課程 )                  ( 講授 ) [1200]
```

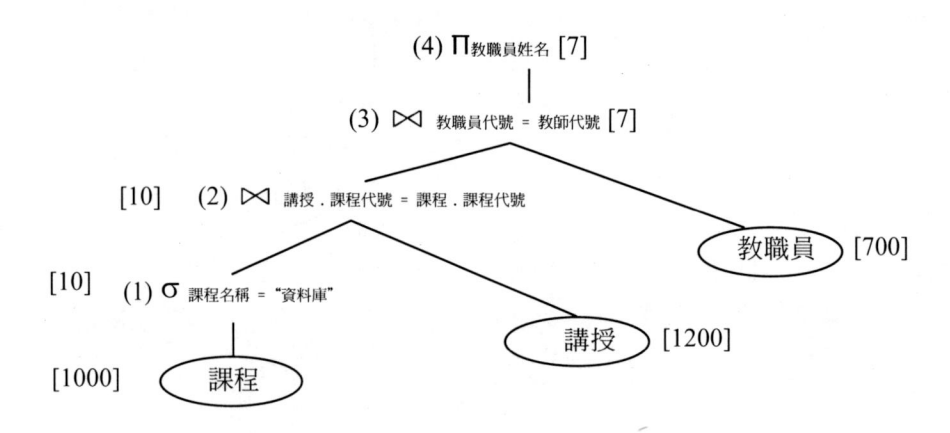

圖 7.18　利用聯結來表示的查詢樹

```
                    (6) Π 教職員姓名
                              │
                (5) ⋈ 教職員代號 = 教師代號
                    ╱                      ╲
             (3) *                   (4) Π 教職員姓名, 教職員代號
             ╱    ╲                         │
     (2) Π 課程代號   ( 講授 )            ( 教職員 )
          │
     (1) σ 課程名稱 = "資料庫"
          │
        ( 課程 )
```

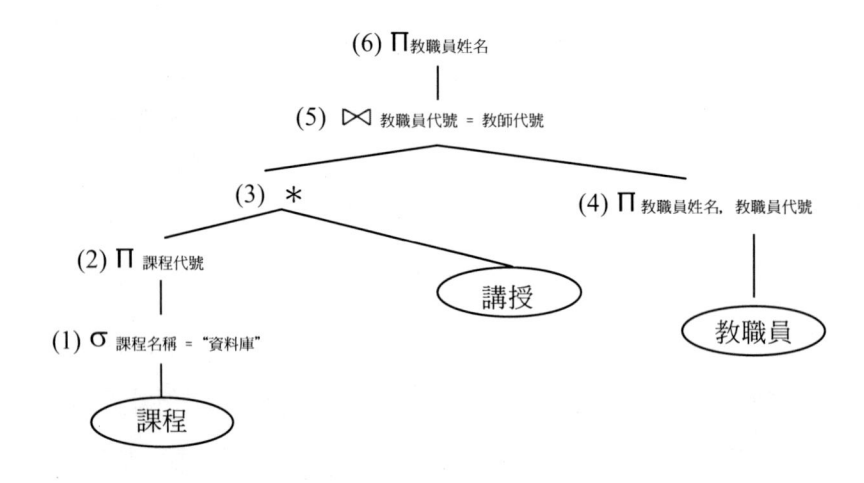

圖 7.19　加入投射操作後的查詢樹

性，所以在查詢處理時，我們可使用投射操作將其他不必要的屬性都消除掉。如此一來，查詢處理時，僅會產生尺寸很小的臨時性關係表；所以這個臨時性關係表可存於主記憶體中，而不必存放於磁碟上。換言之，查詢處理的速度將會被大量的提高。同時，由於「課程代號」是課程和講授關係表的共同屬性，所以我們可以將該 THETA 聯結變成自然連結。依據這個分析的結果，我們可以將圖 7.18 的查詢樹分別轉換成圖 7.19 的查詢樹。

7.4.2 關係式代數的基本轉換法則

在對關係式代數表達式做查詢最佳化處理時，我們會將原來的關係式代數查詢表達式轉換成另一個具有同等功能但更有效率的關係式代數查詢表達式，以增加查詢處理的速度。接下來，即為關係式代數表達式的一些基本轉換法則：

1. 對於選擇操作而言，當 <選擇條件> 是共結條件時，則原來的表達式可以被轉換成一連串的選擇操作：

$$\sigma_{<選擇條件\_1>AND<選擇條件\_2>AND...AND<選擇條件\_n>}(R)$$
$$= \sigma_{<選擇條件\_1>}(\sigma_{<選擇條件\_2>}(...(\sigma_{<選擇條件\_n>}(R))...))$$

2. 選擇操作具有交換性：

$$\sigma_{<選擇條件\_1>}(\sigma_{<選擇條件\_2>}(R)) = \sigma_{<選擇條件\_2>}(\sigma_{<選擇條件\_1>}(R))$$

將具有共結條件的選擇操作轉換成一連串單一的選擇操作主要目的是提供較大的**自由度** (degree of freedom)。因為當原來的查詢表達式被轉換成一連串的選擇操作後，最佳化處理器便能利用選擇操作的交換性，依照需要將個別的選擇操作移至適當的位置，調整其執行的順序，以增加查詢處理的效率。

3. 由於投射操作運算僅選出 <屬性名單> 中的屬性，所以當 <屬性名單_1> 的屬性都在 <屬性名單_2> 中的時候，下列式子會成立：

$$\Pi_{<屬性名單\_1>}(\Pi_{<屬性名單\_2>}(R)) = \Pi_{<屬性名單\_1>}(R)$$

在上述的轉換中，除了最外層的投射操作外，其他內層的投射操作皆可省略不做。從另外一個角度來看，在不影響查詢的結果下，我們也可以盡早執行其他的投射操作運算，將不必要的屬性都消除掉，以減小臨時性關係表的尺寸和增加查詢的效率。

4. 聯結操作和笛卡爾乘積操作都有交換性：

$$R_1 \bowtie R_2 = R_2 \bowtie R_1 \quad 和 \quad R_1 \times R_2 = R_2 \times R_1$$

雖然在 $R_1 \bowtie R_2$ 與 $R_2 \bowtie R_1$ 的查詢結果中，屬性排序的順序會不同，但是查詢結果的意識是相同的；而同樣的情形也發生在笛卡爾乘積操作中，所以我們說聯結操作和笛卡爾乘積操作都有交換性。

5. 投射操作與選擇操作間具有交換性：

- 當 <選擇條件> 的屬性都在 <屬性名單> 時，則

$$\Pi_{<屬性名單>}(\sigma_{<選擇條件>}(R)) = \sigma_{<選擇條件>}(\Pi_{<屬性名單>}(R))$$

- 如果 <選擇條件> 的屬性 $B_1, ..., B_n$ 不在 <屬性名單> 中，則

$$\Pi_{<屬性名單>}(\sigma_{<選擇條件>}(R)) = \sigma_{<選擇條件>}((\Pi_{<屬性名單>, B_1, ..., B_n}(R)))$$

6. 聯結操作 (笛卡爾乘積操作) 與選擇操作間具有交換性：

- 假如 <選擇條件> 的屬性都是關於 R_1 時，則

$$\sigma_{<選擇條件>}(R_1 \bowtie R_2) = \sigma_{<選擇條件>}(R_1) \bowtie R_2$$
$$\sigma_{<選擇條件>}(R_1 \times R_2) = \sigma_{<選擇條件>}(R_1) \times R_2$$

- 當<選擇條件> = <選擇條件_1> AND <選擇條件_2>，而且 <選擇條件_1> 的屬性都是關於 R_1 和 <選擇條件_2> 的屬性都是關於 R_2 時，則

$$\sigma_{<選擇條件>}(R_1 \bowtie R_2) = \sigma_{<選擇條件\_1>}(R_1) \bowtie \sigma_{<選擇條件\_2>}(R_2)$$

$$\sigma_{<選擇條件>}(R_1 \times R_2) = \sigma_{<選擇條件\_1>}(R_1) \times \sigma_{<選擇條件\_2>}(R_2)$$

在上述的轉換可知,我們可以盡早執行選擇操作運算,將不必要的列錄都盡早消除掉,以增加查詢處理的效率。換言之,這個轉換法則在使用啓發式做最佳化處理時,是一個非常有用的法則。

7. 投射操作與聯結操作 (笛卡爾乘積操作) 間具有交換性。設 <屬性名單>=<屬性名單_1>∪<屬性名單_2>,而且 <選擇條件_1> 的屬性都是關於 R_1 和 <選擇條件_2> 的屬性都是關於 R_2。

- 當聯結屬性都在 <屬性名單> 中,則

$$\Pi_{<屬性名單>}(R_1 \bowtie_{<聯結條件>} R_2)$$
$$= \Pi_{<屬性名單\_1>}(R_1) \bowtie_{<聯結條件>} \Pi_{<屬性名單\_2>}(R_2)$$

- 如果聯結屬性 $A_1, ..., A_m, B_1, ..., B_n$ 不在 <屬性名單> 中,而且屬性 $A_1, ..., A_m$ 都是關於 R_1 和屬性 $B_1, ..., B_n$ 都是關於 R_2 時,則

$$\Pi_{<屬性名單>}(R_1 \bowtie_{<聯結條件>} R_2)$$
$$= \Pi_{<屬性名單\_1>, A_1, ..., A_m}(R_1) \bowtie_{<聯結條件>} \Pi_{<屬性名單\_2>, B_1, ..., B_n}(R_2)$$

$$\Pi_{<屬性名單>}(\sigma_{<選擇條件>}(R)) = \sigma_{<選擇條件>}(\Pi_{<屬性名單>, B_1, ..., B_n}(R))$$

8. 聯集操作,笛卡爾乘積操作,聯集操作與交集操作彼此間具有關聯性:

$$(R_1 \theta R_2) \theta R_3 = R_1 \theta (R_2 \theta R_3)$$

但是由於差集操作子不具有交換性,所以 $R_1 - R_2 \neq R_2 - R_1$。

7.4.3 利用啓發式方法對關係式代數做最佳化處理的演算法

不論是用那一項法則來改寫原來的查詢表達式,其最基本也是最重

要的觀念就是那一個操作能產生最小的臨時性關係表就先執行該操作。依據這個觀念可以定出下列的轉換步驟：

1. 將具有共結條件的選擇操作轉換成一連串單一的選擇操作。

2. 在查詢樹中，依據選擇操作與其他操作間的交換性，將選擇操作盡量往下移，以便盡量提早執行選擇操作運算將不需要的列錄消除掉。

3. 依據各種操作間的關聯性，調整查詢樹的執行順序，讓限制條件較嚴格的操作先執行。

4. 避免直接執行笛卡爾乘積操作運算，用聯結操作來取代笛卡爾乘積操作。

5. 在查詢樹中，依據投射操作與其他操作間的交換性，將投射操作盡量往下移，以便盡量提早執行投射操作，將不必要的屬性都消除掉。

7.5 依據語意做最佳化處理

另一種最佳化處理的方式是依據資料庫本身的約束和語意將原來的查詢表達式換成另一個具有同等功能但卻較有效率的查詢表達式；而這種最佳化處理的方式被稱之為「**語意查詢最佳化處理**」(semantics query optimization)。在這裡，我們利用下面這個例題來對這種最佳化處理的基本觀念做簡單的介紹。

【範例 7.4】
假設在資料庫中，學生關係表主索引檔的排序鍵是「學生證號碼」且資訊系學生的學生證號碼都大於 851110。請依據此條件對下列的 SQL 表達式做最佳化查詢處理。

```
SELECT      學生姓名
FROM        學生
WHERE       主修 = "資訊"
```

由於資訊系學生的學生證號碼都大於 851110 而且學生關係表主索引檔的排序鍵是「學生證號碼」，此時我們可以將上述的查詢表達式轉換成：

```
SELECT      學生姓名
FROM        學生
WHERE       學生證號碼＞851110
```

在轉換後，我們就可以直接利用學生關係表的主索引檔找出資訊系的學生，而不必使用線性搜尋法來找出資訊系的學生。

7.6 摘　要

最佳化處理的最基本也是最重要的觀念就是盡量減少對磁碟存取的次數，並盡量使用主記憶體和中央處理器以增加查詢處理的效率。所以對資料庫查詢時，我們通常會利用索引來讀取資料，提高查詢效率。同時，在撰寫程式時要依據選擇操作與其他操作間的交換性，盡量提早執行選擇操作和投射操作將不需要的資料消除掉。盡量避免直接執行笛卡爾乘積操作運算，用聯結操作來取代笛卡爾乘積操作。依據各種操作間的關聯性，調整執行順序，讓限制條件較嚴格的操作先執行。

習　題

7.1. 在什麼情形下我們會採用 dense index？

7.2 說明為何使用 index 可以加快查詢的速度？

7.3. 為何 primary index 和 clustering index 不可以同時存在？

7.4 假設 R1 佔 20 個區段而 R2 佔 50 個區段，如果利用排序合併聯結方法來計算【R1 ⋈ R2】時，共需要讀取多少個區段？

7.5 說明最佳化處理基本的轉換原則。

7.6 (a)將下列 query 利用關係式代數表示。

(b)將 (a) 的關係式代數查詢表達式轉換成查詢樹。

(c)將 (b) 的查詢樹做最佳化處理。

```
SELECT   S.姓名
FROM     員工 S，部門 D，參加 W，計劃 P
WHERE    S.部門代號 = D.部門代號 and D.部門名稱 = "資訊" and
         S.ID = W.ID and W.計劃代號 = P.計劃代號 and P.計劃名
         稱= "X"
```

Chapter 8

並行控制

現代的資料庫系統都是多人可同時使用的系統，在此環境下，為確保資料的一致性，並行控制在資料庫系統中是非常重要的功能。而並行控制的技術發展又以**交易** (transaction) 的觀念為基礎。所以本文將先對交易的觀念做介紹，然後再討論在資料庫系統中並行控制的基礎理論。

8.1　交易處理

　　對於資料庫系統而言，一個交易是代表一個程式單元，其主要是用來處理或修改資料庫的內容。在執行交易時，確保資料一致性是一個非常重要的觀念。如果有資料不一致性的情形發生，則表示資料庫內含有錯誤的資料。所以對於每一個**交易作業系統** (transaction processing system) 而言，要維持資料一致性，每個交易都必須遵守 ACID 的特性：

1. **單元性** (atomicity)：一個交易是一個不可分的執行單元。在執行交易時，只有兩種情況會發生：該交易的每一個指令都被執行或該交易的指令沒有一個被執行。

2. **一致性** (consistency)：交易執行的結果，不會使資料庫違反任何的約束；當交易執行成功時，資料庫的狀態會從原先一致性的狀態更改到另一個一致性的狀態。當發生交易的結果違反任何的約束時，系統會取消該交易，資料庫的內容會回復到該交易執行前的狀態。

3. **隔離性** (isolation)：交易執行的結果，不會受其他同時進行的交易所影響。

4. **永久性** (durability)：當交易執行成功時，資料庫的內容會依照該交易的指示正確的修改，更改後的資料不會因為任何理由而遺失。

8.2　交易狀態 (Transaction State)

　　為維持資料一致性,使資料庫的內容保持在合法的狀態,當一個交易開始執行時,系統必須持續追蹤交易的過程,並將交易的過程記錄在**系統日誌** (system log) 中,此系統日誌必須存在於磁碟中。當交易執行失敗時,系統會自動的利用系統日誌中的記錄,將資料庫的內容回復到交易執行前的狀態。所以每個交易都必須具備下列之一的狀態:

1. **動作狀態** (active state):表示交易正在執行。

2. **部分確認狀態** (partially committed state):表示該交易已經執行完成最後一個指令。此時,交易的記錄可能存於主記憶體中,尚未寫入存於磁碟上的系統日誌中。

3. **確認狀態** (committed state):表示該交易已經執行完成了,同時,交易的過程已經完全的記錄在磁碟上的系統日誌。

4. **失敗狀態** (failed state):發現該交易無法正常執行,或該交易已經在部分確認狀態,但在執行把交易的記錄寫入磁碟上系統日誌的過程中,產生問題。

5. **結束狀態** (terminated state):表示該交易已經執行結束。

　　如圖 8.1 交易狀態圖所示,當一個交易要開始執行時,我們必須標示 BEGIN_TRANSACTION 這個記號,告訴系統這個交易要開始執行了;此時,這個交易便進入動作狀態。如果一個交易無法正常的執行時,該交易便直接由動作狀態進入失敗狀態。而當一個交易執行完成最後一個指令時,這個交易便進入部分確認狀態。若該交易的記錄已經完全的寫入磁碟上的系統日誌後,該交易狀態才能進入為確認狀態;若在執

```
          Begin              End
        Transaction       Transaction              Commit
            ──────▶ ( Active ) ──────▶ ( Partially  ) ──────▶ ( Committed )
                          │              Committed )              │
                          │                 │                     │
                       Abort             Abort                    │
                          │                 │                     │
                          ▼                 ▼                     ▼
                       ( Failed ) ──────▶ ( Terminated )
```

　　　　　　　　　　　　圖 8.1　交易狀態圖

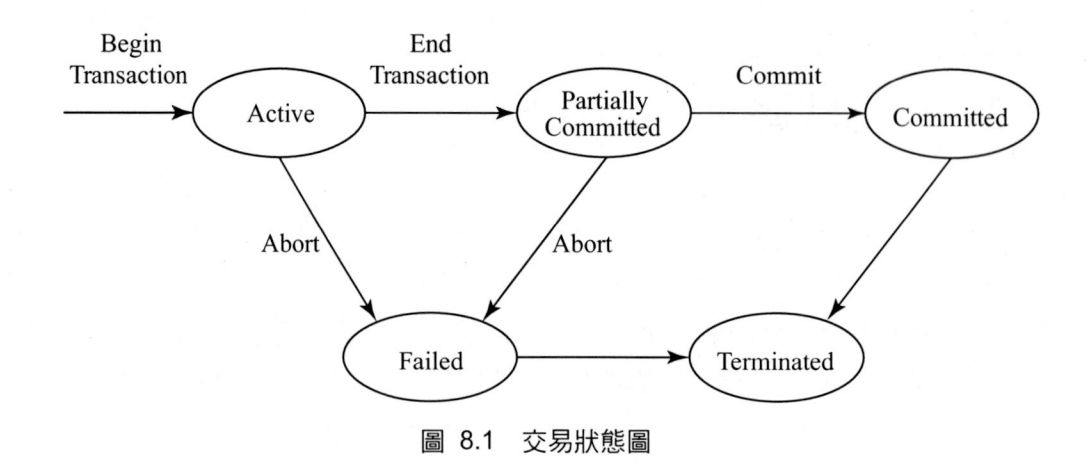

行把交易的記錄寫入磁碟上系統日誌的過程失敗，則該交易狀態會變成失敗狀態。最後，交易都會進入結束狀態，表示該交易已經執行結束。此時，我們也必須標示 COMMIT_TRANSACTION 這個記號，告訴系統這個交易要已經執行完成了。在撰寫 SQL Server7.0 資料庫應用程式時，我們是利用 BEGIN_TRANSACTION 和 COMMIT_TRANSACTION 這兩個記號來標示出每個交易執行的範圍。

　　當交易狀態為失敗狀態時，該交易便會被提早**中斷** (abort)，此時，系統的回復管理系統程式便會對該交易做**倒回操作** (rollback)，將資料庫內容回復到交易執行前一致性的狀態。在 SQL Server7.0 中，當交易產生問題時，資料庫應用程式是利用 ROLLBACK_TRANSACTION 這個指令告訴系統要執行倒回操作。

　　一個交易可能很複雜，也可能很簡單。下面這個例子是一個銀行轉帳的情形；我們要將 10000 元由 y 帳戶轉到 x 帳戶。其寫法為：

　　　　BEGIN_TRANSACTION
　　　　　　read(x);
　　　　　　read(y);
　　　　　　x := x + 10000;
　　　　　　y := y – 10000;

```
        write(x);
        write(y);
            if ERROR then ROLLBACK_TRANSACTION;
    COMMIT_TRANSACTION.
```

對上述的交易而言，只有當帳戶 x 和 帳戶 y 的存款都被更新後，該交易才算執行成功。如在執行過程產生錯誤，則該交易會被提早中斷。同時，該交易程式會利用 ROLLBACK_TRANSACTION 指令告知系統執行的回復工作，將帳戶內的存款改回交易前的狀態。

對資料庫系統而言，當我們要修改資料庫內容時，所有交易或程式的格式都希望是定義良好的**格式** (well-formed)。所謂定義良好的格式是指每個交易都是由 BEGIN_TRANSACTION 起頭，而由 COMMIT_TRANSACTION 結尾；而所有可能執行的結果都必須包含 COMMIT 或 ROLLBACK 的指令，以明確的告訴系統應採取何種對應的措施。

8.3. 為何需要並行控制

現代的資料庫系統都是多人可同時使用的操作系統，在此操作環境下，一個資料庫系統可能同時有許多程式或交易一起執行，對於同時進行的程式必須加以控制，否則會破壞資料庫的一致性。一般而言，當多個交易在並行執行時，最常見的三種問題分別為：**更新資料遺失的問題** (the lost update problem)，**讀取未確認值的問題** (read uncommitted value) 和**錯誤加總問題** (the incorrect summary problem)。現分述如下：

1. 更新資料遺失的問題：如圖 8.2(a) 所示，交易 A 和 B 分別於不同的時間讀取變數 x 的資料。但當交易 B 更新 x 的值後，交易 A 所更新 x 的值則遺失不見了。

2. 讀取未確認值的問題：此問題又稱之為 Dirty Read Problem。如圖

8.2(b) 所示，這問題發生在交易 B 所讀取的 x 值，是一個未經確認的值；當交易 A 執行失敗時，交易 B 所讀取的 x 值便是一個不存在的值，所以交易 B 會產生不正確的結果。此時，為確保資料庫的正確性，當交易 A 被 rollback 的同時，交易 B 也必須被 rollback；此種由於讀取未經確認的值，而造成連鎖 rollback 的現象，我們稱之為**連鎖倒回** (cascading rollback)。

3. 錯誤加總問題：假受帳戶 x 有 200 元，帳戶 y 有 50 元，交易 A 要將 100 元由 x 帳戶轉到 y 帳戶，而交易 B 則是在計算此兩個帳戶的總共餘額。如圖 8.2(c) 所示，此時由於交易 B 所讀取的資料 x 已被更新，而 y 的值卻未被更新，所以交易 B 所產生的結果 (150) 是錯誤的。

	A	B
	read(x)	⋮
	⋮	read(x)
時間	⋮	⋮
	write(x)	⋮
	⋮	write(x)
		⋮

(a)

	A	B
	write(x)	⋮
	⋮	read(x)
時間	⋮	⋮
	交易 A 執行失敗	
	rollback	

(b)

	A	B
	read(x)	
	x := x − 100	⋮
時間	write(x)	⋮
		read(x)
		read(y)
		Sum = x + y
	read(y)	
	y := y + 100	
	write(y)	

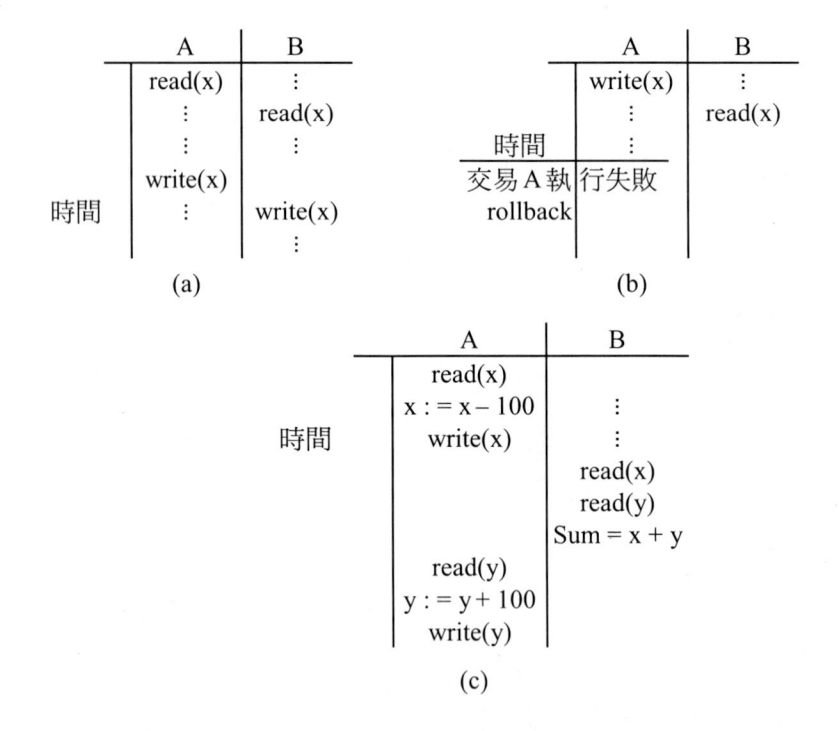

(c)

圖 8.2　(a) 更新資料遺失的問題；
　　　　(b) 讀取未確認值的問題；
　　　　(c) 錯誤加總問題

8.4 排程的序列化能力 (Serializability of Schedules)

當同時有許多交易在並行執行時,這些交易中每個指令的執行先後順序,我們稱之為**排程** (schedule)。如果排程不會破壞每個交易原來指令執行的先後順序,則此排程是一個合法的排程;否則,則是一個不合法的排程。對一個不合法的排程而言,其執行結果可能會產生錯誤。每個排程都包含了許多的交易,若在執行時,每個交易的指令都集中在一起執行,**無交錯** (interleaved) 執行情況產生,則此排程被稱為**序列排程** (serial schedule)。而所有的序列排程都是合法的排程。對於 n 個交易而言,就有 n! 個合法的序列排程。例如,對於 T_1 和 T_2 兩個交易而言,其合法的排程分別為 T_1T_2 和 T_2T_1,其中 T_1T_2 表示先執行完 T_1 後,再執行 T_2。

為提高系統的執行效率,系統通常允許交易以交錯方式或並行方式執行時,這時候,其排程的組合將比 n! 個還要多。由於在此種排程中,各交易指令會以交錯方式執行,所以這種排程被稱為**非序列排程** (non-serial schedule)。因為非序列排程的執行結果可能會產生錯誤,所以並不是每個非序列排程都是合法的排程。例如,圖 8.2(c) 的非序列排程,便產生錯誤的執行結果。

在本文,我們將利用**衝突相等** (conflict equivalent) 的觀念來辨別非序列排程的正確性。在同一個排程中,對同一個資料項目 x 而言,每個交易中指令 write(x) 都與其他交易的 write(x) 和 read(x) 指令相衝突。所以當兩個排程是衝突相等的話,則在這兩個排程中,所有相衝突指令的執行順序都是一樣的。依據衝突相等的觀念可知,對含有 n 個交易的非序列排程,如果該排程與 n! 中某一個序列排程是衝突相等,則該排程是一個合法的排程。同時,此排程被稱為可衝突序列化的排程或具有序列能力的排程。

要測試一個排程是否具有序列能力，我們可利用有方向性的**優先次序圖** (precedence graph) 來測試。這種圖形是用 G = (V, E) 來表示，V 代表節點，E 代表有方向性的連線。在優先次序圖中，每個節點代表一個交易，每條方向性的連線，$T_1 \rightarrow T_2$，代表交易 T_1 必須在交易 T_2 之前先執行。連線判斷方式為：依執行先後順序而言，若 T_1 的某一個指令與 T_2 的某個指令產生衝突時，若 T_1 的指令先執行，則 $T_1 \rightarrow T_2$；否則 $T_2 \rightarrow T_1$。當所畫出的圖形中含有**迴路** (cycle) 時，則表示該排程不具有序列能力；反之，如果該圖形中不含有迴路時，則表示該排程具有序列能力。例如，圖 8.3 所示。圖 8.3(a) 的圖形中含有迴路，所以該排程無法做序列處理；而圖 8.3(b) 則具有序列能力。

試考慮圖 8.4(a) 的排程，此排程包含兩個交易，在圖中我們只展示兩種重要的操作指令 (read 和 write)。在此排程中，由於 T_1 的 write(x) 與 T_2 的 read(x) 相衝突，且 T_1 的 write(x) 在 T_2 的 read(x) 之前先執行，所以在優先次序圖中，我們可得 $T_1 \xrightarrow{x} T_2$；依此類推，我們可畫出圖 8.4(b) 的優先次序圖。由於這個圖形包含迴路，所以此排程不具有序列能力。

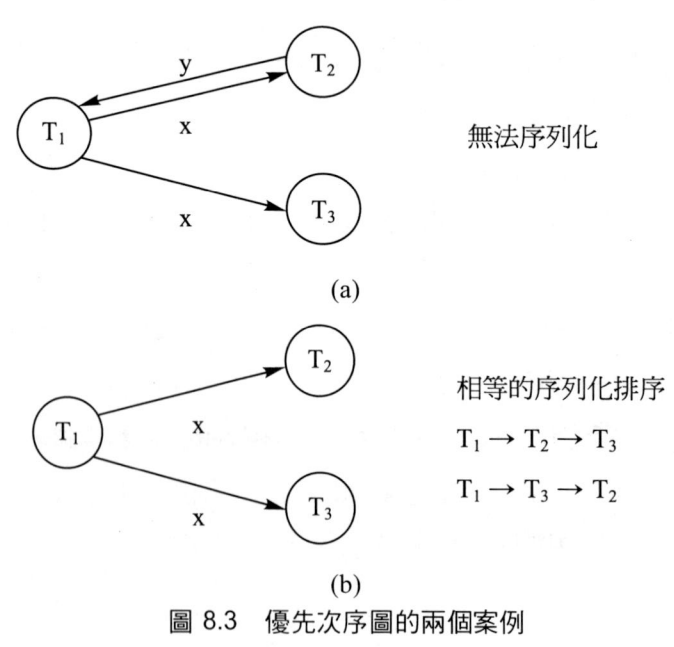

圖 8.3　優先次序圖的兩個案例

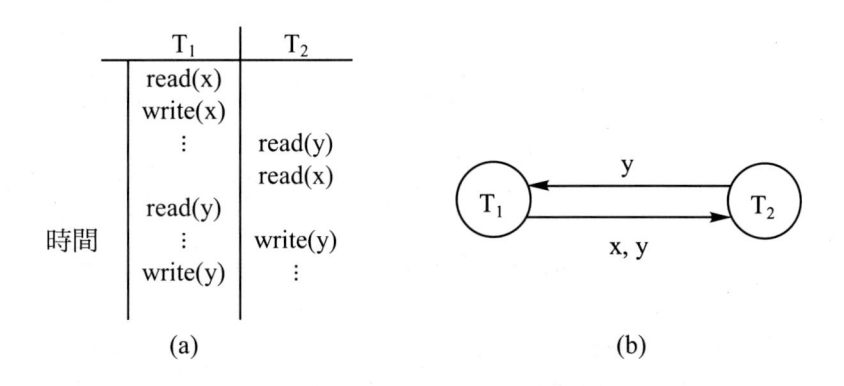

```
         T₁        T₂
       read(x)
       write(x)
         ⋮       read(y)
                 read(x)
       read(y)
  時間    ⋮       write(y)
       write(y)    ⋮
         (a)
```

圖 8.4　(a) 含兩個交易的排程；(b) 其相對的優先次序圖。

　　但當交易不斷的送入系統執行時，我們很難去判斷何時去執行測試，來判別這些交易執行的結果是否正確。更何況，如果已經有許多交易執行完成，而我們到最後才去執行測試這些交易的結果是否滿足序列化的要求的話，若不滿足，則這些交易都必須取消；而這將是一個非常嚴重的問題。所以利用優先次序圖去測試排程的結果是非常不符合實際的要求。所以所有商業性的 DBMS 都不是使用這種方式來做的，而是利用某些協定來做並行控制，以確保執行結果一定能滿足序列化的要求。目前，在這些協定中最常見的是兩階段鎖定協定，我們將在 8.5 節介紹此一協定。

8.5　兩階段鎖定協定 (two-phase locking protocol, 2PL)

　　兩階段鎖定協定是靠**鎖定** (locked) 的動作來確保排序的序列能力。**最基本的兩階段鎖定協定** (basic 2PL) 要求每個交易都必須在兩個不同的階段分別申請鎖定和**放棄鎖定** (unlock)，這兩個階段分別為：

1. **成長階段** (growing phase)：此階段為兩階段鎖定協定的第一個階段。在此階段的交易只能申請鎖定而不能夠放棄鎖定。

A	B
read_lock(x)	read_lock(y)
read(x)	read(y)
write_lock(x)	write_lock(y)
write(x)	write(y)
read_lock(y)	unlock(y)
read(y)	
write_lock(y)	
unlock(x)	
write(y)	⋮
unlock(y)	

(a)

A	B
read_lock(x)	read_lock(y)
read(x)	read(y)
write_lock(x)	write_lock(y)
write(x)	write(y)
unlock(x)	unlock(y)
read_lock(y)	
read(y)	
write_lock(y)	
write(y)	
unlock(y)	

(b)

圖 8.5　(a) 使用兩階段鎖定協定的排程；
　　　　(b) 未使用兩階段鎖定協定的排程

2. **收縮階段 (shrinking phase)**：此階段為兩階段鎖定協定的最後第一個階段。在此階段的交易只能放棄鎖定而不能夠申請鎖定。

每個交易在成長階段時，可依需求對任何資料申請鎖定；但是，一旦該交易執行第一個放棄鎖定的動作後，該交易便進入收縮階段，不可以再申請任何的鎖定，而僅能執行放棄鎖定的動作。在圖 8.5 中，圖 8.5(a) 的排程使用兩階段鎖定協定，但圖 8.5(b) 的排程則未使用兩階段鎖定協定。使用兩階段鎖定協定能確保排序的序列能力，但無法避免**死鎖** (deadlock) 和連鎖倒回現象的發生。由於連鎖倒回的現象是一個很麻煩的問題，所以在實際運用上，在兩階段鎖定協定中，我們通常會要求直到交易已經**確認** (commit) 或提早**中斷** (abort) 後，才可以放棄鎖定，如此一來，就可以避免連鎖倒回的現象的發生。而這種協定我們稱之為**嚴格的兩階段鎖定協定** (Strict 2PL)。

8.6 交易在 SQL Server7.0 的執行情形

在一般的商業性 DBMS 中,都會自動強迫執行某種並行控制的協定,以確保資料的正確性。例如在 Microsoft SQL Server7.0 中,交易的執行會自動的依照兩階段鎖定協定而執行;同時,當交易要讀取資料時,SQL Server7.0 也會自動的鎖定所需讀取的資料。

當我們利用 SQL 指令中的 INSERT、UPDATE、DELETE 對資料庫中的資料作異動時,通常都是一次執行一個 SQL 指令。所以,當這個 SQL 指令執行完後,它對資料庫的改變便已完成,並不會因為下一個 SQL 指令的執行成功與否而影響到此次 SQL 指令的執行。雖然,這樣已經符合大部分應用程式設計的需求,但是在某些特殊情況下卻不適用,例如,在一些應用程式設計時,必須將數個 SQL 指令視為一個群體,亦只有程式執行到最後一個 SQL 指令都成功時,才算這整筆的異動成功;而只要這一群體內有一個 SQL 指令執行不成功,之前已經執行過的 SQL 指令皆不算數,資料庫必須回復到異動前的內容。因此像這樣"同生共死"的特性我們便稱為一個交易。

【範例 8.1】

假設某家公司在 'O001' 這張訂單中,出貨 'T001' 這項產品 1000件到客戶那裡,這時我們除了在訂單明細中更新這筆記錄,將該產品的已訂未交數量減 1000 外,同時還要將該產品的庫存數減 1000,由於這兩個異動必須一起執行,否則有可能造成該產品的庫存數目不對,也唯有這兩個異動都執行成功,整個交易才算成功,請依據此條件,寫出 SQL 指令。

由於 Microsoft SQL Server7.0 支援標準查詢語言── **SQL** (Structured Query Language),因此我們只要以 BEGIN TRAN 和 COMMIT TRAN 定義一交易處理便可。其 SQL 指令如下:

```
BEGIN TRAN
UPDATE 訂單明細
SET  數量 = 數量 – 1000
WHERE 訂單編號 = 'O001' AND 產品編號 = 'T001'
IF @@ERROR != 0
   BEGIN
      PRINT '異動訂單明細時產生錯誤 !!'
      RETURN
   END

UPDATE 庫存基本檔
SET 庫存數量 = 庫存數量 – 1000
WHERE 產品編號 ='T001'

IF @@ERROR != 0 OR @@ROWCOUNT = 0
   BEGIN
      ROLLBACK TRAN
      PRINT    '異動庫存基本檔時產生錯誤 !!'
      RETURN
   END
COMMIT TRAN
```

8.6.1 交易在 Visual Basic 的執行情形

　　介紹到交易在 Visual Basic 的執行情形之前，我們必須先了解到 Visual Basic 關於資料庫程式撰寫方面，究竟是如何與 SQL Server 資料庫作連結的，了解這些基本原理之後，才能對"交易"有所認識。由於在 Visual Basic 程式設計當中，與資料庫連結有許多種方式，其中對於初學者而言，最容易入門的就屬於 **ADODC** (ADO Data Control) 了，由於 ADODC 是屬於資料感知物件，因此只要設定一些與資料庫連結的屬性 (如：連線來源、認證資訊、資料錄來源等)，不論是要開啟現有資料庫或是要新增、刪除、修改、查詢資料，這些程式的撰寫均非常容易。

通常 ADODC 都會搭配其他一些資料感知物件 (例如：DataGrid、DataCombo 或 DataList) 一起使用，以便於程式介面的設計與程式撰寫，所以下一步驟只要設定好這些資料感知物件與 ADODC 之間連結的屬性 (如：資料來源、資料欄位等)，一旦設定好這些資料感知物件與 ADODC 之間的連結後，那麼我們就建立好所有的連結關係，所有關於連結的屬性設定方式請讀者參閱第九章，其他細節方面，還請讀者自行參閱坊間關於 Visual Basic 資料庫程式設計的相關書籍。

我們以本書所附贈的 VB 範例程式為例，其中"訂單管理作業"便是以 ADODC 的方式來撰寫程式的，以這種方式撰寫的優點是程式碼較為簡潔，且資料能夠即時更新；但是缺點就是僅適合一般簡單的程式設計，對於一些較為複雜的程式則較不適合，例如：ADODC 通常適合一個 SQL 指令的執行，因為不論是資料新增 (ADODC.Recordset.AddNew)、刪除 (ADODC.Recordset.Delete)、修改 (ADODC.Recordset.Update)，均只要一行程式碼就可以，而且這一次交易成功與否均與其他指令無關，但是如果要牽涉到一次交易要同時執行兩個以上的 SQL 指令時，ADODC 就較不適合了。

第二種與資料庫連結的方式就是 ADO (ActiveX Data Objects) 方式，介紹 ADO 之前，我們首先要對 ADO 的結構有所了解才行，ADO 結構如下所示：

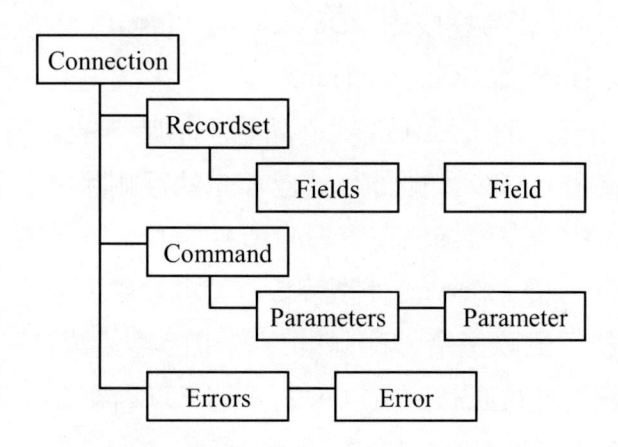

```
Connection
├── Recordset
│   └── Fields ── Field
├── Command
│   └── Parameters ── Parameter
└── Errors ── Error
```

由上面結構圖我們可以清楚地看到，一次**連結** (Connection) 只能包含一個**資料錄** (Recordset) 和一個**命令** (Command)，因此對於"交易"而言，在 ADO 方式指的就是在一次連結，對於一個資料錄所執行的一個命令。但是如果一個交易要執行兩個以上的 SQL 指令時，這時候就必須將每一個 SQL 指令視為一個參數，將每個 SQL 指令組合起來，再一起執行一個命令。當然，這個命令包括這些多個 SQL 指令所組合起來的參數群，因此，以這種方式便能處理一次"交易"執行多個 SQL 指令了。

我們以本書所附贈的 VB 範例程式為例，其中"客戶資料設定"和"產品資料設定"便是以 ADO 的方式來撰寫程式的，以這種方式撰寫的缺點是程式碼較為複雜繁瑣，而且資料不能夠即時更新；但是優點就是適合一些較為複雜的程式，例如：ADO 通常執行一個 SQL 指令，因為不論是資料新增 (Set Recordset = Connection.Execute ("Insert Into Table_name Values …"))、刪除 (Set Recordset = Connection.Execute ("Delete from Table_name …"))、修改 (Set Recordset = Connection.Execute ("Update Table_name Set …"))，均要寫非常長的 SQL 指令程式碼，但是如果要牽涉到一次交易要同時執行兩個以上的 SQL 指令時，ADO 就非常適合了。

例如，我們為了顯示出一次交易同時執行兩個以上的 SQL 指令的"交易"觀念，我們把"客戶資料設定"的"編輯"程式指令碼 (如圖 8.6 所示) 和"產品資料設定"的"編輯"程式指令碼 (如圖 8.7 所示)，以一個 "Update" 指令換成先 "Delete" 再 "Insert" 兩個指令的方式，將其放在 BeginTrans 和 CommitTrans 當中，來闡述交易"同生共死"的觀念。讀者如有興趣可以在編輯產品基本檔時，故意將最後一項"單價"欄位輸入文字 'ABC'，雖然程式已經先執行刪除指令了，但是執行到新增指令時，由於單價欄位在資料庫所宣告的型態是數字型態，我們卻輸入文字型態，SQL Server 作型態檢查時會發生型態不合的錯誤，這時候雖然之前執行刪除指令被刪除的資料也因為錯誤而執行 RollbackTrans 將刪除的資料恢復原狀。所以，先 DELETE 再 INSERT 這兩個指令都會同生共死，要死大家一起死，要活大家一起活喔。

```
OpenDatabase    '開啟資料庫

cn.BeginTrans    '開始 Transaction

On Error Resume Next    '先忽略 Transaction 所產生的錯誤,再回復資料
' 建立 Recordset 物件:利用 Connection 物件的 Execute 方法將 SQL 指令執行結
' 果存在 Recordset 中
' 格式:set [Recordset 物件名]=[Connection 物件名].Execute(SQL指令)

Set rs = cn.Execute("Update 客戶基本檔 Set 客戶名稱='" & 客戶名稱 & "',客戶簡
稱='" & 客戶簡稱 & "',電話='" & 電話 & "',傳真='" & 傳真 & "',地址='" & 地址
& "',國別='" & 國別 & "',備註='" & 備註 & "',建檔日期='" & 建檔日期 & "'
Where 客戶編號='" & 客戶編號 & "'")

If Err <> 0 Then
    cn.RollbackTrans    '若失敗則取消 Transaction,回復資料
    Answer = MsgBox("修改客戶編號 [" & 客戶編號.Text & "] 失敗", vbOKOnly)
    客戶名稱.SetFocus
    Exit Sub
End If

cn.CommitTrans    '若成功則 Commit Transaction,真正更新資料進資料庫

CloseDatabase    '關閉資料庫
```

圖 8.6 "客戶資料設定" 的 "編輯" 程式指令碼

```
OpenDatabase              '開啟資料庫


cn.BeginTrans             '開始 Transaction


On Error Resume Next      '先忽略 Transaction 所產生的錯誤，再回復資料
' 建立 Recordset 物件：利用 Connection 物件的 Execute 方法將 SQL 指令執行結果
' 存在 Recordset 中
' 格式：set [Recordset 物件名]=[Connection 物件名].Execute(SQL 指令)

SqlStr = "Delete From 產品基本檔 Where 產品編號='" & 產品編號 & "';"
SqlStr = SqlStr & "Insert Into 產品基本檔(產品編號,單價,單位,內容,備註) Values('" & 產品編號 & "','" & 單價 & "','" & 單位 & "','" & 內容 & "','" & 備註 & "')"
Set rs = cn.Execute(SqlStr)


If Err <> 0 Then
    cn.RollbackTrans   '若失敗則取消 Transaction，回復資料
    Answer = MsgBox("修改客戶編號 [" & 客戶編號.Text & "] 失敗", vbOKOnly)
    客戶名稱.SetFocus
    Exit Sub
End If


cn.CommitTrans            '若成功則 Commit Transaction，真正更新資料進資料庫


CloseDatabase             '關閉資料庫
```

圖 8.7 "產品資料設定" 的 "編輯" 程式指令碼

8.6.2 交易在 Active Server Page 的執行情形

在 ASP 範例程式當中，為讓讀者試驗 Transaction 的威力，特別將判斷單價是否為數字的判別式取消，讀者可以在輸入訂單明細時故意將最後一樣產品單價欄位輸入文字 'ABC'，則資料庫更新發生錯誤時 Transaction RollBack 所有應該已經被刪除的資料都會恢復原狀 (包含訂單基本檔資料)，就和沒修改過一樣，所有這張訂單資料都會同生共死喔。"訂單修改步驟一" 的原始碼如圖 8.8 所示。

```
On Error Resume Next            '*** 忽略錯誤

SQL="Select * From 客戶基本檔 Where 客戶編號=' "&CustomerNo&" ' "
Set RS1=conn.Execute(SQL)

'*** 建立新的 Connection 物件以供 Transaction 使用

Set Tr_conn=Server.CreateObject("ADODB.Connection")
Tr_conn.open "資料庫管理系統","sa"

Tr_conn.beginTrans              '***   開始 Transaction

'**********************************************************************
'***
'*** 利用 新的 Connection物件 建立 Recordset 物件，準備修改資料
'***
'***              修改 訂單基本檔 資料
'***
'**********************************************************************

    Set SaveOrderRS=Server.CreateObject("ADODB.Recordset")

    sqlstr1="Select * From 訂單基本檔 Where 訂單編號='"&SCNO&"'"
```

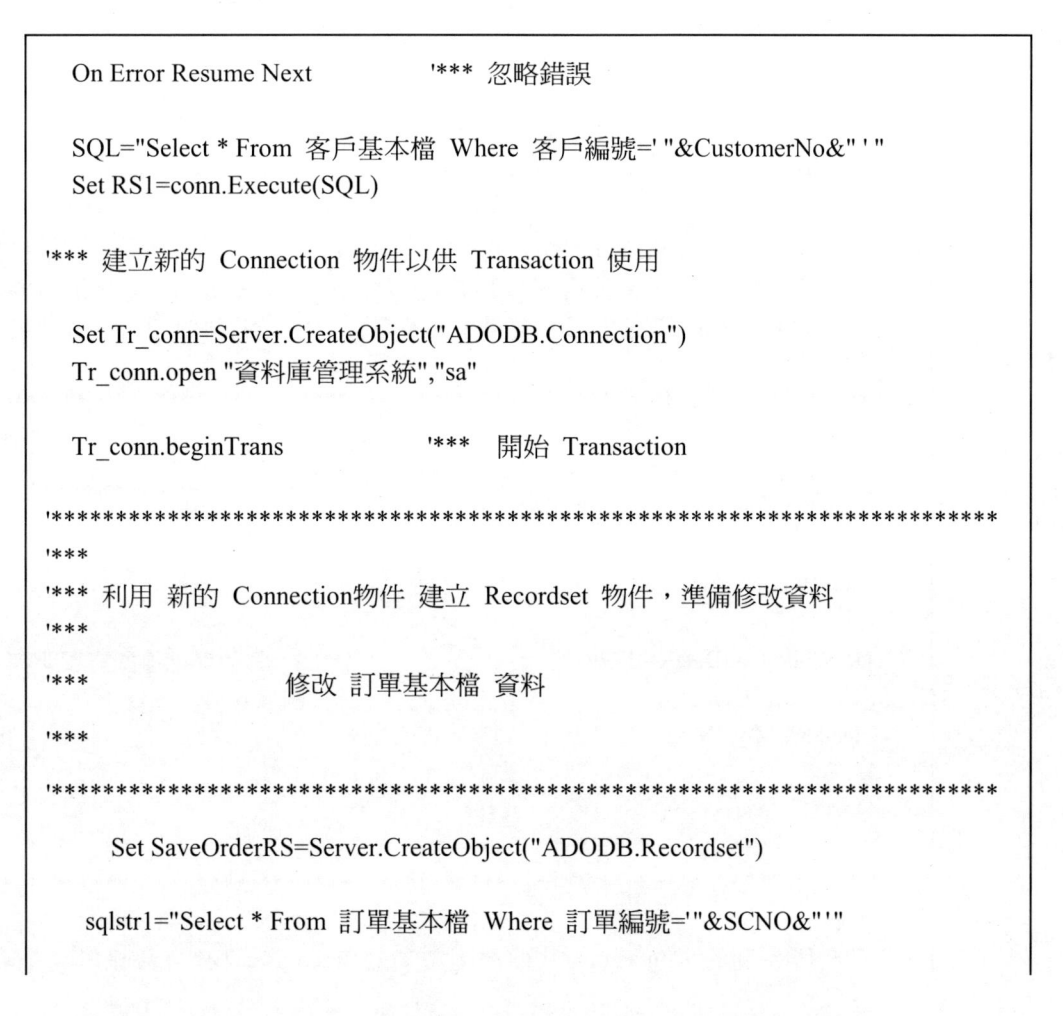

圖 8.8 "訂單修改步驟一" 的 "修改" 程式指令碼

```
'*** 尋找要修改的資料
    SaveOrderRS.open sqlstr1,Tr_conn,2,2        '*** 避免錯誤,指標類型為
                                                '*** adOpenDynamic(=2)
                                                '*** 採取 悲觀鎖定(=2)
    SaveOrderRS("日期")=OrderDate               '*** 鎖定開始
    SaveOrderRS("客戶編號")=CustomerNo
    SaveOrderRS("客戶名稱")=RS1("客戶名稱")
    SaveOrderRS("客戶地址")=RS1("地址")
    SaveOrderRS("國別")=RS1("國別")
    SaveOrderRS("交期")=DELIVERY
    SaveOrderRS.Update                          '*** 更新資料、解除鎖定
    SaveOrderRS.Close

    no=0

'*****************************************************************
'***
'*** 利用 新的 Connection物件 再建立新的 Recordset 物件,準備刪除資料這部
'*** 分是用來確保資料庫內容的正確性,尤其在 Web 資料庫新增資料時不會因為
'*** USER 多按了幾次『重新整理』而多增加了重複的資料,或產生其他錯誤
'***
'*****************************************************************

    Set DataRS=Server.CreateObject("ADODB.Recordset")
    sqlstr2="Select * From 訂單明細 where 訂單編號='"&SCNo&"' "

    DataRS.open sqlstr2,Tr_conn,2,2

    Do While Not DataRS.EOF                     '*** 一筆筆開始刪除訂單明細
      DataRS.delete                             '***刪除資料
      DataRS.MoveNext
    LOOP
    DataRS.close

'*****************************************************************
'***
'*** 利用 新的 Connection 物件 再建立新的 Recordset 物件,準備新增資料
```

圖 8.8 (續)

```
'***
'***                  新增 訂單明細
'***
'*** 為何要刪除全部資料再新增,而不直接一筆筆更新訂單明細?
'***  理由:1.方便:更新資料狀況有時是 插入一筆新資料、有時刪除一筆資料、
'***            有時是更新,若不這樣作就要一筆筆判斷.... 麻煩!
'***       2.正確:只要將要的資料讀出來,資料庫相關訂單明細資料全部刪
'***            除,加上新增資料,一起全部新增回去就是所有正確資料
'***            了,不會有重複或遺漏的情形。
'***       3.實驗:為了驗證 Transaction Rollback 給大家瞧瞧
'***
'**********************************************************************

Set SaveDataRS=Server.CreateObject("ADODB.Recordset")
sqlstr3="訂單明細"
SaveDataRS.open sqlstr3,Tr_conn,2,2

For order=1 to Request.Form("order").count      '*** 排列順序 1 2 3 4 .
  For n=1 to Request.Form("order").count         '*** 資料順序
    IF cint(Request.Form("order")(n))=order Then  '*** 當排列順序=資料順序
     IF Request.Form("ItemNo")(n)<>"0" Then       '*** 資料有無使用
      no=no+1
      SQL="Select * From 產品基本檔 Where 產品編號=' "&Request.Form
          ("ItemNo")(n)&" ' "
      Set ItemRS=Conn.Execute(SQL)
      SaveDataRS.AddNew                     '*** 新增資料
      SaveDataRS("編號")=no
      SaveDataRS("訂單編號")=SCNo
      SaveDataRS("產品編號")=ItemRS("產品編號")
      SaveDataRS("內容")=ItemRS("內容")
      SaveDataRS("數量")=Request.Form("Quantity")(n)
      SaveDataRS("單位")=ItemRS("單位")
      SaveDataRS("單價")=Request.Form("PRICE")(n)
      SaveDataRS.Update         '*** 此處若採批次樂觀鎖定則為 UpdateBatch
```

圖 8.8 (續)

```
            END IF           '** 資料有無使用       '*** 並將之移到迴圈外面
          END IF             '** 當排列順序=資料順序
         Next                '** 資料順序
        Next                 '** 排列順序 1 2 3 4．

        SaveDataRS.Close

        IF Err<>0 Then
          Tr_conn.RollBackTrans              '*** 訂單修改失敗，Transaction RollBack
          Session("Message")="修改失敗！"    '*** 所有異動恢復原狀
        ELSE
          Tr_conn.CommitTrans                '*** Transaction Commited 正式寫入資料庫
          Session("Message")="修改完成！"
        END IF

        Tr_conn.close
        On Error Goto 0                      '*** 恢復錯誤偵測

        All="/訂單/訂單管理.ASP"
        Response.redirect ALL

      END IF
     %>
```

圖 8.8 （續）

習　題

8.1　說明為何 transaction 要滿足 ACID 的特性？

8.2　什麼是可序列化的排程？

8.3　什麼是兩階段鎖定協定？採用兩階段鎖定協定時，會不會有死結現象發生？會不會有連鎖倒回現象發生？如果有，要如何避免連鎖倒回現象發生？

8.4 利用優先次序圖來辨別圖 8.9 的排程是否具有序列能力？利用優先次序圖來辨別排程是否具有序列能力是否實際？說明理由。

```
         T₁      T₂      T₃      T₄
時間     R(a)
         W(a)
                         R(a)
                         W(a)
                                 R(a)
                                 W(a)
                                 R(b)
                                 W(b)       R is Read
                                            W is Write
                 R(b)
                 W(b)
                 R(c)
                 W(c)
         R(c)
         W(c)
```

圖 8.9

8.5 在多人可同時使用的環境下，使用 VB 所提供的控制元件 ADODC 修改資料庫內容是否會發生問題？請舉例說明。

8.6 經由 DataGrid 所產生的畫面去修改資料庫內容是否會發生問題？請舉例說明。

8.7 當一個交易同時存取多個資料庫時，該交易要在什麼情況下才算 COMMIT？

8.8 當一個交易同時存取多個資料庫時，資料庫管理系統要怎樣做才能確認該交易是否 COMMIT。

Chapter 9

Visual Basic 使用者介面設計

在第五章我們曾經介紹到 Microsoft SQL Server7.0 關係式資料庫，並且以客戶訂購產品為一簡單案例來進行探討。藉由第五章我們已經學會在 SQL Server7.0 當中如何建立一個資料庫、如何建立一個表格、如何設定主鍵或是複合鍵、如何設定完整性約束，以及如何建立表格之間的關聯性（設定外鍵）。在第七章我們亦學會在 Microsoft SQL Server7.0 關係式資料庫中如何去建立索引以加速查詢的速度，上述兩章均是關於 Server 端的管理與設定。而在第八章當中，我們已經藉由"交易"的觀念，大概的提到 Client 端如何與 Server 端上的資料庫作連結，在本章當中我們將會繼續探討這個問題。此外，在本章當中我們還要介紹關於 Client 端使用者介面的設計，與程式撰寫方面的探討，至於 Visual Basic 其他細節方面，還請讀者自行參閱坊間關於 Visual Basic 的相關書籍。

我們繼續探討客戶訂購產品這個案例，在第五章，我們已經建立一個客戶基本檔、一個產品基本檔、一個訂單基本檔與一個訂單明細。問題是這些資料都存放在 SQL Server 一個叫做"資料庫管理系統"的資料庫上，在 Visual Basic 程式當中我們如何連接上它和使用它呢？記得在第五章最後我們曾經探討過 SQL Server 與主從式架構之間的關係，當中所提到的中介程式（OLE DB 或 ODBC）就是負責連接資料庫這件事，我們以本書所附的範例程式為例，來探討 ODBC 如何設定。

首先，ODBC 設定之前，我們必須先確定所要連結的資料庫"資料庫管理系統"是否已經建立。讀者若尚未建立"資料庫管理系統"這個資料庫，可以先將我們所附贈的"資料庫管理系統_VB範例"程式，整個目錄複製到 C 碟的根目錄，再按照下列步驟，將我們所附的"資料庫備份"直接還原回去。

1. 進入 Enterprise Manager (開始→程式集 (P) →Microsoft SQL Server7.0→ Enterprise Manager) 後，首先，選取所要建立資料庫的伺服器，點選 "+" 將其展開，在 "Database" 項目下按滑鼠右鍵，於出現的功能選單中

選取 "New Database"，我們將看到如圖 5.1 所示的畫面。接著，我們在 "Name:" 欄位上輸入資料庫名稱 "資料庫管理系統"，再按 "確定"。

2. 在 "資料庫管理系統" 項目下按滑鼠右鍵，於出現的功能選單中選取 "All Tasks ▶" 再選取 "Restore Database…"，接著，我們在 "Restore:" 欄位上點選 "From device"，我們將看到如圖 9.1 所示的畫面。再按 "Select Devices…"，我們將看到如圖 9.2 所示的畫面。

3. 接著，點選 "Add…"，接著在 "File name：" 填入 "C:\ 資料庫管理系統_VB 範例\資料庫備份"，我們將看到如圖 9.3 所示的畫面，然後再點選 "OK"，接著點選 "OK"。

4. 回到如同圖 9.1 所示的畫面後，點選 "Options" 頁籤，我們將看到如圖 9.4 所示的畫面。接著在 "Force restore over existing database" 前打 ✓，然後在 "Move to physical file name" 欄位，將 Data 和 Log 的檔案路徑變更到您電腦上面 SQL Server 所存放的位址 (例如：您電腦上面 SQL Server 所存放的位址為 C:，則將兩個 H 均改為 C)，最後點選 "確定" 即可。

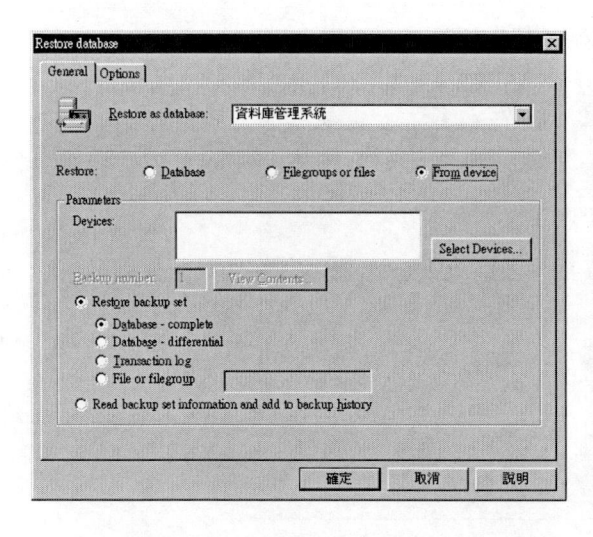

圖 9.1　選擇從裝置復原資料庫 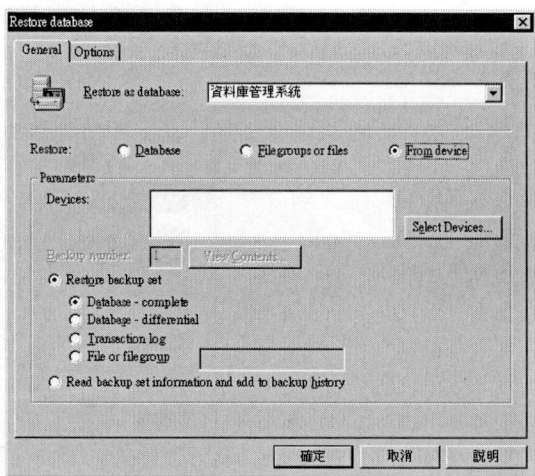　　圖 9.2　選擇從硬碟新增復原資料庫裝置

269

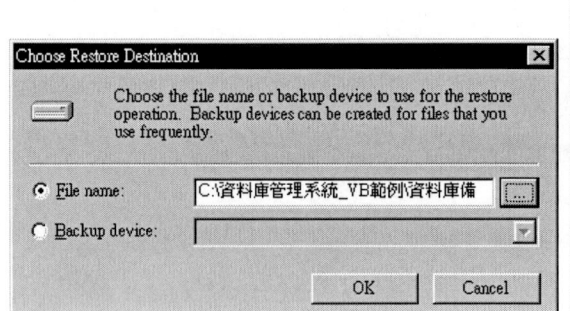

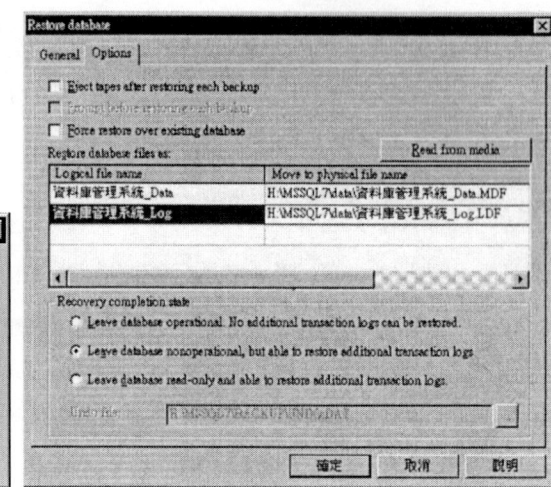

圖 9.3　選擇備份的檔案路徑　　　圖 9.4　選擇以強迫地方式覆蓋存在的資料庫

9.1　如何設定ODBC

1. 首先，點選開始→設定(S)→控制台(C)，我們將看到如圖 9.5 所示畫面。

圖 9.5　進入控制台

第九章　Visual Basic 使用者介面設計

2. 接著，點選 "ODBC 資料來源"，接著點選 "系統資料來源名稱"，我們將看到如圖 9.6 所示的畫面。

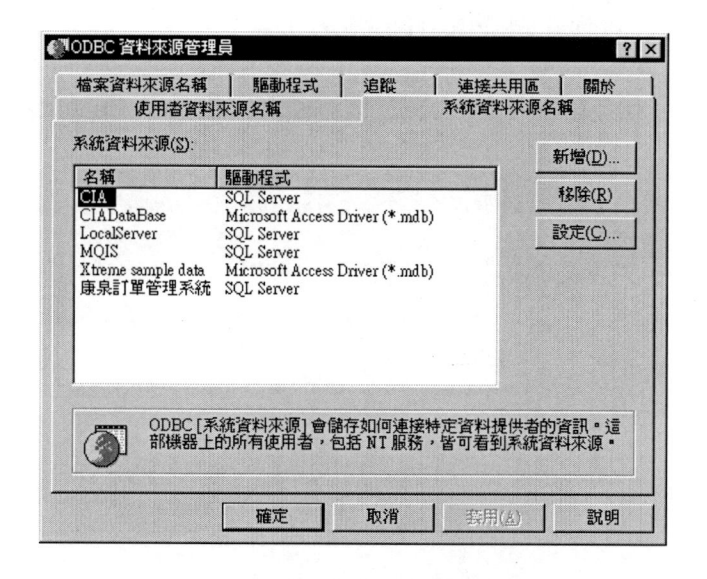

圖 9.6　進入 ODBC 資料來源管理員

3. 接著，點選 "新增(D)"，接著點選最後一項 "SQL Server"，再點選 "完成"，我們將看到如圖 9.7 所示的畫面。

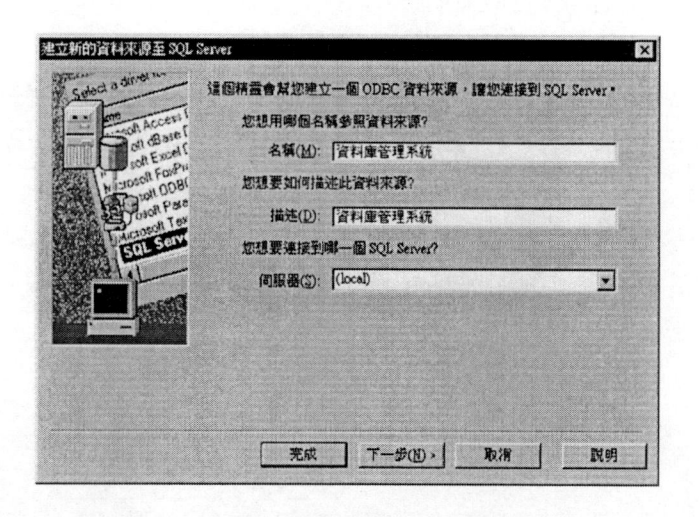

圖 9.7　建立新的資料來源管至 SQL Server

271

4. 接著,在 "名稱(M):" 和 "描述(D):" 欄位分別填入 "資料庫管理系統",在 "伺服器(S):" 欄位點選 "(local)",接著點選 "下一步(N)",我們將看到如圖 9.8 所示的畫面。

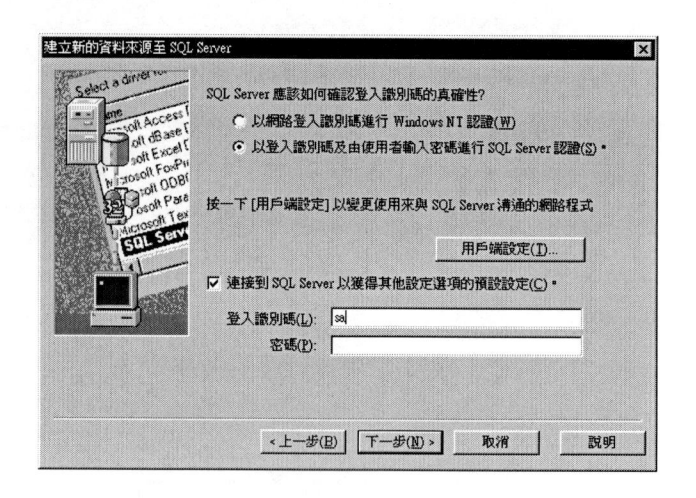

圖 9.8　設定進行 SQL Server 認證

5. 接著,點選 "以登入識別碼及由使用者輸入密碼進行 SQL Server 認證(S)",接著在 "登入識別碼(L):" 欄位填入 "sa",接著點選 "下一步(N)",我們將看到如圖 9.9 所示的畫面。

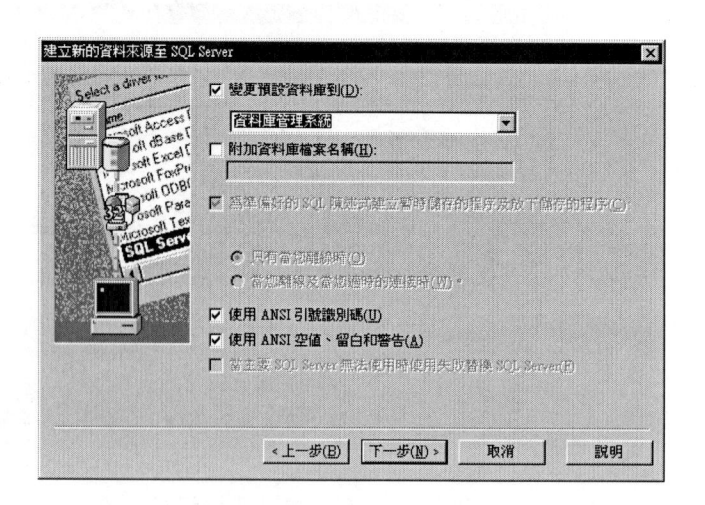

圖 9.9　變更預設資料庫

6. 接著，在 "變更預設資料庫到(D)：" 前打 √，然後點選 "資料庫管理系統"，接著點選 "下一步(N)"，接著點選 "完成"，我們將看到如圖 9.10 所示的畫面。

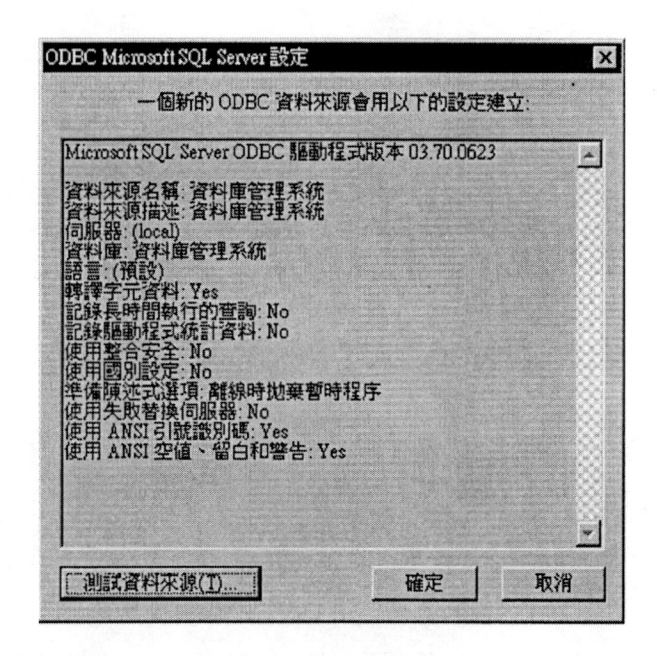

圖 9.10　測試資料來源

7. 接著，點選 "測試資料來源 (T)…"，接著點選 "確定"，接著點選 "確定"，接著點選 "確定"，即完成 ODBC 的設定。

　　在建立完 "資料庫管理系統" 資料庫，以及完成 ODBC 的設定，即可以打開 "C:\資料庫管理系統_VB範例\資料庫管理系統專案.vbp"，我們將看到如圖 9.11 所示的畫面，讀者如有興趣不妨研究看看，Visual Basic 資料庫程式是如何撰寫的，特別是與資料庫的連結屬性設定。此外，範例程式當中，"訂單管理作業" 是以 ADODC 方式寫的，而 "客戶資料設定" 和 "產品資料設定" 是以 ADO 方式寫的，讀者是否已經看出兩者之間的差異呢？

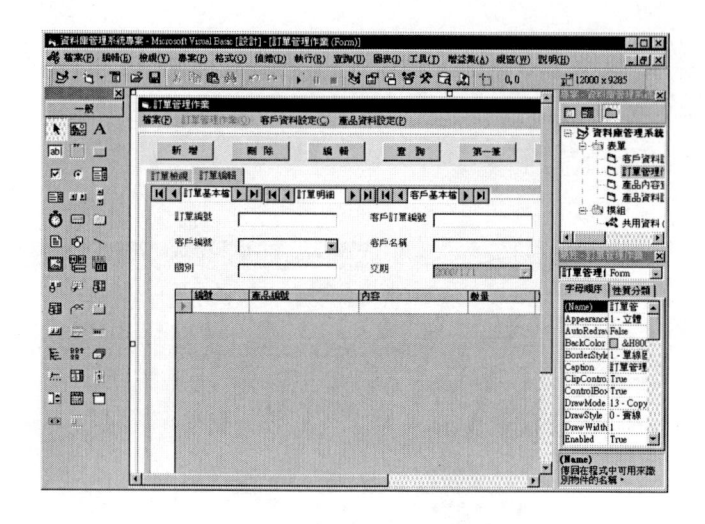

圖 9.11　進入資料庫管理系統專案的 VB 設計畫面

　　　　進入資料庫管理系統專案的 VB 設計畫面之後，我們可以點選工具列上的 ▶ 來執行程式，我們將可以看到 "資料庫管理系統專案" 的執行畫面如圖 9.12 所示，讀者如有興趣不妨試著執行看看，順便輸入幾筆資料試試看，是不是很有趣呢？當您看到圖 9.12 的畫面時，恭喜您!這代表您已經成功地建立一個資料庫管理系統，不知您現在是否有些許興奮與成就感呢？

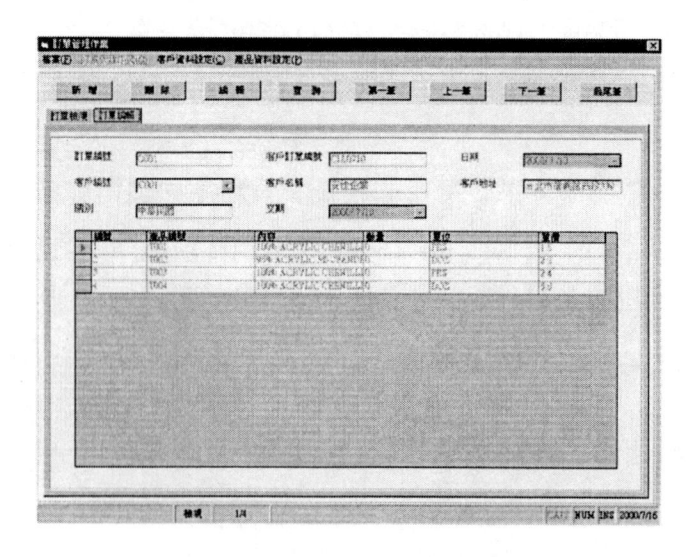

圖 9.12　資料庫管理系統專案的執行畫面

9.2 Visual Basic範例程式原始碼

　　以下是本書所附贈 Visual Basic 範例程式碼部分，我們在原始程式碼部分均有詳細的註解，說明該段程式碼的功能是如何，原始程式碼主要是以每一個模組、表單的方式區分，所以共分為 "共用資料"，如圖 9.13 所示、"客戶資料設定"，如圖 9.14 所示、"訂單管理作業"，如圖 9.15 所示、"產品資料設定"，如圖 9.16 所示、"產品內容查詢表單"，如圖 9.17 所示五個部分，讀者如有興趣請自行參閱。

　　閱讀底下的程式碼是需要一些基礎的。這些基礎包括：對 Visual Basic 開發環境的基本認識、工具的使用、迴圈的控制、事件驅動程式設計的觀念、控制項、物件……等。如果您對以上這些內容還沒有概念，請讀者自行參閱坊間一些介紹 Visual Basic 初階方面的書籍，在這裡我們不多加贅述。

```
Global cn As Connection        '宣告一個Connection類別的物件變數cn
Global rs As Recordset         '宣告一個Recordset類別的物件變數rs
Global 產品編號暫存 As String
Global 內容暫存 As String
Global 數量暫存 As String
Global 單位暫存 As String
Global 單價暫存 As String

Sub Main()
    OpenDatabase     '開啟資料庫
    訂單管理作業.Show
End Sub
```

圖 9.13　共用資料 .bas 原始碼

```
Public Sub OpenDatabase()
' 建立一個公用的 Connection

    If DATABASE_BE_OPENED = False Then    '如果資料庫是關閉的就打開
' 建立 Recordset 物件 並且指定給 rs 物件變數以負責開啟資料錄
' 格式：set [Recordset物件名]=New Recordset
        Set rs = New Recordset
' 建立 Connection 物件 並且指定給 cn 物件變數以負責開啟或連結資料庫
' 格式：set [Connection物件名]=New Connection
        Set cn = New Connection
        With cn

' Provider 參數：用來指定ODBC驅動程式
            .Provider = "MSDASQL"
' ConnectionString 參數：用來指定 DSN 名稱;User ID;PassWord
            .ConnectionString = "DSN=資料庫管理系統;uid=sa;pwd=;"
' Open 參數：用來開啟資料庫
            .Open
        End With
        DATABASE_BE_OPENED = True
    End If
End Sub


Public Sub CloseDatabase()
' 關閉公用的 Connection

' Close參數：用來關閉資料庫
    cn.Close
    DATABASE_BE_OPENED = False
End Sub
```

圖 9.13 　（續）

```
Private Sub Form_Activate()
    SSTab.Tab = 1
    DataGrid_DblClick
End Sub

Private Sub Form_QueryUnload(Cancel As Integer, UnloadMode As Integer)
' 假如系統狀態是新增或編輯，確認是否儲存變更的內容
    If StatusBar.Panels("系統狀態").Text = "新增" Or StatusBar.Panels("系統狀態").Text = "編輯" Then
        Answer = MsgBox("是否儲存變更的內容？", vbYesNoCancel)
    ' 儲存更新過的資料，然後關閉視窗
      If Answer = vbYes Then
         If StatusBar.Panels("系統狀態").Text = "新增" Then
           ' 檢查主索引是否重複
              OpenDatabase                                    '開啟資料庫
           ' 建立 Recordset 物件：利用 Connection 物件的 Execute 方法將SQL指
           ' 令執行結果存在 Recordset 中
           ' 格式：set [Recordset物件名]=[Connection物件名].Execute(SQL指令)
              Set rs = cn.Execute("Select Count(*) As 筆數 From 客戶基本檔 Where 客戶編號 = '" & 客戶編號.Text & "'")
              If rs!筆數 > 0 Then
                 Answer = MsgBox("客戶編號 [" & 客戶編號.Text & "] 已存在", vbOKOnly)
                 客戶編號.SetFocus
                 GoTo 資料不完整
              End If
              CloseDatabase                                   '關閉資料庫
         End If
       ' 檢查資料是否完整
         If 客戶編號.Text = "" Then
            Answer = MsgBox("請輸入客戶編號", vbOKOnly)
            GoTo 資料不完整
         End If
         客戶基本檔.Recordset.Update                          '資料錄更新
    ' 不儲存更新過的資料，直接關閉視窗
```

圖 9.14　客戶資料設定.frm 原始碼

```
            ElseIf Answer = vbNo Then
                DataGrid.DataChanged = False
                客戶基本檔.Recordset.CancelUpdate        '取消資料錄更新
        '  取消關閉視窗的動作
            Else
資料不完整:
                Cancel = True
            End If
        End If
End Sub


Private Sub Form_Unload(Cancel As Integer)
    Unload Me
    Set  客戶資料設定  = Nothing
End Sub


Private Sub DataGrid_DblClick()
    SSTab.Tab = 1
'  將所有的文字盒清為空白
    For Each Temp In Me
        If TypeOf Temp Is TextBox Then
        Temp.Text = Empty
        End If
    Next Temp
    If Not  客戶基本檔.Recordset.EOF Then        'EOF 為資料錄的底端 意即有資料
        If IsNull(客戶基本檔.Recordset("客戶編號")) Then
            客戶編號.Text = Empty
        Else
            客戶編號.Text =  客戶基本檔.Recordset("客戶編號")
        End If
        If IsNull(客戶基本檔.Recordset("客戶名稱"))  Then
            客戶名稱.Text = Empty
        Else
            客戶名稱.Text =  客戶基本檔.Recordset("客戶名稱")
        End If
```

圖 9.14　(續)

```
            If IsNull(客戶基本檔.Recordset("客戶簡稱")) Then
                客戶簡稱.Text = Empty
            Else
                客戶簡稱.Text = 客戶基本檔.Recordset("客戶簡稱")
            End If
            If IsNull(客戶基本檔.Recordset("電話")) Then
                電話.Text = Empty
            Else
                電話.Text = 客戶基本檔.Recordset("電話")
            End If
            If IsNull(客戶基本檔.Recordset("傳真")) Then
                傳真.Text = Empty
            Else
                傳真.Text = 客戶基本檔.Recordset("傳真")
            End If
            If IsNull(客戶基本檔.Recordset("地址")) Then
                地址.Text = Empty
            Else
                地址.Text = 客戶基本檔.Recordset("地址")
            End If
            If IsNull(客戶基本檔.Recordset("國別")) Then
                國別.Text = Empty
            Else
                國別.Text = 客戶基本檔.Recordset("國別")
            End If
            If IsNull(客戶基本檔.Recordset("備註")) Then
                備註.Text = Empty
            Else
                備註.Text = 客戶基本檔.Recordset("備註")
            End If
            建檔日期.Value = 客戶基本檔.Recordset("建檔日期")
    End If
End Sub

Private Sub 第一筆_Click()
    客戶基本檔.Recordset.MoveFirst                '將目前資料錄移到第一筆
    DataGrid_DblClick
End Sub
```

圖 9.14　(續)

```
Private Sub 上一筆_Click()
    客戶基本檔.Recordset.MovePrevious     '將目前資料錄向上移一筆
    If 客戶基本檔.Recordset.BOF Then      'BOF 為資料錄的頂端
        客戶基本檔.Recordset.MoveFirst    '將目前資料錄移到第一筆
    End If
    DataGrid_DblClick
End Sub

Private Sub 下一筆_Click()
    客戶基本檔.Recordset.MoveNext         '將目前資料錄向下移一筆
    If 客戶基本檔.Recordset.EOF Then      'EOF 為資料錄的底端
        客戶基本檔.Recordset.MoveLast     '將目前資料錄移到最後一筆
    End If
    DataGrid_DblClick
End Sub

Private Sub 最後一筆_Click()
    客戶基本檔.Recordset.MoveLast         '將目前資料錄移到最後一筆
    DataGrid_DblClick
End Sub

Private Sub 新增_Click()
    If 新增.Caption = "新   增" Then
      ' 將所有的文字盒清為空白
        For Each Temp In Me
            If TypeOf Temp Is TextBox Then
            Temp.Text = Empty
            End If
        Next Temp
        客戶編號.Enabled = True
        客戶名稱.Enabled = True
        客戶簡稱.Enabled = True
        電話.Enabled = True
        傳真.Enabled = True
        地址.Enabled = True
```

圖 9.14　(續)

```
            國別.Enabled = True
            備註.Enabled = True
            建檔日期.Enabled = True
            SSTab.Tab = 1
            StatusBar.Panels("系統狀態").Text = "新增"
         ' 設定建檔日期為系統時間
            建檔日期.Value = Date
            客戶編號.SetFocus
            新增.Caption = "確    定"
            刪除.Enabled = False
            編輯.Enabled = False
            查詢.Enabled = False
            第一筆.Enabled = False
            上一筆.Enabled = False
            下一筆.Enabled = False
            最後一筆.Enabled = False
      ElseIf 新增.Caption = "確    定" Then
            Answer = MsgBox("確定新增此筆資料？", vbYesNo)
         ' 確定新增
            If Answer = vbYes Then
              ' 檢查主索引是否重複
                OpenDatabase              '開啟資料庫
              ' 建立 Recordset 物件：利用 Connection 物件的 Execute 方法將SQL指令執
              ' 行結果存在 Recordset 中
              ' 格式：set [Recordset物件名]=[Connection物件名].Execute(SQL指令)
                Set rs = cn.Execute("Select Count(*) As 筆數 From 客戶基本檔 Where 客戶
編號 = '" & 客戶編號.Text & "'")
                If rs!筆數 > 0 Then
                    Answer = MsgBox("客戶編號 [" & 客戶編號.Text & "] 已存在", vbOKOnly)
                    客戶編號.SetFocus
                    Exit Sub
                End If
                CloseDatabase              '關閉資料庫
              ' 檢查資料是否完整
                If 客戶編號.Text = "" Then
                    Answer = MsgBox("請輸入客戶編號", vbOKOnly)
```

圖 9.14　（續）

```
            Exit Sub
        End If
        OpenDatabase              '開啟資料庫
        cn.BeginTrans             '開始 Transaction
        On Error Resume Next      '先忽略Transaction所產生的錯誤,再回復資料
    ' 建立 Recordset 物件:利用 Connection 物件的 Execute 方法將SQL指令執
    ' 行結果存在 Recordset 中
    ' 格式:set [Recordset物件名]=[Connection物件名].Execute(SQL指令)
        Set rs = cn.Execute("Insert Into 客戶基本檔(客戶編號,客戶名稱,客戶簡稱,電
話,傳真,地址,國別,備註,建檔日期) Values(' " & 客戶編號 & " ',' " & 客戶名稱 & " ',' "
 & 客戶簡稱 & " ',' " & 電話 & " ',' " & 傳真 & " ',' " & 地址 & " ',' " & 國別 & " ',' "
 & 備註 & " ',' " & 建檔日期 & " ') ")
        If Err <> 0 Then
            cn.RollbackTrans          '若失敗則取消 Transaction,回復資料
            Answer = MsgBox("新增客戶編號 [ " & 客戶編號.Text & " ] 失敗", vbOKOnly)
            客戶編號.SetFocus
            Exit Sub
        End If
        cn.CommitTrans       '若成功則Commit Transaction,真正更新資料進資料庫
        CloseDatabase        '關閉資料庫
    End If
    新增.Caption = "新    增"
    刪除.Enabled = True
    編輯.Enabled = True
    查詢.Enabled = True
    第一筆.Enabled = True
    上一筆.Enabled = True
    下一筆.Enabled = True
    最後一筆.Enabled = True
    客戶編號.Enabled = False
    客戶名稱.Enabled = False
    客戶簡稱.Enabled = False
    電話.Enabled = False
```

圖 9.14　(續)

```
            傳真.Enabled = False
            地址.Enabled = False
            國別.Enabled = False
            備註.Enabled = False
            建檔日期.Enabled = False
            StatusBar.Panels("系統狀態").Text = "檢視"
            客戶基本檔.Refresh                              '重新選取資料
            客戶基本檔.Recordset.MoveLast                   '將目前資料錄移到最後一筆
            DataGrid_DblClick
        End If
    End Sub

    Private Sub 刪除_Click()
        Answer = MsgBox("是否刪除此筆資料？", vbYesNo)
'   確定刪除
        If Answer = vbYes Then
            OpenDatabase                                    '開啟資料庫
        '   建立 Recordset 物件：利用 Connection 物件的 Execute 方法將SQL指令執行結
'   果存在 Recordset  中
        '   格式：set [Recordset物件名]=[Connection物件名].Execute(SQL指令)
            Set rs = cn.Execute("Delete from 客戶基本檔 where 客戶編號 ='" & 客戶編號 & "'")
            If Err <> 0 Then
                Answer = MsgBox("刪除客戶編號 [" & 客戶編號.Text & "] 失敗", vbOKOnly)
                客戶編號.SetFocus
                Exit Sub
            End If
            CloseDatabase                                   '關閉資料庫
        End If
        客戶基本檔.Refresh                                  '重新選取資料
        DataGrid_DblClick
    End Sub

    Private Sub 編輯_Click()
        If 編輯.Caption = "編     輯" Then
            客戶編號.Enabled = False
            客戶名稱.Enabled = True
```

圖 9.14　（續）

```
            客戶簡稱.Enabled = True
            電話.Enabled = True
            傳真.Enabled = True
            地址.Enabled = True
            國別.Enabled = True
            備註.Enabled = True
            建檔日期.Enabled = True
            SSTab.Tab = 1
            StatusBar.Panels("系統狀態").Text = "編輯"
            編輯.Caption = "確    定"
            新增.Enabled = False
            刪除.Enabled = False
            查詢.Enabled = False
            第一筆.Enabled = False
            上一筆.Enabled = False
            下一筆.Enabled = False
            最後一筆.Enabled = False
        ElseIf 編輯.Caption = "確    定" Then
            Answer = MsgBox("確定修改此筆資料？", vbYesNo)
        ' 確定修改
            If Answer = vbYes Then
            ' 檢查資料是否完整
                If 客戶編號.Text = "" Then
                    Answer = MsgBox("請輸入客戶編號", vbOKOnly)
                    Exit Sub
                End If
                OpenDatabase            '開啟資料庫
                cn.BeginTrans           '開始 Transaction
                On Error Resume Next    '先忽略Transaction所產生的錯誤，再回復資料
        ' 建立 Recordset 物件：利用 Connection 物件的 Execute 方法將SQL指令執
        ' 行結果存在 Recordset 中
        ' 格式：set [Recordset物件名]=[Connection物件名].Execute(SQL指令)
                Set rs = cn.Execute("Update 客戶基本檔 Set 客戶名稱='" & 客戶名稱 & "',
客戶簡稱='" & 客戶簡稱 & "',電話='" & 電話 & "',傳真='" & 傳真 & "',地址='" &
地址 & "',國別='" & 國別 & "',備註='" & 備註 & "',建檔日期='" & 建檔日期 & "'
Where 客戶編號='" & 客戶編號 & "'")
```

圖 9.14　（續）

```
            If Err <> 0 Then
                cn.RollbackTrans '若失敗則取消 Transaction，回復資料
                Answer = MsgBox(" 修改客戶編號 [" & 客戶編號.Text & "] 失敗", vbOKOnly)
                客戶名稱.SetFocus
                Exit Sub
            End If
            cn.CommitTrans         '若成功則Commit Transaction，真正更新資料進資料庫
            CloseDatabase          '關閉資料庫
        End If
        編輯.Caption = "編    輯"
        新增.Enabled = True
        刪除.Enabled = True
        查詢.Enabled = True
        第一筆.Enabled = True
        上一筆.Enabled = True
        下一筆.Enabled = True
        最後一筆.Enabled = True
        客戶編號.Enabled = False
        客戶名稱.Enabled = False
        客戶簡稱.Enabled = False
        電話.Enabled = False
        傳真.Enabled = False
        地址.Enabled = False
        國別.Enabled = False
        備註.Enabled = False
        建檔日期.Enabled = False
        StatusBar.Panels("系統狀態").Text = "檢視"
        客戶基本檔.Refresh    '重新選取資料
        DataGrid_DblClick
    End If
End Sub
```

圖 9.14　（續）

```
Private Sub 查詢_Click()
    SSTab.Tab = 0
    If 所有資料選擇鈕.Value = True Then
        客戶基本檔.RecordSource = " select * from 客戶基本檔 "
        客戶基本檔.Refresh    '重新選取資料
    ElseIf 客戶編號選擇鈕.Value = True Then
        客戶基本檔.RecordSource = " select * from 客戶基本檔 where 客戶編號 Like "%" & 客戶編號條件欄位 & "%" "
        客戶基本檔.Refresh    '重新選取資料
    End If
    DataGrid_DblClick
    SSTab.Tab = 0
End Sub


Private Sub 離開子功能表_Click()
    End
End Sub


Private Sub 訂單管理作業功能表_Click()
' 顯示訂單管理作業視窗
    Unload Me
    訂單管理作業.Show
End Sub


Private Sub 客戶資料設定功能表_Click()
' 顯示客戶資料設定視窗
    Unload Me
    客戶資料設定.Show
End Sub


Private Sub 產品資料設定功能表_Click()
' 顯示產品資料設定視窗
    Unload Me
    產品資料設定.Show
End Sub
```

圖 9.14　（續）

```
Private Sub 客戶基本檔_MoveComplete(ByVal adReason As ADODB.EventReasonEnum,
ByVal pError As ADODB.Error, adStatus As ADODB.EventStatusEnum, ByVal pRecordset
As ADODB.Recordset)
' 假如員工基本資料表沒有資料,則禁止使用編輯工具列之編輯與刪除功能
    If  客戶基本檔.Recordset.RecordCount = 0 Then
        編輯.Enabled = False
        刪除.Enabled = False
        查詢.Enabled = False
        第一筆.Enabled = False
        上一筆.Enabled = False
        下一筆.Enabled = False
        最後一筆.Enabled = False
     ' 顯示目前資料位置與資料總數
        StatusBar.Panels("資料位置/資料總數").Text = "無資料"
    Else
        編輯.Enabled = True
        刪除.Enabled = True
        查詢.Enabled = True
        第一筆.Enabled = True
        上一筆.Enabled = True
        下一筆.Enabled = True
        最後一筆.Enabled = True
     ' 顯示目前資料位置與資料總數
        StatusBar.Panels("資料位置/資料總數").Text  =  客戶基本檔.Recordset.Absolute
Position & "/" &  客戶基本檔.Recordset.RecordCount
    End If
End Sub

Private Sub 所有資料選擇鈕_Click()
    所有資料選擇鈕.Value = True
    客戶編號選擇鈕.Value = False
    客戶編號條件欄位.Text = ""
End Sub

Private Sub 客戶編號選擇鈕_Click()
    所有資料選擇鈕.Value = False
    客戶編號選擇鈕.Value = True
    客戶編號條件欄位.Text = ""
    客戶編號條件欄位.SetFocus
End Sub
```

圖 9.14　(續)

```
Private Sub 客戶編號_Change()
    客戶編號.Text = UCase(客戶編號.Text)      'UCase 將小寫字母換成大寫字母
    SendKeys "{END}"
End Sub

Private Sub 客戶名稱_Change()
    客戶名稱.Text = UCase(客戶名稱.Text)      'UCase 將小寫字母換成大寫字母
    SendKeys "{END}"
End Sub

Private Sub 客戶簡稱_Change()
    客戶簡稱.Text = UCase(客戶簡稱.Text)      'UCase 將小寫字母換成大寫字母
    SendKeys "{END}"
End Sub

Private Sub 電話_Change()
    電話.Text = UCase(電話.Text)              'UCase 將小寫字母換成大寫字母
    SendKeys "{END}"
End Sub

Private Sub 傳真_Change()
    傳真.Text = UCase(傳真.Text)              'UCase 將小寫字母換成大寫字母
    SendKeys "{END}"
End Sub

Private Sub 地址_Change()
    地址.Text = UCase(地址.Text)              'UCase 將小寫字母換成大寫字母
    SendKeys "{END}"
End Sub

Private Sub 國別_Change()
    國別.Text = UCase(國別.Text)              'UCase 將小寫字母換成大寫字母
    SendKeys "{END}"
End Sub

Private Sub 備註_Change()
    備註.Text = UCase(備註.Text)              'UCase 將小寫字母換成大寫字母
    SendKeys "{END}"
End Sub
```

圖 9.14　（續）

```
Dim 客戶編號按鈕暫存 As String
Dim 客戶編號暫存 As String
Dim FirstIn As Boolean

Private Sub Form_Activate()
    SSTab.Tab = 1
    OpenDatabase                          '開啟資料庫
' 建立 Recordset 物件：利用 Connection 物件的 Execute 方法將 SQL 指令執行結果
' 存在 Recordset 中
' 格式：set [Recordset物件名]=[Connection物件名].Execute(SQL指令）
    Set rs = cn.Execute("Select * From 客戶基本檔")
    While Not rs.EOF                      'EOF 為資料錄的底端
      On Error Resume Next                '忽略錯誤 避免資料錄的值為虛值 NULL 產生錯誤
      客戶編號按鈕.AddItem rs!客戶編號
      rs.MoveNext                         '將目前資料錄向下移一筆
    Wend
    CloseDatabase                         '關閉資料庫
End Sub

Private Sub Form_Load()
    訂單明細.RecordSource=" select * from 訂單明細 where 訂單編號='" & 訂單編號 & "'"

    訂單明細.Refresh                       '重新選取資料
End Sub

Private Sub Form_QueryUnload(Cancel As Integer, UnloadMode As Integer)
' 假如系統狀態是新增或編輯，確認是否儲存變更的內容
   If StatusBar.Panels("系統狀態").Text = "新增" Or StatusBar.Panels("系統狀態").Text = "編輯" Then
        Answer = MsgBox("是否儲存變更的內容？", vbYesNoCancel)
     ' 儲存更新過的資料，然後關閉視窗
      If Answer = vbYes Then
         If StatusBar.Panels("系統狀態").Text = "新增" Then
           ' 檢查主索引是否重複
             OpenDatabase                 '開啟資料庫
           ' 建立 Recordset 物件：利用 Connection 物件的 Execute 方法將 SQL 指
           ' 令執行結果存在 Recordset 中
           ' 格式：set [Recordset物件名]=[Connection物件名].Execute(SQL指令)
```

圖 9.15　訂單管理作業.frm 原始碼

```
                Set rs = cn.Execute("Select Count(*) As 筆數 From 訂單基本檔 Where 訂
單編號 = '" & 訂單編號.Text & "'")
                If rs!筆數 > 0 Then
                    Answer = MsgBox("訂單編號 [" & 訂單編號.Text & "] 已存在", vbOKOnly)
                    訂單編號.SetFocus
                    GoTo 資料不完整
                End If
                CloseDatabase                       '關閉資料庫
            End If
        ' 檢查資料是否完整
            If 訂單編號.Text = "" Then
                Answer = MsgBox("請輸入訂單編號", vbOKOnly)
                GoTo 資料不完整
            End If
            On Error Resume Next    '忽略錯誤 避免訂單明細資料錄無資料 (BOF) 產生錯誤
            訂單明細.Recordset.MoveFirst            '將目前資料錄移到第一筆
            For i = 0 To 訂單明細.Recordset.RecordCount - 1
                訂單明細.Recordset.Fields("訂單編號") = 訂單編號.Text
                On Error Resume Next     '忽略錯誤 避免訂單明細資料錄到底端 (EOF)
                                         '產生錯誤
                訂單明細.Recordset.MoveNext         '將目前資料錄向下移一筆
            Next i
            On Error Resume Next    '忽略錯誤 避免訂單明細資料錄指標跑掉產生錯誤
            訂單明細.Recordset.Update            '資料錄更新
            訂單基本檔.Recordset.Update          '資料錄更新
        ' 不儲存更新過的資料，直接關閉視窗
            ElseIf Answer = vbNo Then
                DataGrid.DataChanged = False
                訂單基本檔.Recordset.CancelUpdate       '取消資料錄更新
                DataGrid1.DataChanged = False
                訂單明細.Recordset.CancelUpdate         '取消資料錄更新
        ' 取消關閉視窗的動作
            Else
資料不完整:
                Cancel = True
```

圖 9.15　（續）

```
            End If
        End If
    End Sub


    Private Sub Form_Unload(Cancel As Integer)
        Unload Me
        Set 訂單管理作業 = Nothing
    End Sub


    Private Sub DataGrid_DblClick()
        SSTab.Tab = 1
        DataGrid_LostFocus
    End Sub


    Private Sub DataGrid_LostFocus()
        訂單明細.RecordSource = " select * from 訂單明細 where 訂單編號='" & 訂單編號 & "'"
        訂單明細.Refresh        '重新選取資料
    End Sub


    Private Sub DataGrid1_BeforeColEdit(ByVal ColIndex As Integer, ByVal KeyAscii As Integer, Cancel As Integer)
        訂單明細.Recordset.Fields("編號") = DataGrid1.Row + 1
        訂單明細.Recordset.Fields("訂單編號") = 訂單編號.Text
        訂單明細.Recordset.Fields("數量") = 0
    End Sub


    Private Sub DataGrid1_Click()
        If FirstIn = True Then
            訂單明細.Recordset.AddNew        '資料錄新增
            FirstIn = False
        End If
    End Sub


    Private Sub DataGrid1_DblClick()
        DataGrid1_Click
        On Error Resume Next           '忽略錯誤 避免資料錄的值為虛值NULL產生錯誤
        訂單編號暫存 = 訂單編號.Text
```

圖 9.15　(續)

```
        產品編號暫存 = 訂單明細.Recordset.Fields("產品編號")
        內容暫存 = 訂單明細.Recordset.Fields("內容")
        數量暫存 = 訂單明細.Recordset.Fields("數量")
        單位暫存 = 訂單明細.Recordset.Fields("單位")
        單價暫存 = 訂單明細.Recordset.Fields("單價")
        產品內容查詢表單.Show 1
        訂單明細.Recordset.Fields("訂單編號") = 訂單編號.Text
        DataGrid1.Columns(0).Value = DataGrid1.Row + 1
        DataGrid1.Columns(2).Text = 產品編號暫存
        DataGrid1.Columns(3).Text = 內容暫存
        DataGrid1.Columns(4).Text = "0"
        DataGrid1.Columns(5).Value = 單位暫存
        DataGrid1.Columns(6).Value = 單價暫存
End Sub


Private Sub 第一筆_Click()
    訂單基本檔.Recordset.MoveFirst            '將目前資料錄移到第一筆
    DataGrid_LostFocus
End Sub


Private Sub 上一筆_Click()
    訂單基本檔.Recordset.MovePrevious         '將目前資料錄向上移一筆
    If 訂單基本檔.Recordset.BOF Then          'BOF 為資料錄的頂端
        訂單基本檔.Recordset.MoveFirst        '將目前資料錄移到第一筆
    End If
    DataGrid_LostFocus
End Sub


Private Sub 下一筆_Click()
    訂單基本檔.Recordset.MoveNext             '將目前資料錄向下移一筆
    If 訂單基本檔.Recordset.EOF Then          'EOF 為資料錄的底端
        訂單基本檔.Recordset.MoveLast         '將目前資料錄移到最後一筆
    End If
    DataGrid_LostFocus
End Sub
```

圖 9.15 （續）

第九章　Visual Basic 使用者介面設計

```
Private Sub 最後一筆_Click()
    訂單基本檔.Recordset.MoveLast          '將目前資料錄移到最後一筆
    DataGrid_LostFocus
End Sub


Private Sub 新增_Click()
    If 新增.Caption = "新    增" Then
        訂單編號.Enabled = True
        客戶訂單編號.Enabled = True
        日期.Enabled = True
        '客戶編號.Enabled = True
        客戶編號按鈕.Enabled = True
        '客戶名稱.Enabled = True
        '客戶地址.Enabled = True
        '國別.Enabled = True
        交期.Enabled = True
        DataGrid1.ForeColor = &H80&
        DataGrid1.AllowAddNew = True
        DataGrid1.AllowUpdate = True
        DataGrid1.AllowDelete = True
        SSTab.Tab = 1
        StatusBar.Panels("系統狀態").Text = "新增"
        訂單基本檔.Recordset.AddNew        '資料錄新增
    ' 設定日期為系統時間
        日期.Value = Date
    ' 設定交期為系統時間
        交期.Value = Date
        訂單明細.RecordSource = " select * from 訂單明細 where 訂單編號= " "
        訂單明細.Refresh                    '重新選取資料
        訂單編號.SetFocus
        新增.Caption = "確    定"
        刪除.Enabled = False
        編輯.Enabled = False
        查詢.Enabled = False
        第一筆.Enabled = False
        上一筆.Enabled = False
        下一筆.Enabled = False
```

圖 9.15 　(續)

```
            最後一筆.Enabled = False
            FirstIn = True
            DataGrid1.ToolTipText = "連點兩下可帶出產品內容查詢表單"
        ElseIf 新增.Caption = "確    定" Then
            Answer = MsgBox("確定新增此筆資料？", vbYesNo)
    ' 確定新增
            If Answer = vbYes Then
            ' 檢查主索引是否重複
                OpenDatabase                            '開啟資料庫
            ' 建立 Recordset 物件：利用 Connection 物件的 Execute 方法將SQL指令執
            ' 行結果存在 Recordset 中
            ' 格式：set [Recordset物件名]=[Connection物件名].Execute(SQL指令)
                Set rs = cn.Execute("Select Count(*) As 筆數 From 訂單基本檔 Where 訂單編
號 = '" & 訂單編號.Text & "'")
                If rs!筆數 > 0 Then
                    Answer = MsgBox("訂單編號 [" & 訂單編號.Text & "] 已存在", vbOKOnly)
                    訂單編號.SetFocus
                    Exit Sub
                End If
                CloseDatabase                           '關閉資料庫
            ' 檢查資料是否完整
                If 訂單編號.Text = "" Then
                    Answer = MsgBox("請輸入訂單編號", vbOKOnly)
                    Exit Sub
                End If
                On Error Resume Next   '忽略錯誤 避免訂單明細資料錄無資料(BOF)產生錯誤
                訂單明細.Recordset.MoveFirst              '將目前資料錄移到第一筆
                For i = 0 To 訂單明細.Recordset.RecordCount - 1
                    訂單明細.Recordset.Fields("訂單編號") = 訂單編號.Text
                    On Error Resume Next   '忽略錯誤 避免訂單明細資料錄到底端 (EOF)
                                           '產生錯誤
                    訂單明細.Recordset.MoveNext           '將目前資料錄向下移一筆
                Next i
                On Error Resume Next   '忽略錯誤 避免訂單明細資料錄指標跑掉產生錯誤
                訂單明細.Recordset.Update                 '資料錄更新
```

圖 9.15　（續）

```
            訂單明細.Refresh                    '重新選取資料
            訂單基本檔.Recordset.Update         '資料錄更新
            訂單基本檔.Refresh                  '重新選取資料
            訂單基本檔.Recordset.MoveLast       '將目前資料錄移到最後一筆
      Else
' 取消新增
        If 訂單明細.Recordset.RecordCount > 0 Then
            訂單明細.Recordset.MoveFirst        '將目前資料錄移到第一筆
            For i = 0 To 訂單明細.Recordset.RecordCount - 1
                訂單明細.Recordset.Delete       '資料錄刪除
                訂單明細.Recordset.MoveNext     '將目前資料錄向下移一筆
            Next i
        End If
        On Error Resume Next    '忽略錯誤 避免訂單基本檔資料錄指標跑掉產生錯誤
            訂單基本檔.Recordset.Delete         '資料錄刪除
            訂單基本檔.Refresh                  '重新選取資料
      End If
      新增.Caption = "新    增"
      刪除.Enabled = True
      編輯.Enabled = True
      查詢.Enabled = True
      第一筆.Enabled = True
      上一筆.Enabled = True
      下一筆.Enabled = True
      最後一筆.Enabled = True
      訂單編號.Enabled = False
      客戶訂單編號.Enabled = False
      日期.Enabled = False
      客戶編號.Enabled = False
      客戶編號按鈕.Enabled = False
      客戶名稱.Enabled = False
      客戶地址.Enabled = False
      國別.Enabled = False
      交期.Enabled = False
      DataGrid1.ForeColor = &H808080
      DataGrid1.AllowAddNew = False
      DataGrid1.AllowUpdate = False
      DataGrid1.AllowDelete = False
```

圖 9.15　（續）

```
            StatusBar.Panels("系統狀態").Text = "檢視"
            DataGrid1.ToolTipText = " "
        End If
        DataGrid_LostFocus
    End Sub


    Private Sub 刪除_Click()
        Answer = MsgBox("是否刪除此筆資料？", vbYesNo)
    ' 確定刪除
        If Answer = vbYes Then
            For i = 0 To 訂單明細.Recordset.RecordCount - 1
                訂單明細.Recordset.Delete              '資料錄刪除
                訂單明細.Recordset.MoveNext           '將目前資料錄向下移一筆
            Next i
            訂單明細.Refresh                           '重新選取資料
            訂單基本檔.Recordset.Delete               '資料錄刪除
            訂單基本檔.Refresh                         '重新選取資料
            DataGrid_LostFocus
        End If
    End Sub


    Private Sub 編輯_Click()
        If 編輯.Caption = "編    輯" Then
            訂單編號.Enabled = True
            客戶訂單編號.Enabled = True
            日期.Enabled = True
            '客戶編號.Enabled = True
            客戶編號按鈕.Enabled = True
            '客戶名稱.Enabled = True
            '客戶地址.Enabled = True
            '國別.Enabled = True
            交期.Enabled = True
            客戶編號按鈕暫存 = 客戶編號按鈕.Text
            客戶編號暫存 = 客戶編號.Text
            DataGrid1.ForeColor = &H80&
            DataGrid1.AllowAddNew = True
            DataGrid1.AllowUpdate = True
```

圖 9.15　（續）

```
        DataGrid1.AllowDelete = True
        SSTab.Tab = 1
        StatusBar.Panels("系統狀態").Text = "編輯"
        編輯.Caption = "確    定"
        新增.Enabled = False
        刪除.Enabled = False
        查詢.Enabled = False
        第一筆.Enabled = False
        上一筆.Enabled = False
        下一筆.Enabled = False
        最後一筆.Enabled = False
        DataGrid1.ToolTipText = "連點兩下可帶出產品內容查詢表單"
    ElseIf 編輯.Caption = "確    定" Then
        Answer = MsgBox("確定修改此筆資料？", vbYesNo)
    ' 確定修改
        If Answer = vbYes Then
         ' 檢查資料是否完整
            If 訂單編號.Text = " " Then
                Answer = MsgBox("請輸入訂單編號", vbOKOnly)
                Exit Sub
            End If
            On Error Resume Next     '忽略錯誤 避免訂單明細資料錄無資料(BOF)產生錯誤
            訂單明細.Recordset.MoveFirst        '將目前資料錄移到第一筆
            For i = 0 To 訂單明細.Recordset.RecordCount - 1
                訂單明細.Recordset.Fields("訂單編號") = 訂單編號.Text
                On Error Resume Next   ' 忽略錯誤 避免訂單明細資料錄到底端 (EOF)
                                       ' 產生錯誤
                訂單明細.Recordset.MoveNext       '將目前資料錄向下移一筆
            Next i
            On Error Resume Next   '忽略錯誤 避免訂單明細資料錄指標跑掉產生錯誤
            訂單明細.Recordset.Update            '資料錄更新
            訂單明細.Refresh                     '重新選取資料
            訂單基本檔.Recordset.Update          '資料錄更新
        Else
    ' 取消修改
            訂單基本檔.Recordset.CancelUpdate    '取消資料錄更新
            訂單明細.Recordset.CancelUpdate      '取消資料錄更新
```

圖 9.15 （續）

```
                客戶編號按鈕.Text = 客戶編號按鈕暫存
                客戶編號.Text = 客戶編號暫存
        End If
        編輯.Caption = "編    輯"
        新增.Enabled = True
        刪除.Enabled = True
        查詢.Enabled = True
        第一筆.Enabled = True
        上一筆.Enabled = True
        下一筆.Enabled = True
        最後一筆.Enabled = True
        訂單編號.Enabled = False
        客戶訂單編號.Enabled = False
        日期.Enabled = False
        客戶編號.Enabled = False
        客戶編號按鈕.Enabled = False
        客戶名稱.Enabled = False
        客戶地址.Enabled = False
        國別.Enabled = False
        交期.Enabled = False
        DataGrid1.ForeColor = &H808080
        DataGrid1.AllowAddNew = False
        DataGrid1.AllowUpdate = False
        DataGrid1.AllowDelete = False
        StatusBar.Panels("系統狀態").Text = "檢視"
        DataGrid1.ToolTipText = " "
    End If
    DataGrid_LostFocus
End Sub

Private Sub 查詢_Click()
    SSTab.Tab = 0
    If 所有資料選擇鈕.Value = True Then
        訂單基本檔.RecordSource = " select * from 訂單基本檔 "
        訂單基本檔.Refresh                                      '重新選取資料
    ElseIf 訂單編號選擇鈕.Value = True Then
        訂單基本檔.RecordSource = " select * from 訂單基本檔 where 訂單編號 Like "%" & 訂單編號條件欄位 & "%"
```

圖 9.15 （續）

```
            訂單基本檔.Refresh              '重新選取資料
        End If
        DataGrid_LostFocus
    End Sub

    Private Sub 離開子功能表_Click()
        End
    End Sub

    Private Sub 訂單管理作業功能表_Click()
    ' 顯示訂單管理作業視窗
        Unload Me
        訂單管理作業.Show
    End Sub

    Private Sub 客戶資料設定功能表_Click()
    ' 顯示客戶資料設定視窗
        Unload Me
        客戶資料設定.Show
    End Sub

    Private Sub 產品資料設定功能表_Click()
    ' 顯示產品資料設定視窗
        Unload Me
        產品資料設定.Show
    End Sub

    Private Sub 訂單基本檔_MoveComplete(ByVal adReason As ADODB.EventReasonEnum,
    ByVal pError As ADODB.Error, adStatus As ADODB.EventStatusEnum, ByVal pRecordset
    As ADODB.Recordset)
    ' 假如員工基本資料表沒有資料，則禁止使用編輯工具列之編輯與刪除功能
        If 訂單基本檔.Recordset.RecordCount = 0 Then
            編輯.Enabled = False
            刪除.Enabled = False
            查詢.Enabled = False
            第一筆.Enabled = False
            上一筆.Enabled = False
```

圖 9.15　（續）

```
            下一筆.Enabled = False
            最後一筆.Enabled = False
        ' 顯示目前資料位置與資料總數
            StatusBar.Panels("資料位置/資料總數").Text = "無資料"
        Else
            編輯.Enabled = True
            刪除.Enabled = True
            查詢.Enabled = True
            第一筆.Enabled = True
            上一筆.Enabled = True
            下一筆.Enabled = True
            最後一筆.Enabled = True
        ' 顯示目前資料位置與資料總數
            StatusBar.Panels("資料位置/資料總數").Text = 訂單基本檔.Recordset.Absolute
Position & "/" & 訂單基本檔.Recordset.RecordCount
        End If
        DataGrid_LostFocus
End Sub

Private Sub 所有資料選擇鈕_Click()
    所有資料選擇鈕.Value = True
    訂單編號選擇鈕.Value = False
    訂單編號條件欄位.Text = " "
End Sub

Private Sub 訂單編號選擇鈕_Click()
    所有資料選擇鈕.Value = False
    訂單編號選擇鈕.Value = True
    訂單編號條件欄位.Text = " "
    訂單編號條件欄位.SetFocus
End Sub

Private Sub 訂單編號_Change()
    訂單編號.Text = UCase(訂單編號.Text)          'UCase 將小寫字母換成大寫字母
    SendKeys "{END}"
End Sub

Private Sub 客戶訂單編號_Change()
客戶訂單編號.Text = UCase(客戶訂單編號.Text)      'UCase 將小寫字母換成大寫字母
    SendKeys "{END}"
```

圖 9.15 （續）

End Sub

Private Sub 客戶名稱_Change()
   客戶名稱.Text = UCase(客戶名稱.Text)   'UCase 將小寫字母換成大寫字母
   SendKeys "{END}"
End Sub

Private Sub 客戶地址_Change()
   客戶地址.Text = UCase(客戶地址.Text)   'UCase 將小寫字母換成大寫字母
   SendKeys "{END}"
End Sub

Private Sub 國別_Change()
   國別.Text = UCase(國別.Text)   'UCase 將小寫字母換成大寫字母
   SendKeys "{END}"
End Sub

Private Sub 客戶編號_Change()
' 使客戶編號與客戶編號按鈕資料一致
   客戶編號按鈕.Text = 客戶編號.Text
End Sub

Private Sub 客戶編號按鈕_Click()
' 使客戶編號按鈕與客戶編號資料一致
   OpenDatabase   '開啟資料庫
' 建立 Recordset 物件：利用 Connection 物件的 Execute 方法將SQL指令執行結果
' 存在 Recordset 中
' 格式：set [Recordset物件名]=[Connection物件名].Execute(SQL指令)
  Set rs = cn.Execute("Select * From 客戶基本檔 where 客戶編號=' " & 客戶編號按鈕.Text & " ' ")
   On Error Resume Next   '忽略錯誤 避免資料錄的值為虛值NULL產生錯誤
   訂單基本檔.Recordset.Fields("客戶名稱") = rs!客戶名稱
   訂單基本檔.Recordset.Fields("客戶地址") = rs!地址
   訂單基本檔.Recordset.Fields("國別") = rs!國別
   客戶編號.Text = 客戶編號按鈕.Text
   CloseDatabase   '關閉資料庫
End Sub

圖 9.15　(續)

```
Private Sub Form_Activate()
    SSTab.Tab = 1
    DataGrid_DblClick
End Sub

Private Sub Form_QueryUnload(Cancel As Integer, UnloadMode As Integer)
' 假如系統狀態是新增或編輯，確認是否儲存變更的內容
    If StatusBar.Panels("系統狀態").Text = "新增" Or StatusBar.Panels("系統狀態").Text = "編輯" Then
        Answer = MsgBox("是否儲存變更的內容？", vbYesNoCancel)
      ' 儲存更新過的資料，然後關閉視窗
        If Answer = vbYes Then
            If StatusBar.Panels("系統狀態").Text = "新增" Then
             ' 檢查主索引是否重複
                OpenDatabase                                              '開啟資料庫
              ' 建立 Recordset 物件：利用 Connection 物件的 Execute 方法將SQL指
                令執行結果存在 Recordset 中
              ' 格式：set [Recordset物件名]=[Connection物件名].Execute(SQL指令)
                Set rs = cn.Execute("Select Count(*) As 筆數 From 產品基本檔 Where 產品編號 = '" & 產品編號.Text & "'")
                If rs!筆數 > 0 Then
                    Answer = MsgBox("產品編號 [" & 產品編號.Text & "] 已存在", vbOKOnly)
                    產品編號.SetFocus
                    GoTo 資料不完整
                End If
                CloseDatabase                                             '關閉資料庫
            End If
          ' 檢查資料是否完整
            If 產品編號.Text = "" Then
                Answer = MsgBox("請輸入產品編號", vbOKOnly)
                GoTo 資料不完整
            End If
            產品基本檔.Recordset.Update                                    '資料錄更新
      ' 不儲存更新過的資料，直接關閉視窗
        ElseIf Answer = vbNo Then
            DataGrid.DataChanged = False
```

圖 9.16　產品資料設定.frm 原始碼

```
            產品基本檔.Recordset.CancelUpdate    '取消資料錄更新
    ' 取消關閉視窗的動作
        Else
資料不完整:
            Cancel = True
        End If
    End If
End Sub


Private Sub Form_Unload(Cancel As Integer)
    Unload Me
    Set  產品資料設定  = Nothing
End Sub


Private Sub DataGrid_DblClick()
    SSTab.Tab = 1
' 將所有的文字盒清為空白
    For Each Temp In Me
        If TypeOf Temp Is TextBox Then
        Temp.Text = Empty
        End If
    Next Temp
    If Not  產品基本檔.Recordset.EOF Then      'EOF 為資料錄的底端 意即有資料
        If IsNull(產品基本檔.Recordset("產品編號")) Then
            產品編號.Text = Empty
        Else
            產品編號.Text =  產品基本檔.Recordset("產品編號")
        End If
        If IsNull(產品基本檔.Recordset("單價")) Then
            單價.Text = Empty
        Else
            單價.Text =  產品基本檔.Recordset("單價")
        End If
        If IsNull(產品基本檔.Recordset("單位")) Then
            單位.Text = Empty
        Else
            單位.Text =  產品基本檔.Recordset("單位")
```

圖 9.16　（續）

```
            End If
            If IsNull(產品基本檔.Recordset("內容")) Then
                內容.Text = Empty
            Else
                內容.Text = 產品基本檔.Recordset("內容")
            End If
            If IsNull(產品基本檔.Recordset("備註")) Then
                備註.Text = Empty
            Else
                備註.Text = 產品基本檔.Recordset("備註")
            End If
        End If
End Sub

Private Sub 第一筆_Click()
    產品基本檔.Recordset.MoveFirst          '將目前資料錄移到第一筆
    DataGrid_DblClick
End Sub

Private Sub 上一筆_Click()
    產品基本檔.Recordset.MovePrevious       '將目前資料錄向上移一筆
    If 產品基本檔.Recordset.BOF Then        'BOF 為資料錄的頂端
        產品基本檔.Recordset.MoveFirst      '將目前資料錄移到第一筆
    End If
    DataGrid_DblClick
End Sub

Private Sub 下一筆_Click()
    產品基本檔.Recordset.MoveNext           '將目前資料錄向下移一筆
    If 產品基本檔.Recordset.EOF Then        'EOF 為資料錄的底端
        產品基本檔.Recordset.MoveLast       '將目前資料錄移到最後一筆
    End If
    DataGrid_DblClick
End Sub

Private Sub 最後一筆_Click()
    產品基本檔.Recordset.MoveLast           '將目前資料錄移到最後一筆
    DataGrid_DblClick
End Sub
```

圖 9.16　（續）

```
Private Sub 新增_Click()
    If 新增.Caption = "新    增" Then
    ' 將所有的文字盒清為空白
        For Each Temp In Me
            If TypeOf Temp Is TextBox Then
                Temp.Text = Empty
            End If
        Next Temp
        產品編號.Enabled = True
        單價.Enabled = True
        單位.Enabled = True
        內容.Enabled = True
        備註.Enabled = True
        SSTab.Tab = 1
        StatusBar.Panels("系統狀態").Text = "新增"
        產品編號.SetFocus
        新增.Caption = "確    定"
        刪除.Enabled = False
        編輯.Enabled = False
        查詢.Enabled = False
        第一筆.Enabled = False
        上一筆.Enabled = False
        下一筆.Enabled = False
        最後一筆.Enabled = False
    ElseIf 新增.Caption = "確    定" Then
        Answer = MsgBox("確定新增此筆資料？", vbYesNo)
    ' 確定新增
        If Answer = vbYes Then
         ' 檢查主索引是否重複
            OpenDatabase                        '開啟資料庫
         ' 建立 Recordset 物件：利用 Connection 物件的 Execute 方法將SQL指令執
         ' 行結果存在 Recordset 中
         ' 格式：set [Recordset物件名]=[Connection物件名].Execute(SQL指令)
            Set rs = cn.Execute("Select Count(*) As 筆數 From 產品基本檔 Where 產品編號 ='" & 產品編號.Text & "'")
            If rs!筆數 > 0 Then
```

圖 9.16　（續）

```
            Answer=MsgBox("產品編號 [" & 產品編號.Text & "] 已存在", vbOKOnly)
            產品編號.SetFocus
            Exit Sub
        End If
        CloseDatabase                    '關閉資料庫
    ' 檢查資料是否完整
        If 產品編號.Text = "" Then
            Answer = MsgBox("請輸入產品編號", vbOKOnly)
            Exit Sub
        End If
        OpenDatabase    '開啟資料庫
        cn.BeginTrans    '開始 Transaction
        On Error Resume Next    '先忽略Transaction所產生的錯誤,再回復資料
    ' 建立 Recordset 物件:利用 Connection 物件的 Execute 方法將SQL指令執
    ' 行結果存在 Recordset 中
    ' 格式:set [Recordset物件名]=[Connection物件名].Execute(SQL指令)
        Set rs = cn.Execute("Insert Into 產品基本檔(產品編號,單價,單位,內容,備註)
Values('" & 產品編號 & "','" & 單價 & "','" & 單位 & "','" & 內容 & "','" & 備註 & "') ")
        If Err <> 0 Then
            cn.RollbackTrans    '若失敗則取消 Transaction,回復資料
            Answer=MsgBox("新增產品編號 [" & 產品編號.Text & "] 失敗", vbOKOnly)
            產品編號.SetFocus
            Exit Sub
        End If
        cn.CommitTrans    '若成功則Commit Transaction,真正更新資料進資料庫
        CloseDatabase    '關閉資料庫
    End If
    新增.Caption = "新    增"
    刪除.Enabled = True
    編輯.Enabled = True
    查詢.Enabled = True
    第一筆.Enabled = True
    上一筆.Enabled = True
    下一筆.Enabled = True
    最後一筆.Enabled = True
    產品編號.Enabled = False
    單價.Enabled = False
```

圖 9.16　（續）

```
            單位.Enabled = False
            內容.Enabled = False
            備註.Enabled = False
            StatusBar.Panels("系統狀態").Text = "檢視"
            產品基本檔.Refresh              '重新選取資料
            產品基本檔.Recordset.MoveLast           '將目前資料錄移到最後一筆
            DataGrid_DblClick
        End If
    End Sub

Private Sub 刪除_Click()
    Answer = MsgBox("是否刪除此筆資料？", vbYesNo)
' 確定刪除
    If Answer = vbYes Then
        OpenDatabase                        '開啟資料庫
     ' 建立 Recordset 物件：利用 Connection 物件的 Execute 方法將SQL指令執行
     ' 結果存在 Recordset 中
     ' 格式：set [Recordset物件名]=[Connection物件名].Execute(SQL指令)
        Set rs＝cn.Execute("Delete From 產品基本檔 Where 產品編號='" & 產品編號 & "'")
        If Err <> 0 Then
            Answer = MsgBox("刪除產品編號 [" & 產品編號.Text & "] 失敗", vbOKOnly)
            產品編號.SetFocus
            Exit Sub
        End If
        CloseDatabase                       '關閉資料庫
    End If
    產品基本檔.Refresh                  '重新選取資料
    DataGrid_DblClick
End Sub

Private Sub 編輯_Click()
    If 編輯.Caption = "編    輯" Then
        產品編號.Enabled = False
        單價.Enabled = True
        單位.Enabled = True
        內容.Enabled = True
        備註.Enabled = True
```

圖 9.16 （續）

```
            SSTab.Tab = 1
            StatusBar.Panels("系統狀態").Text = "編輯"
            編輯.Caption = "確    定"
            新增.Enabled = False
            刪除.Enabled = False
            查詢.Enabled = False
            第一筆.Enabled = False
            上一筆.Enabled = False
            下一筆.Enabled = False
            最後一筆.Enabled = False
        ElseIf 編輯.Caption = "確    定" Then
            Answer = MsgBox("確定修改此筆資料？", vbYesNo)
        ' 確定修改
            If Answer = vbYes Then
            ' 檢查資料是否完整
                If 產品編號.Text = "" Then
                    Answer = MsgBox("請輸入產品編號", vbOKOnly)
                    Exit Sub
                End If
                OpenDatabase                        '開啟資料庫
                cn.BeginTrans                       '開始 Transaction
                On Error Resume Next    '先忽略Transaction所產生的錯誤，再回復資料
                內容.Text = Replace(內容.Text, "'", "''")
            ' 建立 Recordset 物件：利用 Connection 物件的 Execute 方法將SQL指令執
            ' 行結果存在 Recordset 中
            ' 格式：set [Recordset物件名]=[Connection物件名].Execute(SQL指令）

'*******************************************************************'***
'***
'***     為讓大家體驗 Transaction 的觀念，我們特別將原本一個UPDATE指令(一個
'***     SQL指令看不出效果)特別改寫為先DELETE再INSERT兩個指令將其放在
'***     BeginTrans和CommitTrans當中並且將判斷單價是否為數字的判別式和錯誤
'***     訊息提示視窗拿掉讀者可以在編輯產品基本檔時，故意將最後一樣單價欄位
'***     輸入文字，則資料庫執行到新增指令時時會發生錯誤而去執行RollbackTrans，
'***     而之前執行刪除指令被刪除的資料都會恢復原狀就和沒修改前一樣，所以先
'***     DELETE再INSERT這兩個指令都會同生共死喔
'*******************************************************************
```

圖 9.16　（續）

```
'***         Set  rs = cn.Execute("Update  產品基本檔 Set  單價=' " & 單價 & " ',單位=' " &
'***         單位 & " ',內容='" & 內容 & "',備註='" & 備註 & "' Where  產品編號='" & 產品
'***         編號 & " '")
             SqlStr = "Delete From  產品基本檔  Where  產品編號='" & 產品編號 & "'; "
             SqlStr = SqlStr & "Insert Into  產品基本檔(產品編號,單價,單位,內容,備註)
Values('" & 產品編號 & "','" & 單價 & "','" & 單位 & "','" & 內容 & "','" & 備註 & "') "
             Set rs = cn.Execute(SqlStr)
             If Err <> 0 Then
                  cn.RollbackTrans              '若失敗則取消 Transaction，回復資料
'***             Answer = MsgBox("修改產品編號 [" & 產品編號.Text & "] 失敗",
'***             vbOKOnly)
'***             單價.SetFocus
'***             Exit Sub
             End If
             cn.CommitTrans         '若成功則 Commit Transaction，真正更新資料進資料庫
             CloseDatabase                          '關閉資料庫
         Else
     ' 取消修改
             '產品基本檔.Recordset.CancelUpdate     '取消資料錄更新
         End If
         編輯.Caption = "編     輯"
         新增.Enabled = True
         刪除.Enabled = True
         查詢.Enabled = True
         第一筆.Enabled = True
         上一筆.Enabled = True
         下一筆.Enabled = True
         最後一筆.Enabled = True
         產品編號.Enabled = False
         單價.Enabled = False
         單位.Enabled = False
         內容.Enabled = False
         備註.Enabled = False
         StatusBar.Panels("系統狀態").Text = "檢視"
         產品基本檔.Refresh                       '重新選取資料
         DataGrid_DblClick
```

圖 9.16　（續）

```
        End If
    End Sub

Private Sub 查詢_Click()
    SSTab.Tab = 0
    If 所有資料選擇鈕.Value = True Then
        產品基本檔.RecordSource = " select * from  產品基本檔 "
        產品基本檔.Refresh    '重新選取資料
    ElseIf 產品編號選擇鈕.Value = True Then
        產品基本檔.RecordSource = " select * from 產品基本檔 where 產品編號 Like "%" & 產品編號條件欄位 & "%"
        產品基本檔.Refresh    '重新選取資料
    End If
    DataGrid_DblClick
    SSTab.Tab = 0
End Sub

Private Sub 離開子功能表_Click()
    End
End Sub

Private Sub 訂單管理作業功能表_Click()
' 顯示訂單管理作業視窗
    Unload Me
    訂單管理作業.Show
End Sub

Private Sub 客戶資料設定功能表_Click()
' 顯示客戶資料設定視窗
    Unload Me
    客戶資料設定.Show
End Sub

Private Sub 產品資料設定功能表_Click()
' 顯示產品資料設定視窗
```

圖 9.16　（續）

```
        Unload Me
        產品資料設定.Show
    End Sub

    Private Sub 產品基本檔_MoveComplete(ByVal adReason As ADODB.EventReasonEnum,
    ByVal pError As ADODB.Error, adStatus As ADODB.EventStatusEnum, ByVal pRecordset
    As ADODB.Recordset)
    ' 假如員工基本資料表沒有資料，則禁止使用編輯工具列之編輯與刪除功能
        If   產品基本檔.Recordset.RecordCount = 0 Then
            編輯.Enabled = False
            刪除.Enabled = False
            查詢.Enabled = False
            第一筆.Enabled = False
            上一筆.Enabled = False
            下一筆.Enabled = False
            最後一筆.Enabled = False
        '   顯示目前資料位置與資料總數
            StatusBar.Panels("資料位置/資料總數").Text = "無資料"
        Else
            編輯.Enabled = True
            刪除.Enabled = True
            查詢.Enabled = True
            第一筆.Enabled = True
            上一筆.Enabled = True
            下一筆.Enabled = True
            最後一筆.Enabled = True
        '   顯示目前資料位置與資料總數
            StatusBar.Panels("資料位置/資料總數").Text = 產品基本檔.Recordset. Absolute
    Position & "/" & 產品基本檔.Recordset.RecordCount
        End If
    End Sub

    Private Sub 所有資料選擇鈕_Click()
        所有資料選擇鈕.Value = True
        產品編號選擇鈕.Value = False
        產品編號條件欄位.Text = " "
```

圖 9.16　（續）

```
End Sub

Private Sub 產品編號選擇鈕_Click()
    所有資料選擇鈕.Value = False
    產品編號選擇鈕.Value = True
    產品編號條件欄位.Text = " "
    產品編號條件欄位.SetFocus
End Sub

Private Sub 產品編號_Change()
    產品編號.Text = UCase(產品編號.Text)      'UCase 將小寫字母換成大寫字母
    SendKeys "{END}"
End Sub
Private Sub 單價_Change()
    單價.Text = UCase(單價.Text)              'UCase 將小寫字母換成大寫字母
    SendKeys "{END}"
End Sub
Private Sub 單位_Change()
    單位.Text = UCase(單位.Text)              'UCase 將小寫字母換成大寫字母
    SendKeys "{END}"
End Sub
Private Sub 內容_Change()
    內容.Text = UCase(內容.Text)              'UCase 將小寫字母換成大寫字母
    SendKeys "{END}"
End Sub
Private Sub 備註_Change()
    備註.Text = UCase(備註.Text)              'UCase 將小寫字母換成大寫字母
    SendKeys "{END}"
End Sub
```

圖 9.16　(續)

```
Dim Position As String
Dim FirstIn As Boolean
Dim tmp_Spec As String


Private Sub Form_Unload(Cancel As Integer)
    Unload 產品內容查詢表單
    產品內容查詢表單.Visible = False
    Set 產品內容查詢表單 = Nothing
End Sub


Private Sub Form_KeyDown(KeyCode As Integer, Shift As Integer)
    If KeyCode = 27 Then                              '按 Esc 鍵 關閉
        Unload 產品內容查詢表單
    End If
End Sub


Private Sub DataGrid_DblClick()
    產品編號暫存 = 產品基本檔.Recordset("產品編號")
    內容暫存 = 產品基本檔.Recordset("內容")
    單位暫存 = 產品基本檔.Recordset("單位")
    單價暫存 = 產品基本檔.Recordset("單價")
    產品內容查詢表單.Visible = False
End Sub
```

圖 9.17 產品內容查詢表單.frm 原始碼

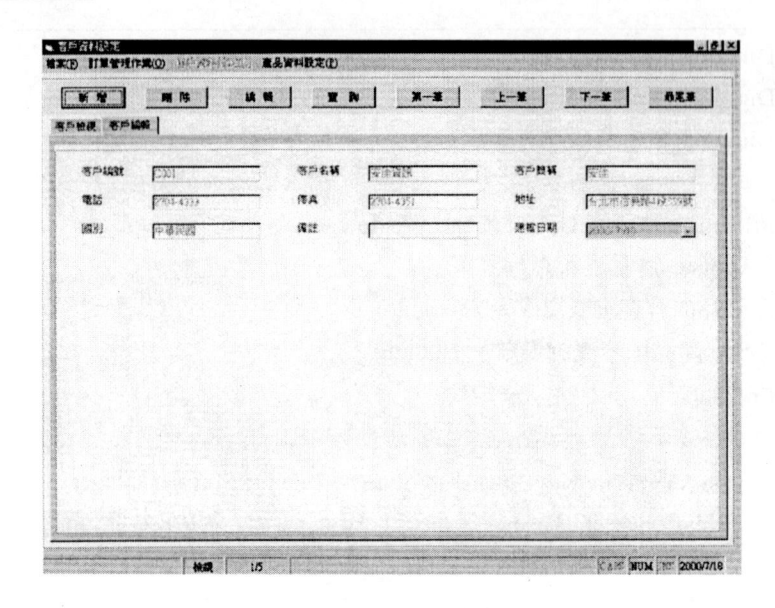

圖 9.18 客戶資料設定客戶編輯畫面

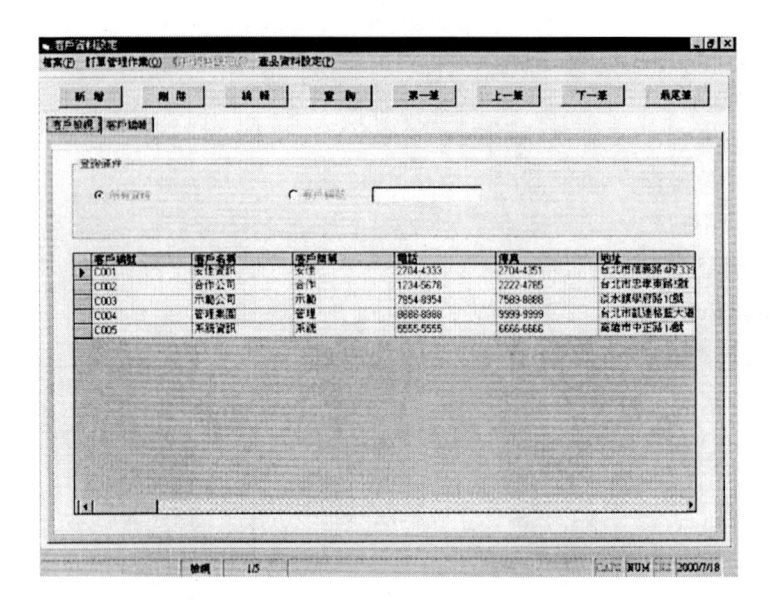

圖 9.19 客戶資料設定客戶檢視畫面

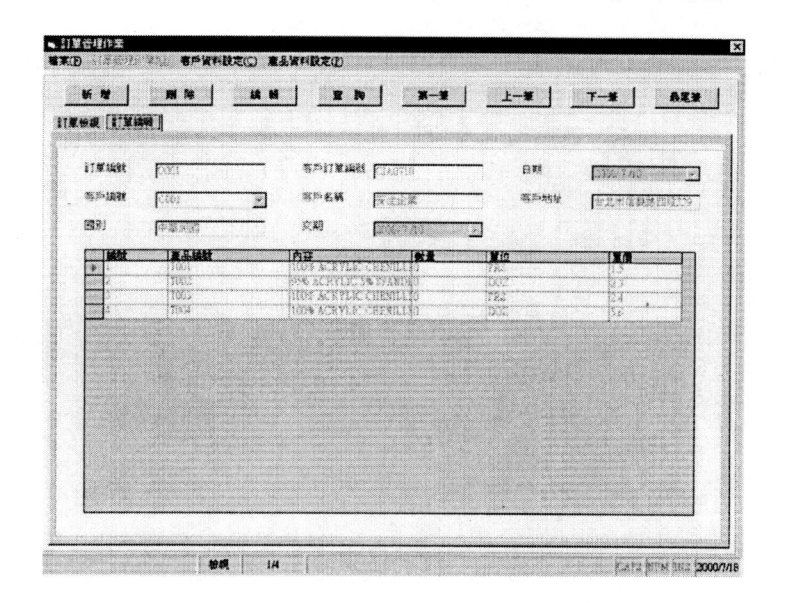

第九章　Visual Basic 使用者介面設計

圖 9.20　訂單管理作業訂單編輯畫面

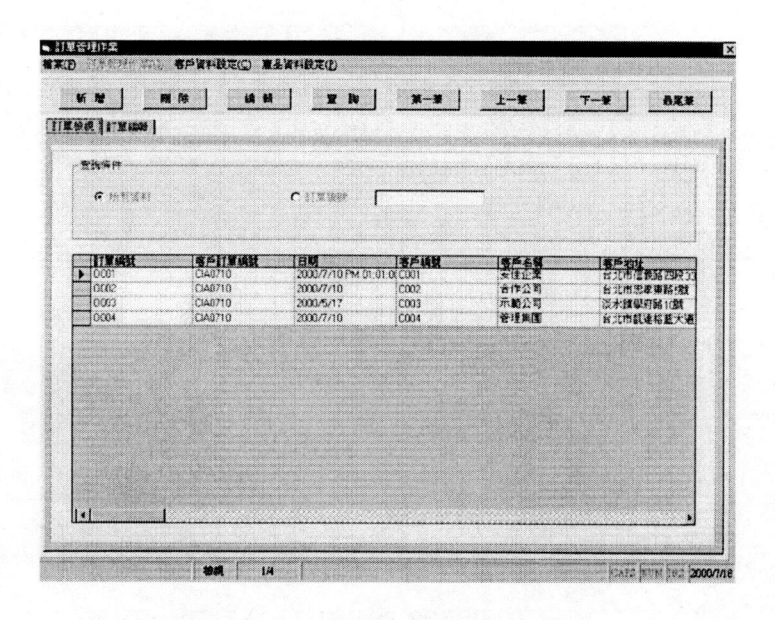

圖 9.21　訂單管理作業訂單檢視畫面

315

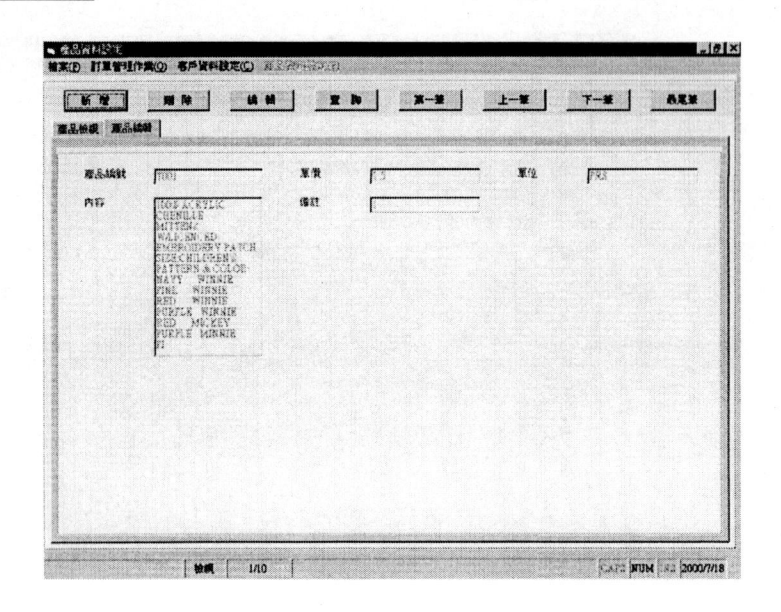

圖 9.22 產品資料設定產品編輯畫面

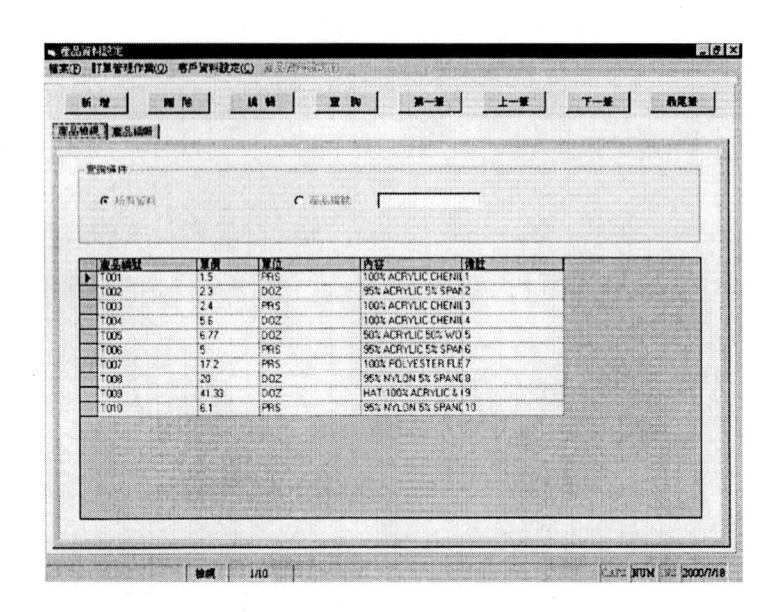

圖 9.23 產品資料設定產品檢視畫面

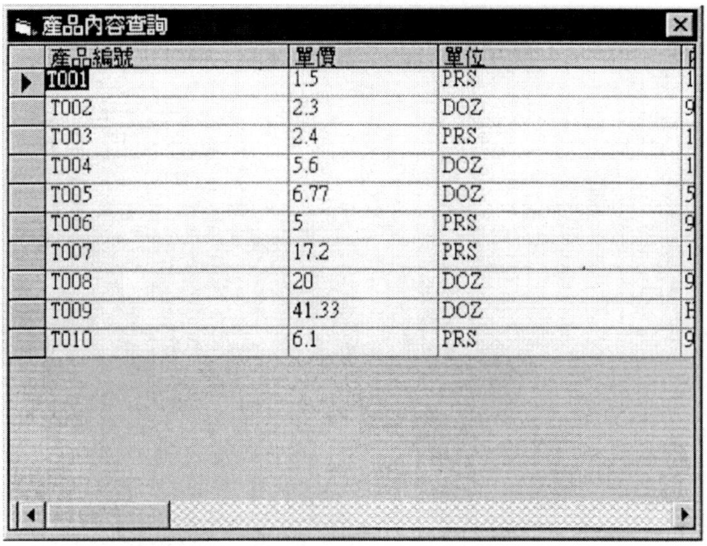

產品內容查詢

產品編號	單價	單位	
T001	1.5	PRS	1
T002	2.3	DOZ	9
T003	2.4	PRS	1
T004	5.6	DOZ	1
T005	6.77	DOZ	5
T006	5	PRS	9
T007	17.2	PRS	1
T008	20	DOZ	9
T009	41.33	DOZ	H
T010	6.1	PRS	9

圖 9.24 產品內容查詢畫面

Chapter 10

Active Server Page 使用者介面設計

在上一章我們已經介紹 ODBC 的設定，與回存我們的資料庫，在本章當中，我們將繼續介紹 Active Server Page Client 端使用者介面的設計，與程式撰寫方面的探討，至於 Active Server Page 其他細節方面，還請讀者自行參閱坊間關於動態網頁程式設計的相關書籍。

Active Server Page 的範例程式也是使用 "資料庫管理系統" 這個資料庫，如果讀者尚未建立 "資料庫管理系統" 這個資料庫，請按照第九章所提的步驟將資料庫回存回去；如果在第九章當中已經設定過 "資料庫管理系統" 這個 ODBC，那麼我們就不須再設定 ODBC 了，因為 Active Server Page 的範例程式也是使用 "資料庫管理系統" 這個 ODBC 連結到資料庫。

但是，除了建立 "資料庫管理系統" 這個資料庫和設定好 ODBC 外，讀者還必須在電腦上架設 Internet 網站伺服器，方能執行本書所提供的 ASP 範例程式，關於如何架設 Internet 網站伺服器的細節問題，還請讀者自行參考相關書籍。接下來，我們以本書所附的 ASP 範例程式為例，來探討如何架設 Internet 網站伺服器。

10.1　如何安裝 IIS4.0

在安裝 IIS4.0 之前，首先，讀者必須先確認電腦已經安裝好一片網路卡並已給予 IP 位址且能正常運作，以及系統至少更新到 Windows NT Service Pack3 及 Internet Explorer 4.01 以上的版本，IIS 4.0 (Internet Information Server) 可於 Windows NT 4.0 Option Pack 中文版中取得，若為 Windows 2000 則包括此功能在內。安裝步驟如下：

● 首先，放入 Windows NT 4.0 Option Pack 中文版光碟片執行 Setup.exe，我們將看到如圖 10.1 所示的畫面(若無 Windows NT 4.0 Option Pack 安裝程式請到 http://www.micrsoft.com/iis 抓取)。

第十章　Active Server Page 使用者介面設計

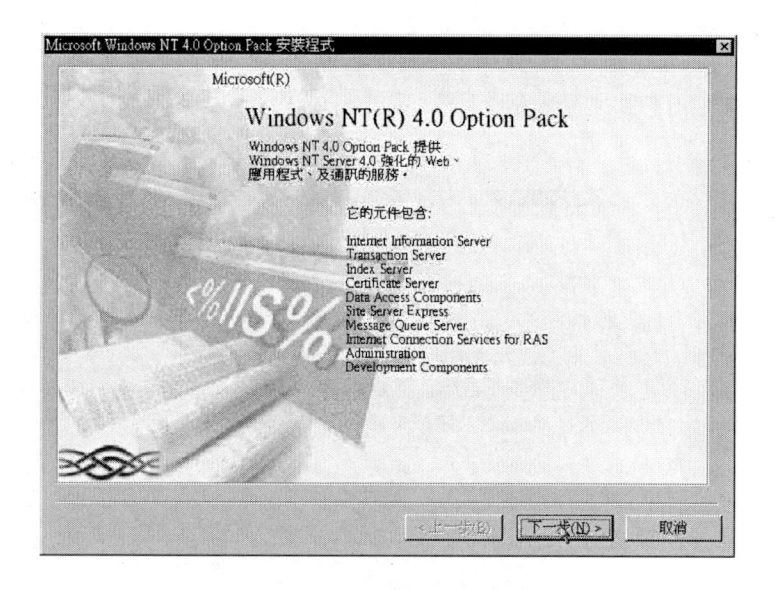

圖 10.1　進入 Option Pack 安裝畫面

- 接著，點選 "下一步(N)"，我們將看到如圖 10.2 所示的畫面。

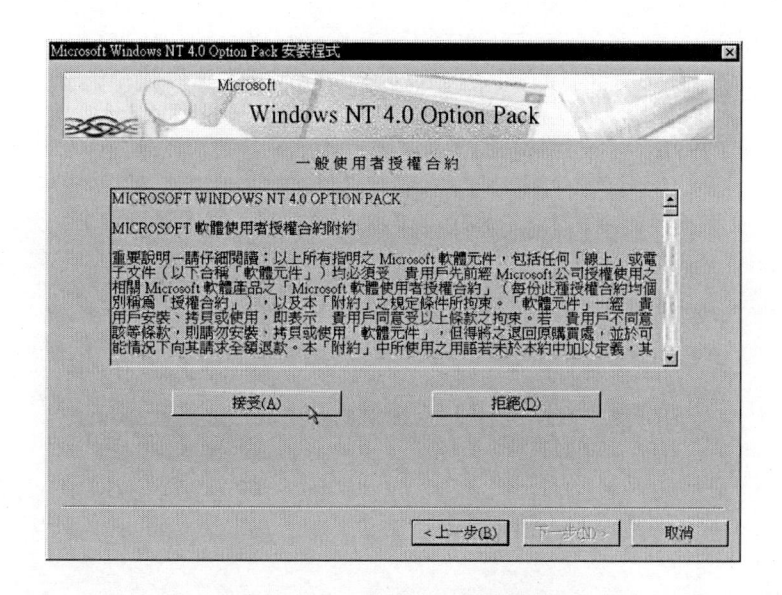

圖 10.2　一般使用者授權畫面

- 接著，點選"接受(A)"，再點選"下一步(N)"，我們將看到如圖 10.3 所示的畫面。

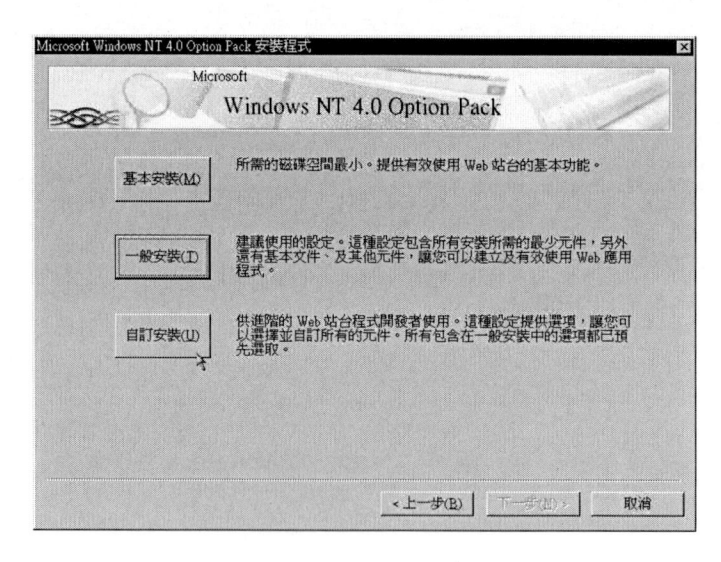

圖 10.3　選擇安裝方式畫面

- 接著，讀者可視需要點選一種方式安裝，再點選"下一步(N)"，我們將看到如圖 10.4 所示的畫面。

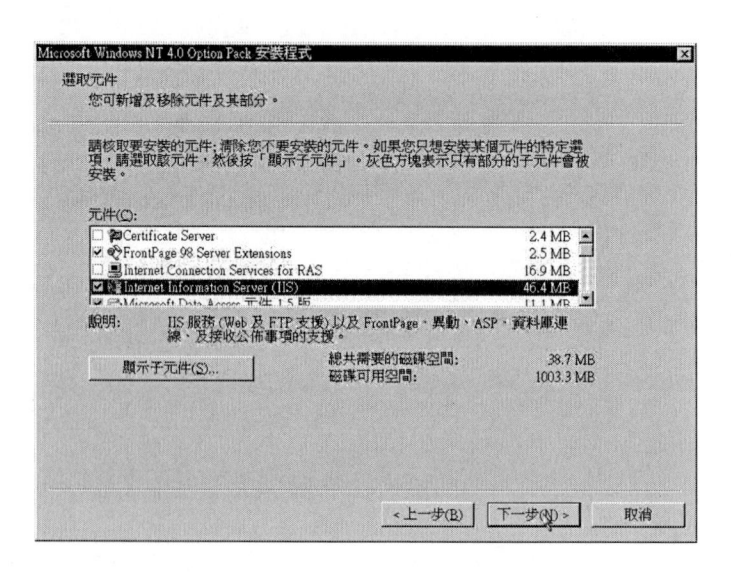

圖 10.4　選擇安裝元件畫面

◆ 基本安裝：最節省硬碟空間，僅僅安裝 Active Server Pages、Microsoft Data Acess Components、Internet 服務管理員等，若硬碟的空間有限，則可選此項安裝。

◆ 一般安裝：除了包含以上項目之外，還包括 FTP 服務、Internet 服務管理員 (HTML)、文件等。

◆ 自訂安裝：依照自己的需求挑選安裝項目。建議選此項安裝以便能安裝更多的說明文件，以供查詢使用。

● 接著，讀者可以視需求勾選想要使用的功能，本範例程式不須安裝其他元件直接點選 "下一步(N)" 即可，我們將看到如圖 10.5 所示的畫面。

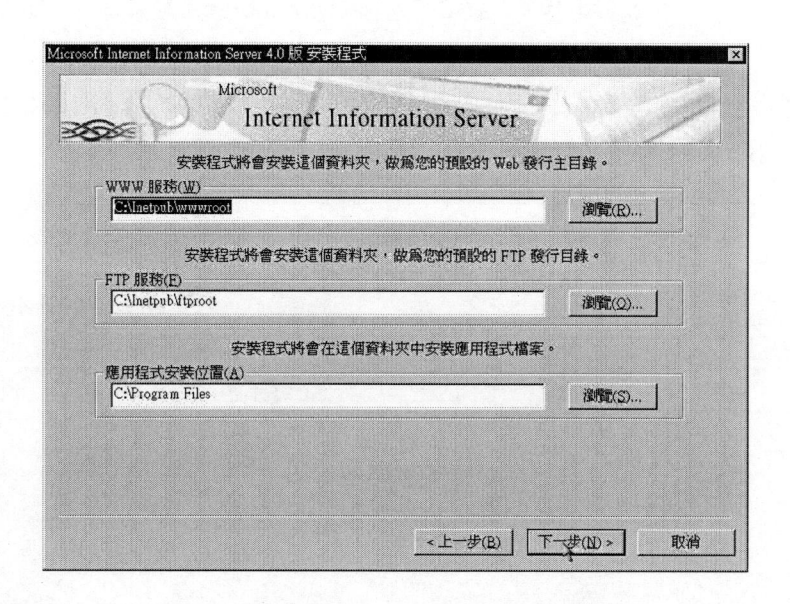

圖 10.5　設定 Web 安裝主目錄畫面

- 接著，直接點選 "下一步(N)" 即可，若有安裝 Transaction Server，我們將看到如圖 10.6 所示的畫面。

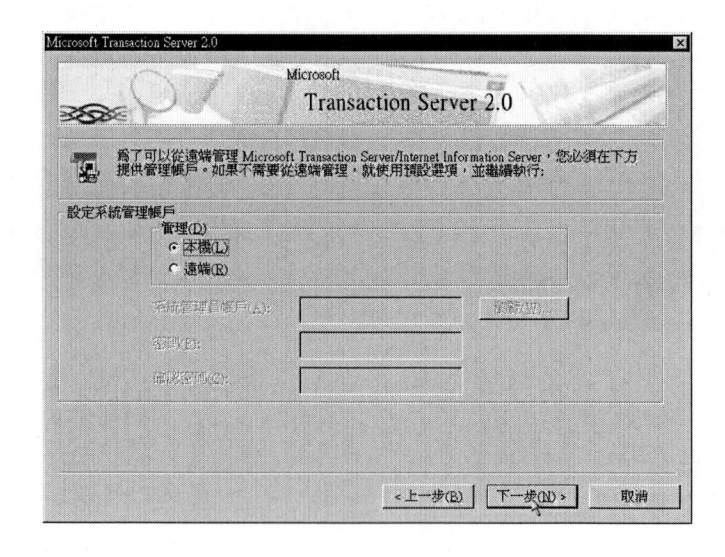

圖 10.6　設定 Transaction Server 系統管理帳戶畫面

- 接著，點選 "本機(L)"，再點選 "下一步(N)" 即可，若有安裝 Index Server，我們將看到如圖 10.7 所示的畫面。

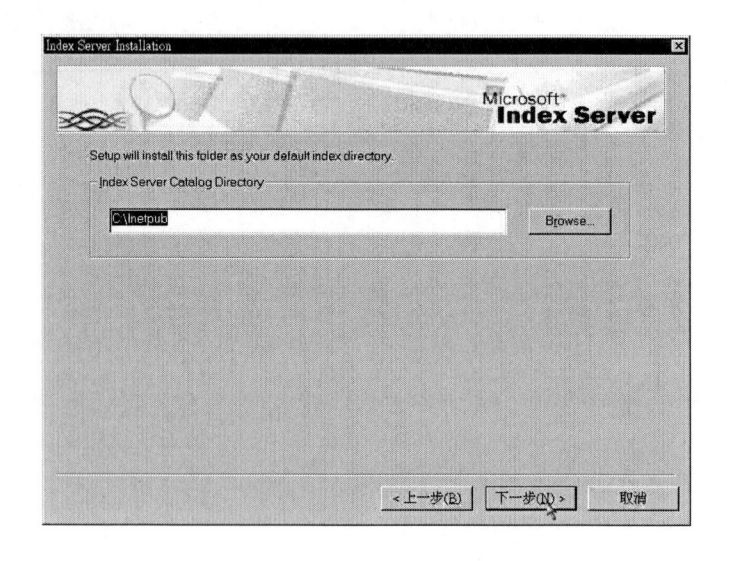

圖 10.7　設定 Index Server 目錄畫面

第十章　Active Server Page 使用者介面設計

- 接著，直接點選 "下一步(N)" 即可，若有安裝 SMTP Server，我們將看到如圖 10.8 所示的畫面。

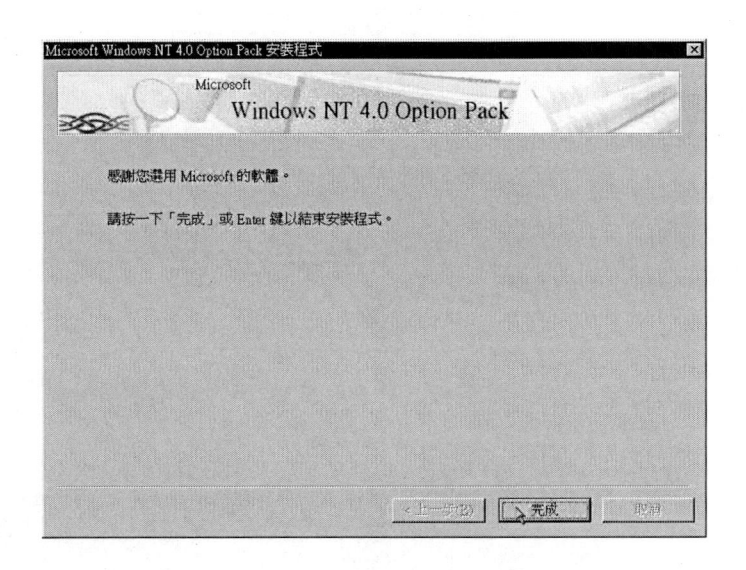

圖 10.8　安裝完成畫面

- 接著，點選 "完成" 即可完成 IIS 安裝。

- 接著，打開瀏覽器，"網址(D)" 欄位輸入 "http://localhost" 若顯示如圖 10.9 的畫面，則代表 IIS 已經正常的運作中了，若無法顯示內容則請檢查相關的網路設定或者是 IIS 設定。

資料庫基本理論與實作

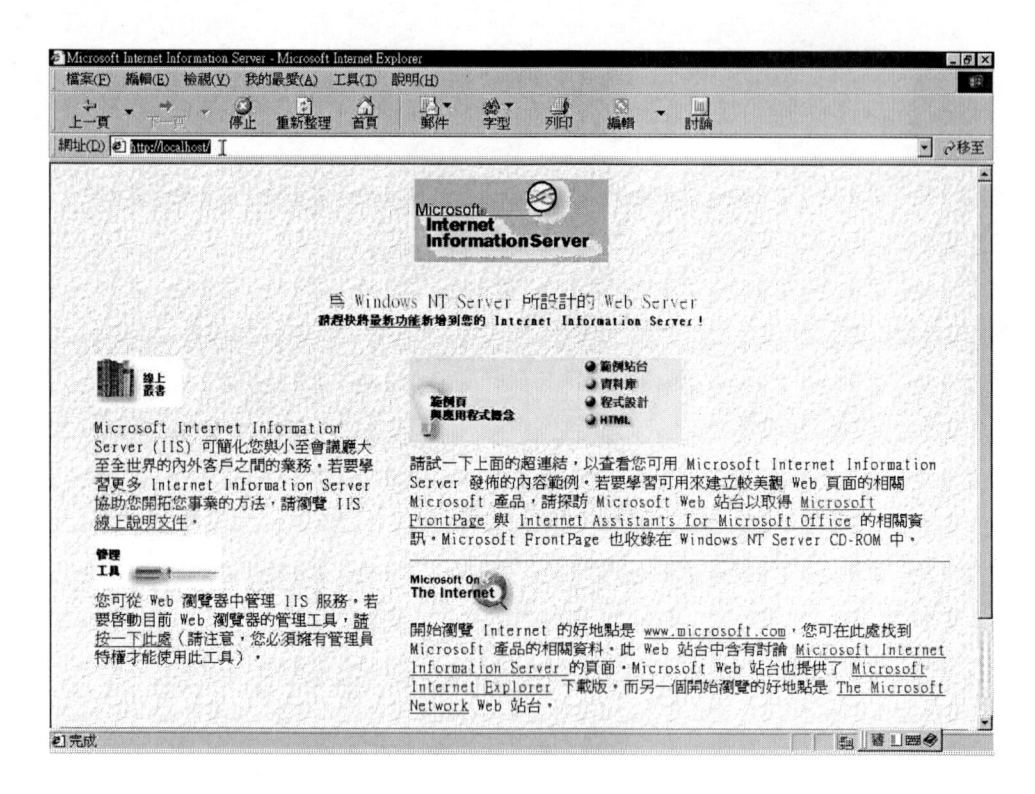

圖 10.9　成功安裝 IIS4.0 畫面

10.2　如何設定 IIS4.0

　　安裝完畢 IIS4.0 後，我們便可設定 IIS4.0 主目錄，以便執行本書所附的 ASP 範例程式了。設定步驟如下：

- 進入 Internet 服務管理員 (開始→程式集(P)→Windows NT 4.0 Option Pack→Microsoft Internet Information Server→Internet 服務管理員)，接著點選 Internet Information Server 前面 "+" 將其展開，再點選電腦名稱前面 "+" 將其展開，在 "預設的 Web 站台" 項目下按滑鼠右鍵，於出現的功能選單中選取 "Properties"，我們將看到如圖 10.10 所示的畫面。

326

第十章　Active Server Page 使用者介面設計

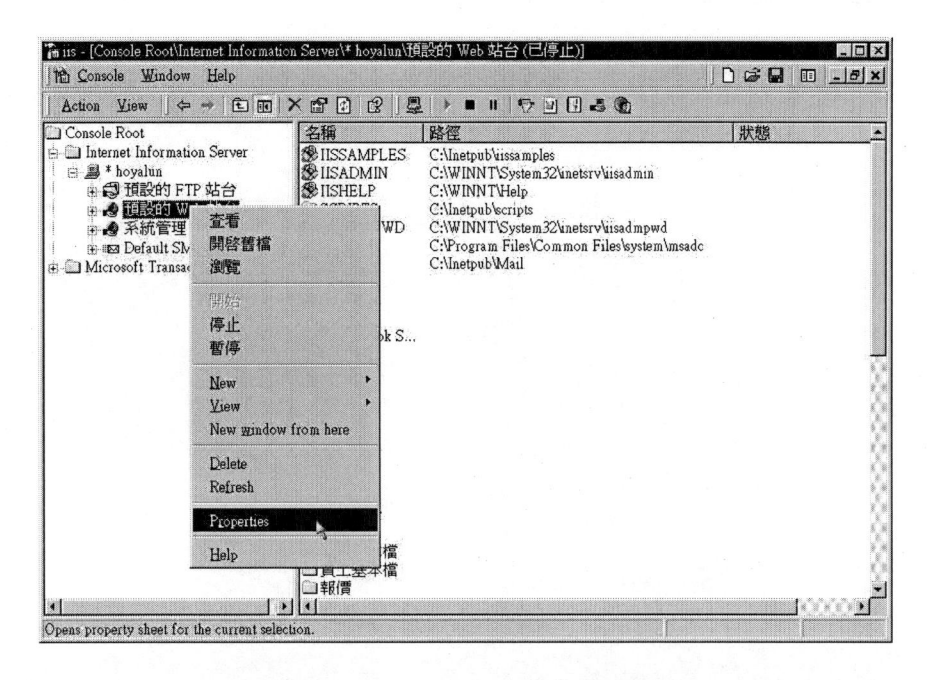

圖 10.10　進入 Internet 服務管理員畫面

- 接著，點選 "主目錄" 頁籤，接著在 "本機路徑(T)" 欄位上填入 "D:\資料庫管理系統"，再點選 "確定"。

- 接著，打開瀏覽器，"網址(D)" 欄位輸入 "http://localhost"，我們將看到如圖 10.11 所示的畫面。

資料庫基本理論與實作

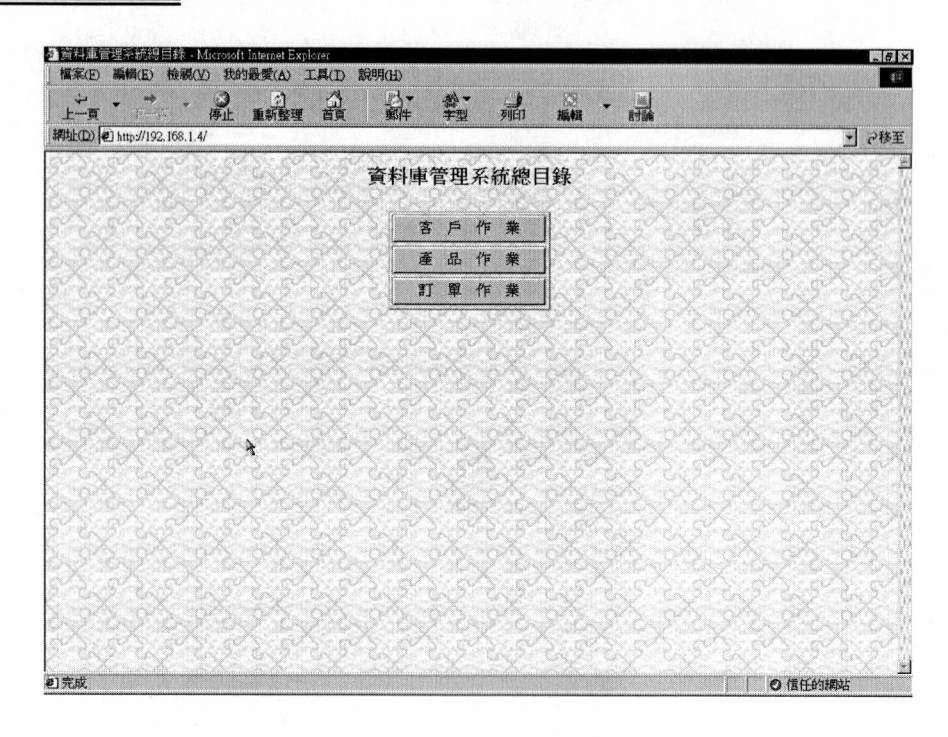

圖 10.11　進入資料庫管理系統總目錄畫面

當您看到圖 10.11 的畫面時，恭喜您！這代表您已經成功地建立一個資料庫管理系統，不知您現在是否更加興奮、成就感更大呢？

10.3　Active Server Page 範例程式原始碼

以下是本書所附贈 Active Server Page 範例程式碼部份，我們在原始程式碼部份均有詳細的註解，說明該段程式碼的功能是如何，閱讀底下的程式碼是需要一些基礎的，我們假設讀者已對 ASP 有初步的認識，且有初步的程式設計觀念。故此處對 ASP 使用技術不再贅述，程式中的註解說明則注重在 ASP 如何與資料庫互動的部份，其餘的部份讀者若有興趣請自行參閱 ASP 相關書籍。

第十章 Active Server Page 使用者介面設計

　　本範例藉著資料建構的流程，逐一講解 Recordset 物件的各種使用方法。整個系統共畫分為客戶、產品、訂單三部份，每個部份都會有新增、修改、刪除，但是使用的方式都不相同。客戶作業採用直接以 SQL 指令異動資料方式來處理資料，並定義第一種 Recordset 使用方法；產品作業則定義第二種 Recordset 使用方法，並以此方法來異動資料及處理資料；訂單作業則混合上述兩種方式依照實際狀況需求使用最佳的方式，務求融會貫通靈活運用。所以正確的步驟為客戶作業-> 產品作業-> 訂單作業，亦即依照主畫面的順序循序漸進。程式執行時，若想研究原始檔案內容，請參照位址列所列的檔案目錄及名稱即可。(例如：http://192.168.1.4/客戶/客戶管理.ASP，即為 WWW 主目錄下的 "客戶/客戶管理.ASP"。)

資料庫基本理論與實作

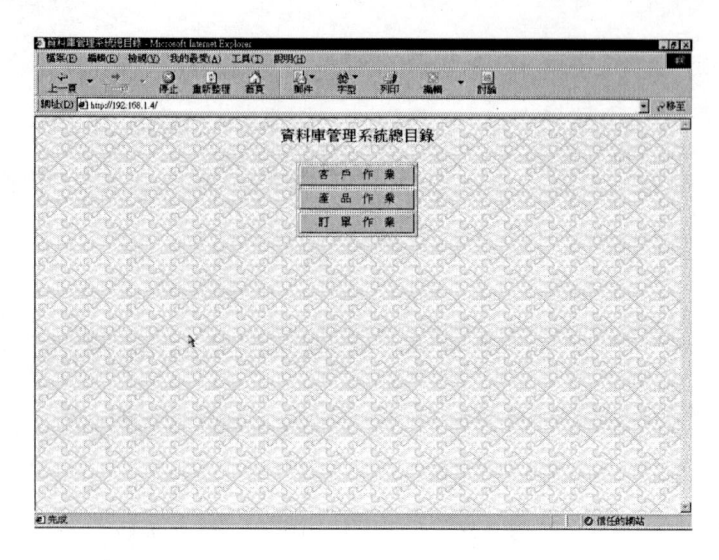

圖 10.12　資料庫管理系統總目錄畫面

```
<html>
<head>
<title>資料庫管理系統總目錄</title>
</head>

<body background="bg2.gif">

<center><H3>資料庫管理系統總目錄</H3><center>
<table border="2">
   <tr align="center">
     <td><input type="RESET" value="客　戶　作　業" onclick="window.location='客戶/客戶管理.ASP' "></td>
   <tr align="center">
     <td><input type="RESET" value="產　品　作　業" onclick="window.location='產品/產品管理.ASP' "></td>
   <tr align="center">
     <td><input type="RESET" value="訂　單　作　業" onclick="window.location='訂單/訂單管理.ASP' "></td>
</table>
</center>

</body>

</html>
```

圖 10.13　Default.asp 原始碼

```
<%
QUOT=chr(34)
other="&quot;"

'******************************************************************
'***
'*** 1. 建立 Connection 物件 conn 以負責開啟或連結資料庫
'***     格式：set [Connection物件名]=Server.CreateObject("ADODB.Connection")
'***
'******************************************************************

Set conn=Server.CreateObject("ADODB.Connection")

'******************************************************************
'***
'*** 2. 呼叫 Open 方法將剛剛建立的 conn 物件變數與資料庫連線
'***     格式： [Connection物件名].Open [ODBC名稱],[Login ID],[PassWord]
'***
'******************************************************************

conn.open "資料庫管理系統","sa"     '***因為沒設定 PassWord 所以省略 PassWord

'******************************************************************
'***
'***    將字串內含有 換行 及 空白 符號者轉為 HTML 對應標籤
'***
'******************************************************************

Function Changedata(data)
   IF ISNULL(Data) Or ISEMPTY(DATA) Then
     ChangeDATA=DATA
   ELSE
     enter="<BR>"
```

圖 10.14 Include.asp 原始碼

```
            DATA=Replace(Data,vbcrlf,enter)
            DATA=Replace(Data,CHR(32)," ")
            ChangeDATA=DATA
        END IF
    End Function


    '**********************************************************************
    '***
    '*** 將字串內含有 " 符號者轉為 HTML 對應標籤
    '***
    '**********************************************************************


    Function Sqldata( data )
        IF ISNULL(Data) Or ISEMPTY(DATA) Then
         SQLDATA=DATA
        ELSE
         DATA = Replace( data, quot, other )
         SQLDATA=DATA
        END IF
    End Function

    %>
```

圖 10.14　（續）

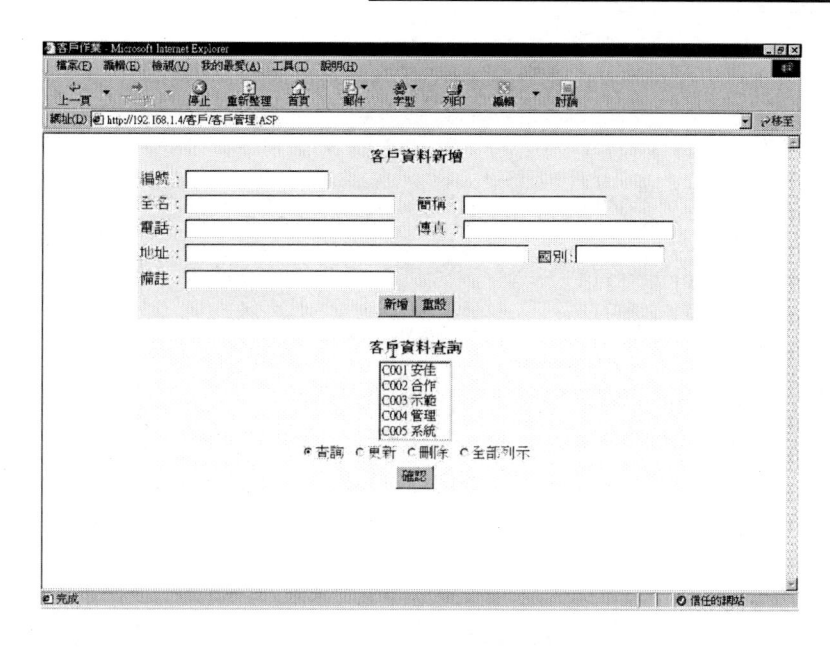

第十章　Active Server Page 使用者介面設計

圖 10.15　客戶資料設定畫面

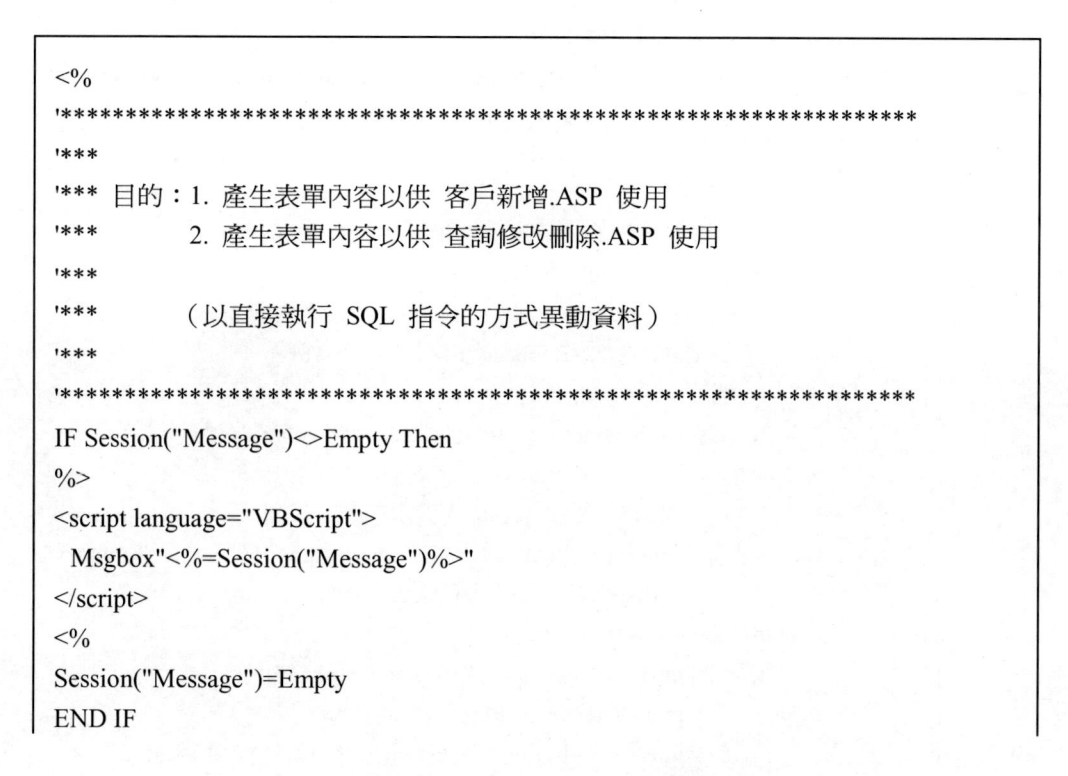

```
<%
'**************************************************************
'***
'***　目的：1. 產生表單內容以供 客戶新增.ASP 使用
'***　　　　2. 產生表單內容以供 查詢修改刪除.ASP 使用
'***
'***　　　　（以直接執行 SQL 指令的方式異動資料）
'***
'**************************************************************
IF Session("Message")<>Empty Then
%>
<script language="VBScript">
  Msgbox"<%=Session("Message")%>"
</script>
<%
Session("Message")=Empty
END IF
```

圖 10.16　客戶管理.asp 原始碼

333

```
%>
<html>
<head>
<title>客戶作業</title>
</head>
<body bgcolor="#FFFFFF">
<center>

<form method="POST" action="客戶新增.asp">
    <table border="0" bgcolor="#E9ECFC" width=750>
        <tr><th colspan="6">客戶資料新增</th>
        <tr><td>編號</td><td>:</td>
            <td><input type="text" size="20" maxlength="50" name="Customer_NO"
                value="<%=Request("Customer_NO")%>"></td>
        <tr><td>全名</td><td>:</td>
            <td><input type="text" size="30" maxlength="50" name="Customer"
                value="<%=Request("Customer")%>"></td>
            <td>簡稱</td><td>:</td>
            <td><input type="text" size="20" maxlength="50" name="C_Name"
                value="<%=Request("C_Name")%>"></td>
        <tr><td>電話</td><td>:</td>
            <td><input type="text" size="30" maxlength="50" name="Phone"
                value="<%=Request("Phone")%>"></td>
            <td>傳真</td><td>:</td>
            <td><input type="text" size="30" maxlength="50" name="Fax"
                value="<%=Request("FAX")%>"></td>
        <tr><td>地址</td><td>:</td>
            <td colspan=4><input type="text" size="50" maxlength="150"
                        name="Address"
                value="<%=request("ADDRESS")%>">
            國別:<input type="text" size="12" maxlength="50" name="Country"
                value="<%=Request("Country")%>"></td>
        <tr><td>備註</td><td>:</td>
            <td><input type="text" size="30" maxlength="50"
                name="Customer_Remark"
                value="<%=Request("Customer_Remark")%>"></td>
```

圖 10.16　(續)

```
            <tr><td align=center colspan="6">
                <input type="submit" value="新增"><input type="reset" value="重設"></td>
        </table>
</form>

<form method="POST" action="查詢更新刪除.asp">
    <table border="0" bgcolor="#FCFEE2" width=750>
        <tr><th>客戶資料查詢</th>
        <tr><td align=center><select name="Customer_NO" size="5">
<%

'***  功能：列出所有客戶資料

'*******************************************************************
'***   第一種 Recordset 物件使用方法：利用 Connection 物件的 Execute 方法
'***                       目前資料錄只可向下移動
'***
'***   格式：set [Recordset 物件名]=[Connection 物件名].Execute(SQL 指令）
'***
'***  1. 建立 Connection 物件 conn 以負責開啟或連結資料庫
'***     格式：set [Connection 物件名]=Server.CreateObject("ADODB.Connection")
'***
'*******************************************************************

Set conn=Server.CreateObject("ADODB.Connection")


'*******************************************************************
'***
'***  2. 呼叫 Open 方法將剛剛建立的 conn 物件變數與資料庫連線
'***     格式： [Connection 物件名].Open [ODBC 名稱],[Login ID],[PassWord]
'***
'*******************************************************************

conn.open "資料庫管理系統","sa"      '***因為沒設定 PassWord 所以省略PassWord
```

圖 10.16　（續）

```
'****************************************************************
'***
'*** 3. 建立 Recordset 物件：利用 Connection 物件的 Execute 方法
'***                    將 SQL 指令執行結果存在 Recordset 中
'***
'***    格式：set [Recordset物件名]=[Connection物件名].Execute(SQL指令）
'***
'***    此種方法目前資料錄只能往下移動,同時只有唯讀屬性,因此資料異動時只能
'***    以下 SQL 指令的方式進行,非常適合資料查詢時使用
'***
'****************************************************************
sqlstr="select * from 客戶基本檔  order by 客戶編號,客戶簡稱"

set rs=conn.Execute(sqlstr)    '*** 此處只需瀏覽資料錄不增刪資料,故用此法即可

do until rs.EOF              '*** EOF 為資料錄的底端 BOF 為資料錄的頂端

'****************************************************************
'*** 4. 利用 Recordset 存取資料
'***
'***    存取資料欄位的寫法應為 RS.Fileds("欄位名稱").Value 可簡寫為 RS("欄位名稱")
'***    或者是以 RS(0)、RS(1)... 對應資料欄位順序
'***
'****************************************************************
%>
      <option value="<%=rs("客戶編號")%>">
                <%=rs("客戶編號")&"   "&rs("客戶簡稱")%></option>
<%
'****************************************************************
'***
'***    改變目前資料錄的方法有 MoveNext           下移一筆
'***                         MovePreious         上移一筆
'***                         MoveFirst           移到第一筆
'***                         MoveLast            移到最後一筆
'***                         AbsolutePosition=N  移到第 N 筆
'***
```

圖 10.16　（續）

```
'***    但是  set [Recordset物件名]=[Connection物件名].Execute(SQL指令）的方法
'***    只能往下移動目前資料錄，故請勿使用 上移資料錄 的方法
'***
'**********************************************************************
        rs.movenext         '***  將目前資料錄向下移一筆
loop

'***    使用完關閉物件

rs.close
conn.close
%>
                </select></td>
                <tr><td align=center>
                <input type="radio" checked name="func" value="1">查詢
                <input type="radio" name="func" value="2">更新
                <input type="radio" name="func" value="3">刪除
                <input type="radio" name="func" value="4">全部列示
            <tr><td align=center><input type="submit"   value="確認"></td>
        </table>
</form>
</center>
</body>
</html>
```

圖 10.16　(續)

```asp
<!--#include virtual="/include.asp"--> <%'*** 將 include.asp 檔案內容包含進來%>
<%
'****************************************************************
'***
'*** 目的：新增客戶資料，處理 客戶新增.ASP 傳來的資料
'***
'***      （以直接執行 SQL 指令的方式異動資料）
'***
'****************************************************************


'****   取得 客戶管理.asp 中的廠商資料

Customer_NO=request("Customer_NO")
Customer=request("Customer")
C_Name=request("C_Name")
country=request("country")
Address=request("Address")
Phone=request("Phone")
Fax=request("Fax")
Customer_Remark=request("Customer_Remark")



if Customer_NO=Empty or Customer=Empty or C_Name=Empty then
  Session("Message")="客戶編號,客戶名稱,簡稱 一定要填！"
  All="/客戶/客戶管理.ASP"
  ALL=ALL&"?Customer_NO="&Server.URLEncode(Customer_NO)
  ALL=ALL&"&Customer="&Server.URLEncode(Customer)
  ALL=ALL&"&C_Name="&Server.URLEncode(C_Name)
  ALL=ALL&"&country="&Server.URLEncode(country)
  ALL=ALL&"&Address="&Server.URLEncode(Address)
  ALL=ALL&"&Phone="&Server.URLEncode(Phone)
  ALL=ALL&"&Fax="&Server.URLEncode(Fax)
  ALL=ALL&"&Customer_Remark="&Server.URLEncode(Customer_Remark)
  response.redirect ALL
end if
```

圖 10.17　客戶新增.asp 原始碼

```
'**********************************************************************
'***
'***    SQL 指令語法應為 select * from 客戶基本檔 where 客戶編號='111'
'***    但此處客戶編號 111 以變數 Customer_NO 替代
'***    所以整個語法分為三部份
'***            "select * from 客戶基本檔 where 客戶編號='"
'***            Customer_NO
'***            " ' "
'***    再以 & 將三個字串變數合起來成為一個完整指令
'***
'**********************************************************************

SQL="select * from 客戶基本檔 where 客戶編號=' " & Customer_NO & "'"

'**********************************************************************
'***
'*** 第一種 Recordset 物件使用方法：利用 Connection 物件的 Execute 方法
'***                              目前資料錄只可向下移動
'***
'*** 格式：set [Recordset 物件名]=[Connection 物件名].Execute(SQL 指令）
'***
'*** 1. 建立 Connection 物件以負責開啟或連結資料庫
'***    格式：set [Connection 物件名]=Server.CreateObject("ADODB.Connection")
'*** 2. 設定剛剛建立的 conn 物件變數與資料庫連線
'***    格式： [Connection 物件名].Open [ODBC 名稱],[Login ID],[PassWord]
'***
'***    由於這兩個步驟使用非常頻繁，所以我們把它建立在 include.asp 中，再把它
'***    include 進來所以這裡沒看到建立 Connection 物件的程序
'***
'*** 3. 建立 Recordset 物件 ： 利用 Connection 物件的 Execute 方法
'***                          將 SQL 指令執行結果存在 Recordset 中
'***
'***    格式：set [Recordset 物件名]=[Connection 物件名].Execute(SQL 指令）
'***
'***    此種方法目前資料錄只能往下移動,同時只有唯讀屬性,因此資料異動時只能
'***    以下 SQL 指令的方式進行，非常適合資料查詢時使用
'***
'**********************************************************************
```

圖 10.17　（續）

```
set CheckRS=conn.execute(SQL)

IF CheckRS.EOF Then                    '*** 先檢查資料庫中是否已有這筆資料

'*** 新增資料至資料庫

On Error Resume Next                   '*** 忽略錯誤

'********************************************************************
'***
'*** Transaction 的使用方法：Connection 物件提供
'***         BeginTrans/CommitTrans/RollBackTrans 三種方法，使用方式如下
'***
'***         [Connection 物件].BeginTrans        開始 Transaction
'***
'***         ......... 建立 Recordset 物件          ....
'***         ......... 利用 Recordset 物件異動資料  ....
'***
'***         [Connection 物件].CommitTrans       完成 Transaction
'***              或
'***         [Connection 物件].RollBackTrans     取消 Transaction
'***
'*** 注意事項：1. Connection 物件在使用 BeginTrans 方法前不可被別的 Recordset 使用
'***          2. Recordset 物件必須要建立在此 Connection 物件下，不可使用另
'***             一個 Connection 物件，且必須在 BeginTrans 之後
'***
'********************************************************************
'*** 建立新的 Connection 物件
Set Tr_conn=Server.CreateObject("ADODB.Connection")
Tr_conn.open "資料庫管理系統","sa"

 Tr_conn.BeginTrans                    '*** 啟動 Transaction

'*** 插入一筆新資料錄的 SQL 指令

SQL="Insert into 客戶基本檔 (客戶編號,客戶名稱,客戶簡稱,電話,傳真,地址,國別) "
SQL=SQL&" Values (' "&Customer_NO&" ',' "&Customer&" ',' "&C_Name&" ',"
SQL=SQL&" ' "&Phone&" ',' "&Fax&" ',' "&Address&" ',' "&country&" ')"
```

圖 10.17　（續）

```
                              '*** 由於此處只是要插入一筆新資料,不需要傳回值
Tr_conn.Execute(SQL)          '*** 所以不需要建立 Recordset 物件儲存傳回值
                              '*** 直接使用 Execute 方法執行 SQL 指令 即可


IF Err<>0 Then
  Tr_conn.RollBackTrans       '*** 若失敗則取消 Transaction,恢復資料
  Session("Message")="新增失敗!"
ELSE
  Tr_conn.CommitTrans
  Session("Message")="新增完成!"      '*** 若成功則 Commit Transaction,真正更新
                                      '*** 資料進資料庫
END IF


Tr_conn.close                 '*** 關閉 Connection 物件


On Error Goto 0               '*** 恢復 錯誤偵測


All="/客戶/客戶管理.ASP"
Response.redirect ALL


ELSE
  Session("Message")="已有此客戶編號!"
  All="/客戶/客戶管理.ASP"
  ALL=ALL&"?Customer="&Server.URLEncode(Customer)
  ALL=ALL&"&C_Name="&Server.URLEncode(C_Name)
ALL=ALL&"&country="&Server.URLEncode(country)
  ALL=ALL&"&Address="&Server.URLEncode(Address)
  ALL=ALL&"&Phone="&Server.URLEncode(Phone)
  ALL=ALL&"&Fax="&Server.URLEncode(Fax)
  ALL=ALL&"&Customer_Remark="&Server.URLEncode(Customer_Remark)
  response.redirect ALL

conn.close
END IF%>

</center>
</html>
```

圖 10.17　(續)

```
<!--#include virtual="/include.asp"--> <%'*** 將 include.asp 檔案內容包含進來%>
<%
'****************************************************************
'***
'*** 目的： 客戶資料查詢、修改、刪除，處理 客戶管理.ASP 傳來的資料
'***
'***        （以直接執行 SQL 指令的方式異動資料）
'***
'****************************************************************


func=request("func")
Customer_NO=request("Customer_NO")

if func=Empty then
  Session("Message")="請選擇一功能！"
  All="/客戶/客戶管理.ASP"
  response.redirect ALL
end if

if Customer_NO=Empty and func<>4 then
  Session("Message")="請一定要選擇一客戶！"
  All="/客戶/客戶管理.ASP"
  response.redirect ALL
end if

'*************************   資料列示   ******************************

if func=1 or func=4 then

'****************************************************************
'***
'*** 第一種 Recordset 物件使用方法：利用 Connection 物件的 Execute 方法
'***                              目前資料錄只可向下移動
'***
'*** 格式：set [Recordset 物件名]=[Connection 物件名].Execute(SQL 指令）
'***
```

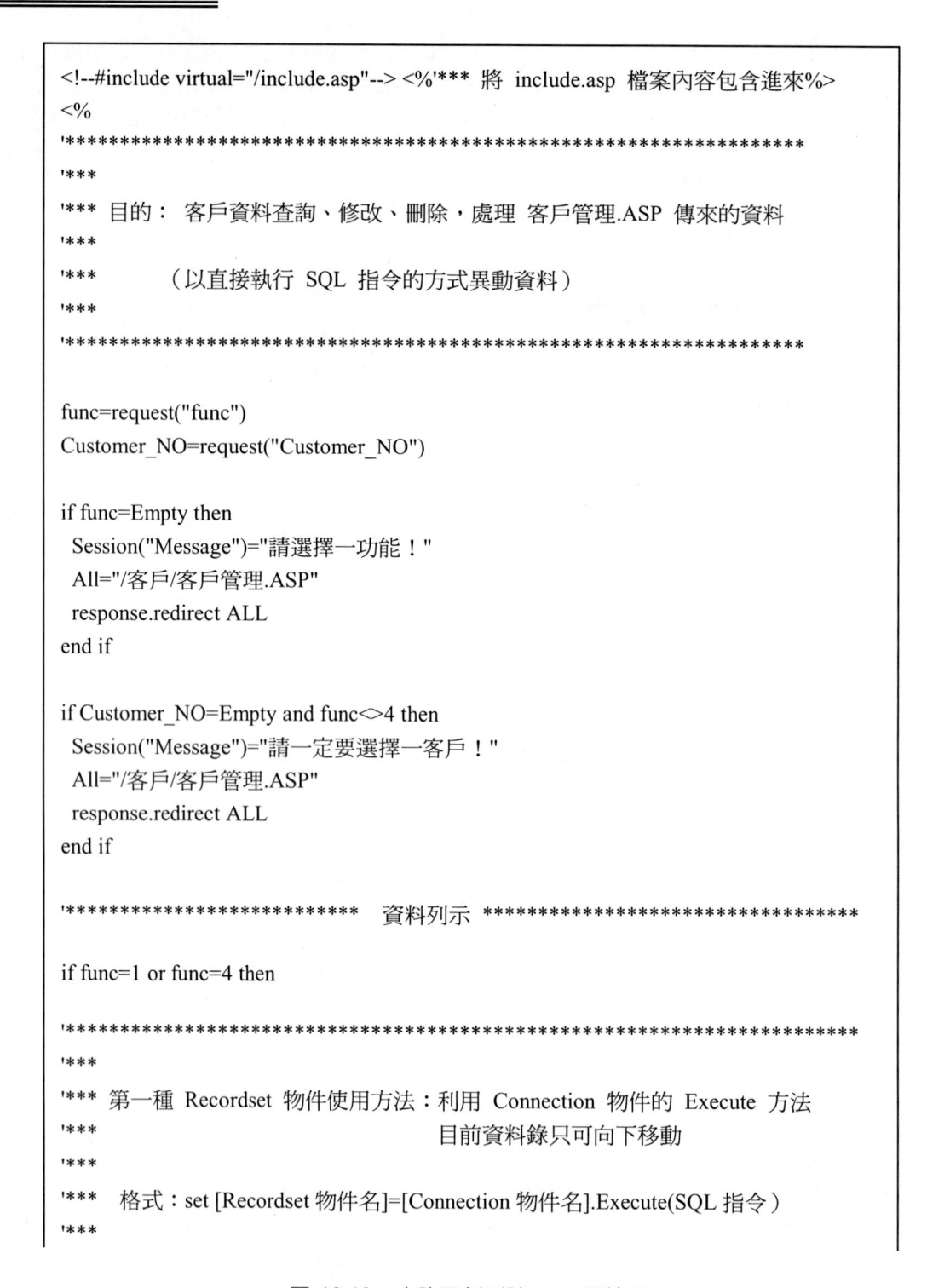

圖 10.18　查詢更新刪除.asp 原始碼

```
'***    利用 Connection 物件的 Execute 方法執行 SQL 指令
'***    並將結果儲存到 Recordset 中
'***    詳細說明請參閱 客戶管理.ASP
'***
'*************************************************************

    SQL="select * From 客戶基本檔"
    IF func=1 Then
     SQL=SQL&" Where 客戶編號='" & Customer_NO & "'"
    END IF
    set rs=conn.Execute(SQL)
%>
<html>
<title>客戶資料列示</title>
<body>
<center>
<%
    do until rs.EOF                    '*** 一直執行,直到到達 Recordset 底端為止
    %>
<p></p>
<table border="0" width="750" bgcolor="#FCFEE2" valign="top" >
    <tr><td width="110">客戶編號</td><td width="10">:</td>
        <td width="120"><%=rs("客戶編號")%></td>
        <td width="110">客戶名稱</td><td width="10">:</td>
        <td width="360"><%=rs("客戶名稱")%></td>
    <tr><td width="110">客戶簡稱</td><td width="10">:</td>
        <td width="120"><%=rs("客戶簡稱")%></td>
        <td rowspan=2 width="110">地址</td><td rowspan=2 width="10">:</td>
        <td rowspan=2 width="360"><%=rs("地址")%></td>
    <tr><td width="110">國別</td><td width="10">:</td>
        <td width="120"><%=rs("國別")%></td>
    <tr><td width="110">電話</td><td width="10">:</td>
        <td width="120"><%=rs("電話")%></td>
        <td width="110">傳真</td><td width="10">:</td>
        <td width="360"><%=rs("傳真")%></td>
    <tr><td width="110">備註</td><td width="10">:</td>
```

圖 10.18　(續)

```
                <td><%=rs("備註")%></td>
                <td width="110">建檔日期</td><td width="10">:</td>
                <td width="120"><%=rs("建檔日期")%></td>
</table>
<%
        rs.movenext                                    '*** 往下移一筆
    loop                                               '*** 繼續迴圈
%>
</center>
</body>
</html>
<%
        response.end
end if


'********************* 客戶資料刪除 **********************************


if func=3 then

    On Error Resume Next                               '*** 忽略錯誤


'********************************************************************
'***
'*** Transaction 的使用方法：Connection 物件提供
'***          BeginTrans/CommitTrans/RollBackTrans    三種方法，使用方式如下
'***
'***          [Connection 物件].BeginTrans            開始 Transaction
'***
'***          ......... 建立 Recordset 物件           ....
'***          ......... 利用 Recordset 物件異動資料 ....
'***
'***          [Connection 物件].CommitTrans           完成 Transaction
'***                 或
'***          [Connection 物件].RollBackTrans         取消 Transaction
'***
'*** 注意事項：1.Connection 物件在使用 BeginTrans 方法前不可被別的 Recordset 使用
```

圖 10.18 （續）

```
'***                 2. Recordset 物件必須要建立在此 Connection 物件下,不可使用另
'***                    一個 Connection 物件,且必須在 BeginTrans 之後
'***
'*******************************************************************
'*******************************************************************
'***
'*** 注意事項:採用執行SQL指令異動資料時,會將『所有』符合條件的資料錄全部
'***           一起異動所以要確定所下的條件作用的範圍,以免殃及無辜。
'***
'*******************************************************************


    '***** 建立新的 Connection 物件
    Set Tr_conn=Server.CreateObject("ADODB.Connection")
    Tr_conn.open "資料庫管理系統","sa"


    Tr_conn.BeginTrans                        '***   開始 Transaction


    '*** 利用 Connection 物件的 Execute 方法執行 SQL 指令


    Tr_conn.Execute("Delete From 客戶基本檔 Where 客戶編號='" & Customer_NO & "'")


    IF Err<>0 Then
      Tr_conn.RollBackTrans              '*** 若失敗則取消 Transaction,恢復資料
      Session("Message")="刪除失敗!"
    ELSE
      Tr_conn.CommitTrans
      Session("Message")="刪除完成!"     '*** 若成功則 Commit Transaction,
                                          '*** 真正更新資料進資料庫
    END IF


    Tr_conn.close                         '*** 關閉 Connection 物件


    On Error Goto 0                       '*** 恢復 錯誤偵測


    All="/客戶/客戶管理.ASP"
    response.redirect ALL
end if
```

圖 10.18 (續)

```
'***************** 客戶資料更新作業 *************************************
IF func=2 THEN
 If Request.Form("ACTION")=Empty Then

   Set rs=Server.CreateObject("ADODB.Recordset")
   sqlstr="select * from  客戶基本檔  where  客戶編號='" & Customer_NO & "'"
   rs.open sqlstr,conn,3,2

IF Session("Message")<>Empty Then
%>
<script language="VBScript">
  Msgbox"<%=Session("Message")%>"
</script>
<%
Session("Message")=empty
END IF
%>
<html>
<title>客戶資料更新</title>
<body>
<center>
<form method="POST" action="<%=Request.ServerVariables("PATH_INFO")%>">
<input type="hidden" name="func" value="2">
<input type="hidden" name="Customer_NO" value="<%=Customer_NO%>">

    <table border="0" bgcolor="#E9ECFC" width=750>
    <tr><th colspan="6">客戶資料更新</th>
    <tr><td>編號</td><td>:</td><td><%=rs("客戶編號")%></td>
    <tr><td>全名</td><td>:</td>
    <td><input type="text" size="30" maxlength="50" value="<%=rs("客戶名稱")%>"
             name="Customer"></td>
    <tr><td>簡稱</td><td>:</td>
        <td><input type="text" size="20" maxlength="50" value="<%=rs("客戶簡稱")%>"
             name="C_Name"></td>
```

圖 10.18　（續）

```
            <tr><td>電話</td><td>:</td>
            <td><input type="text" size="30" maxlength="50" value="<%=rs("電話")%>"
                name="Phone"></td>
            <td>傳真</td><td>:</td>
            <td><input type="text" size="30" maxlength="50" value="<%=rs("傳真")%>"
                name="Fax"></td>
    <tr><td>地址</td><td>:</td>
            <td colspan=4><input type="text" size="50" maxlength="150"
                    value="<%=rs("地址")%>" name="Address">
                    國別:<input type="text" size="12" maxlength="50"
                    value="<%=rs("國別")%>"   name="Country"></td>

    <tr><td>備註</td><td>:</td>
        <td><input type="text" size="30" maxlength="30" value="<%=rs("備註")%>"
                name="Customer_Remark"></td>
    </table>
<input type="submit" name="ACTION" value="更新">
</form>
<%
 Else
   if request("Customer")=Empty or request("C_Name")=Empty then
     Session("Message")="客戶全名,簡稱一定要填！"
     All=Request.ServerVariables("PATH_INFO")
     ALL=ALL&"?Customer_NO="&Server.URLEncode(Customer_NO)
     ALL=ALL&"&func=2&ACTION="
     response.redirect ALL
   end if


   On Error Resume Next                          '*** 忽略錯誤
   '*** 建立新的 Connection 物件
   Set Tr_conn=Server.CreateObject("ADODB.Connection")
   Tr_conn.open "資料庫管理系統","sa"


   Tr_conn.BeginTrans                            '***  開始 Transaction
```

圖 10.18 （續）

```
SQL="Update 客戶基本檔  set "
SQL=SQL&"客戶名稱='"&request("Customer")&"'"
SQL=SQL&",客戶簡稱='"&request("C_Name")&"'"
SQL=SQL&",電話='"&request("Phone")&"'"
SQL=SQL&",傳真='"&request("Fax")&"'"
SQL=SQL&",地址='"&request("Address")&"'"
SQL=SQL&",國別='"&request("Country")&"'"
SQL=SQL&",備註='"&request("Customer_Remark")&"'"
SQL=SQL&" where 客戶編號='"&Customer_NO&"'"

  Tr_conn.execute(SQL)        '*** 利用 Connection 物件的 Execute 方法執行 SQL 指令

   IF Err<>0 Then
    Tr_conn.RollBackTrans            '*** 若失敗則取消 Transaction，恢復資料
      Session("Message")="修改失敗！"
   ELSE
    Tr_conn.CommitTrans  '*** 若成功則 Commit Transaction，真正更新資料進資料庫
      Session("Message")="修改完成！"
   END IF

   Tr_conn.close                '*** 關閉 Connection 物件

   On Error Goto 0              '*** 恢復 錯誤偵測
   All="/客戶/客戶管理.ASP"
   Response.redirect ALL
 End If
End IF
rs.close
conn.close
%>
</table>
</center>
</BODY>
</html>
```

圖 10.18　（續）

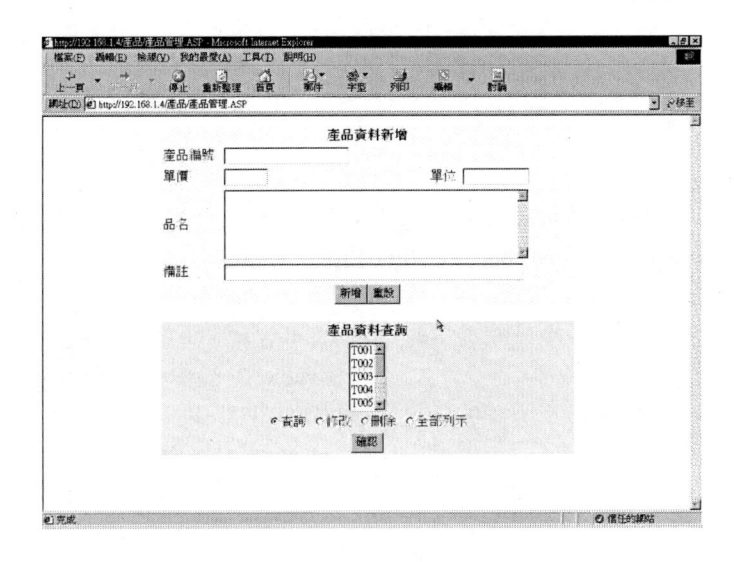

第十章　Active Server Page 使用者介面設計

圖 10.19　產品資料設定畫面

```
<%
'****************************************************************
'***
'***  目的：1. 產生表單內容以供 產品新增.ASP 使用
'***       2. 產生表單內容以供 查詢修改刪除.ASP 使用
'***
'***       （以 Recordset 方式異動資料）
'***
'****************************************************************
%>
<!--#include virtual="/include.asp"-->   <%  '*** 將 include.asp 檔案內容包含進來%>
<%
IF Session("Message")<>Empty Then
%>
<script language="VBScript">
        Msgbox"<%=Session("Message")%>"
</script>
<%
Session("Message")=Empty
END IF
```

圖 10.20　產品管理.asp 原始碼

```
%>
<html>
<body>
<center>
<form method="POST" action="產品新增.asp">
    <table border="0" bgcolor="#FCFEE2" width=640>
        <tr><th colspan="4">產品資料新增</th>
        <tr><td>產品編號</td><td><input type="text" maxlength="50" name="ItemNo"
                        value="<%=Request("ItemNo")%>"></td>
        <tr><td>單價</td><td><input type="text" maxlength="6" size=6 name="PRICE"
                        value="<%=Request("Price")%>"></td>
            <td>單位</td><td><input  type="text" maxlength="10" size=10 name="UNIT"
                        value="<%=Request("Unit")%>"></td>
        <tr><td>品名</td><td colspan=3>
            <textarea name="CONTENT" rows="5"
cols="50"><%=Request("Content")%></textarea></td>
        <tr><td>備註</td><td colspan=3>
                <input type="text" size=50 maxlength="50" name="Remark"
                    value="<%=Request("Remark")%>"></td>
        <tr><td align=center colspan="4">
            <input type="submit" name="ACTION" value="新增">
            <input type="reset" value="重設"></td>
    </table>
</form>

<form method="POST" action="查詢更新刪除.asp">
    <table border="0" bgcolor="#E9ECFC" width=640>
        <tr><th>產品資料查詢</th>
        <tr><td align=center WIDTH=893><select name="ItemNo" size="5">
<%
'*** 功能：列出所有產品資料

'***********************************************************************
'***
'*** 第二種 Recordset 物件使用方法：利用 Recordset 物件的 Open 方法執行 SQL
'***                            指令目前資料錄可上下移動的方法
'*** 格式：set [Recordset物件名]=Server.CreateObject("ADODB.Recordset")
```

圖 10.20　（續）

```
'***        [Recordset 物件名].open SQL 指令或表格名稱,[Connection 物件名],[指標類
'***        型],[鎖定類型]
'***
'***
'*** 1. 建立 Connection 物件 conn 以負責開啟或連結資料庫
'***    格式：set [Connection 物件名]=Server.CreateObject("ADODB.Connection")
'***
'*** 2. 呼叫 Open 方法將剛剛建立的 conn 物件變數與資料庫連線
'***    格式： [Connection 物件名].Open [ODBC 名稱],[Login ID],[PassWord]
'***
'***    由於這兩個步驟使用非常頻繁，所以我們把它建立在 include.asp 中，再把它
'***    include 進來所以這裡沒看到建立 Connection 物件的程序
'***
'*** 3. 建立 Recordset 物件：利用 Recordset 物件的 Open 方法執行 SQL 指令
'***                        並將 SQL 指令執行結果存在 Recordset 中
'***
'***    格式：set [Recordset 物件名]=Server.CreateObject("ADODB.Recordset")
'***        [Recordset 物件名].open [SQL 指令或表格名稱],[Connection 物件名],[指標類
'***        型],[鎖定類型]
'***
'***        [指標類型]分為 adOpenForwardOnly   (代碼=0)：唯讀、目前資料錄只能向下移動
'***                      adOpenKeyset         (代碼=1)：可讀寫、目前資料錄可上下移
'***                                                    動、適單人使用
'***                      adOpenDynamic        (代碼=2)：可讀寫、目前資料錄可上下移動
'***                      adOpenStatic         (代碼=3)：唯讀、目前資料錄可上下移動
'***
'***        [鎖定類型]分為 adLockReadOnly      (代碼=1)：預設值、可省略、開啟唯讀的資
'***                                                    料錄
'***                      adLockPessimistic    (代碼=2)：悲觀鎖定
'***                      adLockOptimistic     (代碼=3)：樂觀鎖定
'***                      adLockBatchOptimistic(代碼=4)：批次樂觀鎖定
'***
'***    悲觀鎖定：改變資料錄內容時便進入鎖定，直到更新資料 (Update) 後才解除
'***    樂觀鎖定：改變資料錄內容時不鎖定，直到更新資料 (Update) 時才鎖定，更
'***            新完便解除
'***    批次樂觀鎖定：改變多筆資料錄內容時不鎖定，直到更新資料 (UpdateBatch)
'***                時才鎖定，更新完便解除
```

圖 10.20　(續)

```
'***
'***      ＃＃ 詳細資料請參閱 MSDN ADO RecordSet 物件 Open 方法 ＃＃
'***
'*******************************************************************
sqlstr=" select * from 產品基本檔 order by 產品編號"      '*** 設定 SQL 指令

Set rs=Server.CreateObject("ADODB.Recordset")

rs.open sqlstr,conn,3       '*** 此處只需瀏覽資料錄不增刪資料、故指標類型唯讀即可
                            '*** 且鎖定類型為 adLockReadOnly，為預設值可省略

do until rs.EOF             '*** EOF 為資料錄的底端 BOF 為資料錄的頂端

'*******************************************************************
'*** 4. 利用 Recordset 存取資料
'***
'***     存取資料欄位的寫法應為 RS.Fileds("欄位名稱").Value 可簡寫為 RS("欄位名稱")
'***     或者是以 RS(0)、RS(1)... 對應資料欄位順序
'***
'*******************************************************************
%>
<option value="<%=rs("產品編號")%>"><%=rs("產品編號")%></option>
<%
'*******************************************************************
'***     改變目前資料錄的方法有 MoveNext              下移一筆
'***                           MovePreious           上移一筆
'***                           MoveFirst             移到第一筆
'***                           MoveLast              移到最後一筆
'***                           AbsolutePosition=N    移到第 N 筆
'*******************************************************************
      rs.movenext                              '*** 將目前資料錄向下移一筆
loop


'***     使用完關閉物件

rs.close
```

圖 10.20 （續）

```
conn.close
%>
        </select></td>
            <tr><td align=center>
                <input type="radio" checked name="func" value="1">查詢
                <input type="radio" name="func" value="2">修改
                <input type="radio" name="func" value="3">刪除
                <input type="radio" name="func" value="4">全部列示</td>
            <tr><td align=center><input type="submit" value="確認"></td>
            </tr>
        </table>
</form>
</center>
</body>
</html>
```

圖 10.20　(續)

```
<!--#include virtual="/include.asp"-->
<%
'************************************************************************
'***
'*** 目的：新增產品資料，處理 產品新增.ASP 傳來的資料
'***
'***          （以 Recordset 方式異動資料）
'***
'************************************************************************

'*******　取得 產品新增.asp FORM 中的值

ItemNO=request("ItemNo")
PRICE=request("PRICE")
CONTENT=request("CONTENT")
REMARK=request("REMARK")
UNIT=request("UNIT")
```

圖 10.21　產品新增.asp 原始碼

```
if ItemNO=Empty then
  Session("Message")="產品編號一定要填！"
  All="/產品/產品管理.ASP"
  ALL=ALL&"?PRICE="&Server.URLEncode(PRICE)
  ALL=ALL&"&CONTENT="&Server.URLEncode(CONTENT)
  ALL=ALL&"&REMARK="&Server.URLEncode(REMARK)
  ALL=ALL&"&UNIT="&Server.URLEncode(UNIT)
  response.redirect ALL
end if

if UNIT=Empty then
  Session("Message")="單位 一定要填！"
All="/產品/產品管理.ASP"
  ALL=ALL&"?ItemNO="&Server.URLEncode(ItemNO)
  ALL=ALL&"&PRICE="&Server.URLEncode(PRICE)
  ALL=ALL&"&CONTENT="&Server.URLEncode(CONTENT)
  ALL=ALL&"&REMARK="&Server.URLEncode(REMARK)
  ALL=ALL&"&UNIT="&Server.URLEncode(UNIT)
  response.redirect ALL
end if

if Price=Empty or (Not ISNumeric(Price)) then
  Session("Message")="單價 有誤！"
  All="/產品/產品管理.ASP"
  ALL=ALL&"?ItemNO="&Server.URLEncode(ItemNO)
  ALL=ALL&"&CONTENT="&Server.URLEncode(CONTENT)
  ALL=ALL&"&REMARK="&Server.URLEncode(REMARK)
  ALL=ALL&"&UNIT="&Server.URLEncode(UNIT)
  response.redirect ALL
end if

'*******************************************************************
'***
'***    SQL 指令語法應為  select * from 產品基本檔  Where 產品編號='111'
'***    但此處客戶編號 111 以變數 ItemNo 替代
```

圖 10.21　（續）

```
'***     所以整個語法分為三部份
'***               "select * from  產品基本檔  Where  產品編號='"
'***               ItemNo
'***               "'"
'***     再以 & 將三個字串變數合起來成為一個完整指令
'***
'************************************************************************
SQL="Select * From  產品基本檔  Where  產品編號='" & ItemNo & "'"


'************************************************************************
'***
'***     第一種 Recordset 物件使用方法:利用 Connection 物件的 Execute 方法
'***                            目前資料錄只可向下移動
'***
'***          ＃＃ 詳細說明請參考 客戶管理.ASP ＃＃
'***
'************************************************************************

set CheckRS=conn.execute(SQL)
IF CheckRS.EOF Then                    '*** 先檢查資料庫中是否已有這筆資料

'******** 新增至資料庫

 On Error Resume Next                  '*** 忽略錯誤


'************************************************************************
'***
'*** Transaction 的使用方法:Connection 物件提供
'*** BeginTrans/CommitTrans/RollBackTrans 三種方法,使用方式如下
'***
'***           [Connection  物件].BeginTrans       開始 Transaction
'***
'***           ......... 建立  Recordset  物件        ....
'***           ......... 利用  Recordset  物件異動資料 ....
'***
```

圖 10.21　(續)

```
'***              [Connection 物件].CommitTrans      完成 Transaction
'***                    或
'***              [Connection 物件].RollBackTrans    取消 Transaction
'***
'***   注意事項：  1.Connection 物件在使用 BeginTrans 方法前不可被別的 Recordset
'***                使用
'***              2.Recordset 物件必須要建立在此 Connection 物件下，
'***                不可使用另一個 Connection 物件，且必須在 BeginTrans 之後
'***
'****************************************************************
'****************************************************************
'*** 1. 建立 Connection 物件 conn 以負責開啟或連結資料庫
'***    格式：set [Connection物件名]=Server.CreateObject("ADODB.Connection")
'****************************************************************
Set Tr_conn=Server.CreateObject("ADODB.Connection")   '* 建立新的 Connection 物件


'****************************************************************
'*** 2. 呼叫 Open 方法將剛剛建立的 conn 物件變數與資料庫連線
'***    格式： [Connection物件名].Open [ODBC名稱],[Login ID],[PassWord]
'****************************************************************
 Tr_conn.open "資料庫管理系統","sa"

 Tr_conn.BeginTrans                      '*** 啟動 Transaction


'****************************************************************
'***
'*** 第二種 Recordset 物件使用方法：利用 Recordset 物件的 Open 方法執行 SQL 指
'***                              令目前資料錄可上下移動的方法
'*** 格式：set [Recordset物件名]=Server.CreateObject("ADODB.Recordset")
'***      [Recordset物件名].open SQL指令或表格名稱,[Connection物件名],[指標類
'***      型],[鎖定類型]
'***
'***      ＃＃ 詳細說明請參考 產品管理.ASP ＃＃
'***
'****************************************************************
```

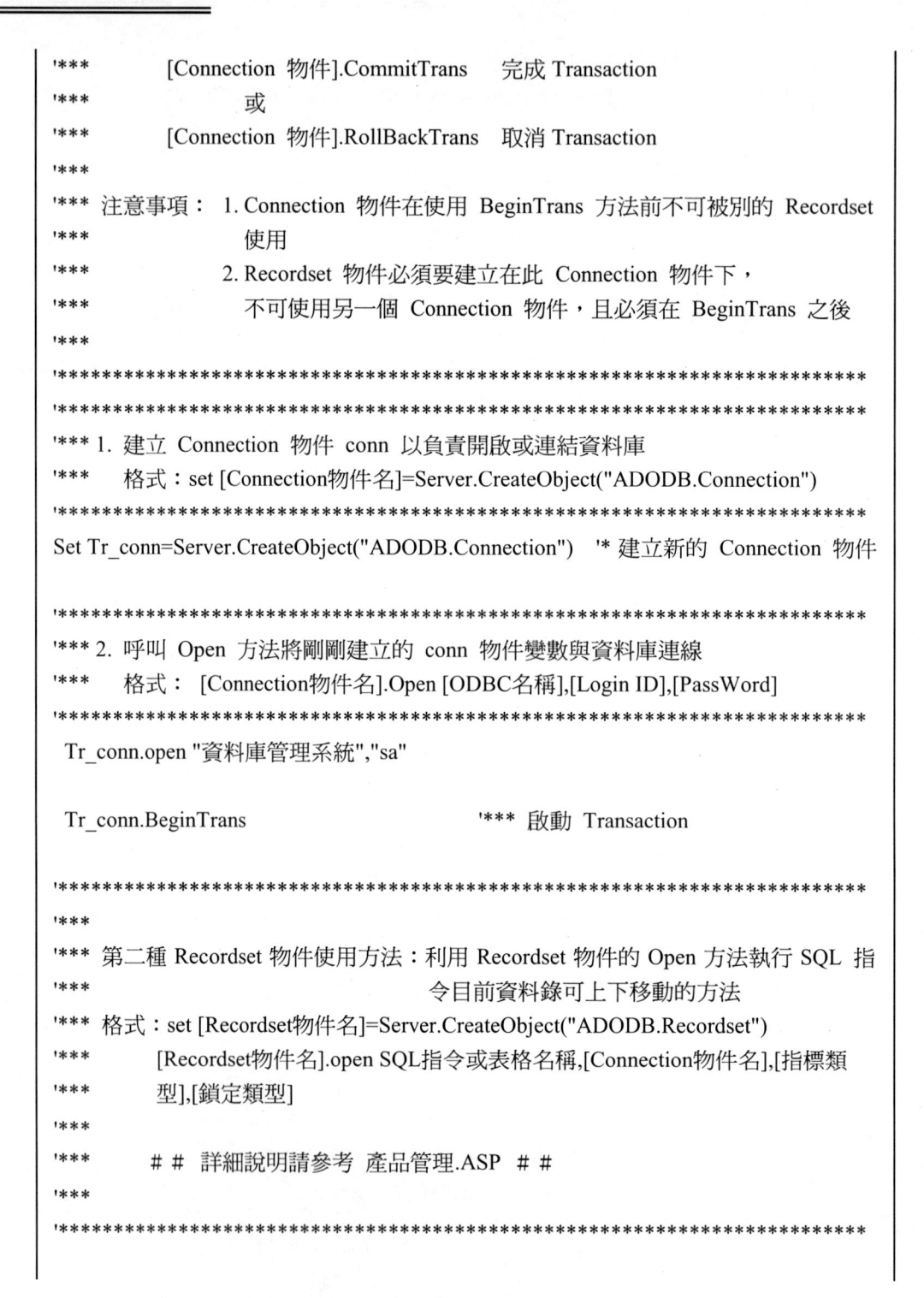

圖 10.21　（續）

```
'*********************************************************************
'*** 3. 建立 Recordset 物件：利用 Recordset 物件的 Open 方法執行 SQL 指令並將
'***                SQL指令執行結果存在 Recordset 中
'***
'***    格式：set [Recordset物件名]=Server.CreateObject("ADODB.Recordset")
'***         [Recordset物件名].open [SQL指令或表格名稱],[Connection物件名],[指標類
'***    型],[鎖定類型]
'*********************************************************************
    Set rs=Server.CreateObject("ADODB.Recordset")
    sqlstr="產品基本檔"        '*** 因為要新增資料，所以只要表格名稱就好了


    rs.open sqlstr,Tr_conn,2,2 '*** 避免錯誤，指標類型為 adOpenDynamic(=2)
                               '*** 採取 悲觀鎖定(=2)

    rs.AddNew                  '* 將目前資料錄移到 Recordset 最底端準備新增資料
    rs("產品編號")=ItemNo       '* 將欄位值寫入到對應的欄位中，悲觀鎖定從此處開始
                                  鎖定資料
    rs("單價")=Price
    rs("單位")=UNIT
    rs("內容")=CONTENT
    rs("備註")=REMARK
    rs.Update                  '*** 將資料寫入資料庫，解除鎖定
    rs.close

IF Err<>0 Then
 Tr_conn.RollBackTrans     '*** Translation 取消並恢復所有改變
 Session("Message")="新增失敗！"
ELSE
 Tr_conn.CommitTrans       '*** 若成功則 Commit Transaction，真正更新資料進資料庫
 Session("Message")="新增完成！"
END IF

Tr_conn.close              '*** 關閉 Connection 物件

On Error Goto 0            '*** 恢復 錯誤偵測
```

圖 10.21　（續）

```
  All="/產品/產品管理.ASP"
   Response.redirect ALL
 ELSE
   Session("Message")="資料庫已有此產品編號！"
   All="/產品/產品管理.ASP"
   ALL=ALL&"?PRICE="&Server.URLEncode(PRICE)
   ALL=ALL&"&CONTENT="&Server.URLEncode(CONTENT)
   ALL=ALL&"&REMARK="&Server.URLEncode(REMARK)
   ALL=ALL&"&UNIT="&Server.URLEncode(UNIT)
   response.redirect ALL

 END IF
 checkrs.close
 conn.close
 %>
```

圖 10.21　（續）

```
<!--#include virtual="/include.asp"-->
<%
func=request("func")
ItemNo=Request("ItemNo")

if func=Empty then
 Session("Message")="請選擇一功能！"
  All="/產品/產品管理.ASP"
  response.redirect ALL
end if

if ItemNo=Empty and func<>4 then
  Session("Message")="請選擇一產品！"
  All="/產品/產品管理.ASP"
  response.redirect ALL
end if
```

圖 10.22　查詢更新刪除.asp 原始碼

```
'***************   資料列示   ******************************************

if func=1 or func=4 then

'*********************************************************************
'***
'*** 第二種 Recordset 物件使用方法:利用 Recordset 物件的 Open 方法執行 SQL
'***                        指令目前資料錄可上下移動的方法
'*** 格式:set [Recordset物件名]=Server.CreateObject("ADODB.Recordset")
'***       [Recordset物件名].open SQL指令或表格名稱,[Connection物件名],[指標類
'***       型],[鎖定類型]
'***
'***   ＃＃ 詳細說明請參閱 產品管理.ASP ＃＃
'***
'*********************************************************************

    Set rs=Server.CreateObject("ADODB.Recordset")
    SQL="select * from 產品基本檔 "
    if func=1 then
      SQL=SQL&" where  產品編號='" & ItemNo & "'"
    end if

    rs.open SQL,conn,3    '*** 此處只需瀏覽資料錄不增刪資料,故指標類型唯讀即可
                          '*** 且鎖定類型為 adLockReadOnly,為預設值可省略
%>
<html>
<title>產品資料列示</title>
<body>
<center>
<%
    do until rs.EOF     '*** 一直執行,直到到達 Recordset 底端為止
%>
<p></p>
<table border="2" width="750" valign="top" >
  <tr><td bgcolor="#FCFEE2" width="124" height="28">產品編號</td>
      <td width="287" height="28" colspan="3"><%=RS("產品編號")%></td>
```

圖 10.22　(續)

```
<tr><td bgcolor="#FCFEE2" valign="top" width="124" height="28">單價</td>
    <td width="119" height="28"><%=rs("單價")%></td>
    <td bgcolor="#FCFEE2" width="50" height="28">單位</td>
    <td width="118" height="28"><%=rs("單位")%></td>
<tr><td bgcolor="#FCFEE2" valign="top" width="124" height="22">內容</td>
    <td colspan="4" width="573" height="22"><%=ChangeData(rs("內容"))%></td>
<tr><td bgcolor="#FCFEE2" width="124" height="22">備註</td>
    <td colspan="4" width="573" height="22"><%=RS("備註")%> </td>
</table>
<%
    rs.Movenext                           '*** 將目前資料錄向下移一筆
    Loop                                  '*** 繼續迴圈


rs.close
conn.close
End if


'********************** 刪除作業 *************************************

IF func=3 THEN

  SET CheckRS=conn.Execute("select * from 產品基本檔 where 產品編號='"&ItemNo&"'")
  IF CheckRS.EOF Then
    Session("Message")="查無此產品！"
    All="/產品/產品管理.ASP"
    response.redirect ALL
  END IF

  Set CheckRS=Conn.Execute("Select * From 訂單明細 Where 產品編號='"&ItemNo&"'")
  IF CheckRS.EOF Then

    On Error Resume Next                  '*** 忽略錯誤

'*********************************************************************
'***
'*** Transaction 的使用方法：Connection 物件提供
```

圖 10.22　(續)

```
'***            BeginTrans/CommitTrans/RollBackTrans  三種方法,使用方式如下
'***
'***       [Connection 物件].BeginTrans       開始 Transaction
'***
'***        ......... 建立 Recordset 物件          ....
'***        ......... 利用 Recordset 物件異動資料 ....
'***
'***       [Connection 物件].CommitTrans       完成 Transaction
'***              或
'***       [Connection 物件].RollBackTrans     取消 Transaction
'***
'***  注意事項: 1.Connection 物件在使用 BeginTrans 方法前不可被別的 Recordset
'***              使用
'***           2.Recordset 物件必須要建立在此 Connection 物件下,不可使用另
'***              一個 Connection 物件,且必須在 BeginTrans 之後
'***
'************************************************************************

'***** 建立新的 Connection 物件

Set Tr_conn=Server.CreateObject("ADODB.Connection")
Tr_conn.open "資料庫管理系統","sa"


Tr_conn.BeginTrans         '***  開始 Transaction

Set rs=Server.CreateObject("ADODB.Recordset")

'*** SQL 指令,先找到要刪除的資料

sqlstr="select * from 產品基本檔 where 產品編號='" & ItemNo & "'"

rs.open sqlstr,Tr_conn,2,2    '*** 避免錯誤,指標類型為 adOpenDynamic(=2)
                              '*** 採取 悲觀鎖定(=2)

rs.delete                     '*** 直接呼叫 Delete 就可以了

IF Err<>0 Then
```

圖 10.22 (續)

```
            Tr_conn.RollBackTrans          '*** Translation 取消並恢復所有改變
           Session("Message")="刪除失敗！"
         ELSE
           Tr_conn.CommitTrans    '*** 若成功則 Commit Transaction，真正更新資料進資料庫
           Session("Message")="刪除完成！"
         END IF

         Tr_conn.close
         On Error Goto 0                    '*** 恢復 錯誤偵測


         All="/產品/產品管理.ASP"
         response.redirect ALL
      ELSE
         Session("Message")="訂單中有此產品資料，不可刪除!"
         All="/產品/產品管理.ASP"
         response.redirect ALL
      END IF
      response.end
    END IF

'************  更新作業  ***********************************************

if func=2 then

  IF Request.Form("ACTION")=Empty Then

    Set rs=Server.CreateObject("ADODB.Recordset")
    sqlstr="select * from 產品基本檔 where 產品編號='" & ItemNo & "' "
    rs.open sqlstr,conn,3

    IF Session("Message")<>Empty Then
%>
<script language="VBScript">
  Msgbox"<%=Session("Message")%>"
</script>
```

圖 10.22　（續）

```
<%
    Session("Message")=empty
  END IF
%>

<html>
<title>產品資料更新</title>
<body>
<center>
<form method="POST" action="<%=Request.ServerVariables("PATH_INFO")%>">
<input type="hidden" name="func" value="2">
<input type="hidden" name="ITEMNo" value="<%=ITEMNo%>">

  <table border="0" width="750" bgcolor="#FCFEE2">
    <tr><td>產品編號</td><td><%=rs("產品編號")%></td>
    <tr><td>單價</td><td><input type="text" size="6" name="PRICE"
                        value="<%=rs("單價")%>"></td>
      <td>單位</td><td><input type="text" size="10" name="unit"
                        value="<%=rs("單位")%>"></td>
    <tr><td>內容</td><td colspan="3">
        <textarea name="CONTENT" rows="5" cols="50"><%=SQLDATA(rs("內容"))%>
        </textarea></td>
    <tr><td>備註</td><td colspan="3">
        <input type="text" size="50" name="remark"
          value="<%=RS("備註")%>"></td>
    <tr><td align=center colspan="4">
        <input type="submit" name="ACTION" value="更新">
        <input type="reset" value="重設"></td>
  </table>
</form>
<%
  ELSE
```

圖 10.22 （續）

```
'*********************** 取得產品資料 ***************************

PRICE=request("PRICE")
UNIT=request("UNIT")
CONTENT=request("CONTENT")
REMARK=request("REMARK")

if UNIT=Empty then
  Session("Message")="單位 一定要填！"
  All=Request.ServerVariables("PATH_INFO")
  ALL=ALL&"?ItemNO="&Server.URLEncode(ItemNO)
  ALL=ALL&"&func=2&ACTION="
  response.redirect ALL
end if

if Price=EMPTY then
  Session("Message")="單價一定要填！"
  All=Request.ServerVariables("PATH_INFO")
  ALL=ALL&"?ItemNO="&Server.URLEncode(ItemNO)
  ALL=ALL&"&func=2&ACTION="
  response.redirect ALL
end if

'*********************** 資料庫資料更新 ***************************

On Error Resume Next
Set Tr_conn=Server.CreateObject("ADODB.Connection")
Tr_conn.open "資料庫管理系統","sa"
Tr_conn.BeginTrans

 Set rs=Server.CreateObject("ADODB.Recordset")

 '*** SQL 指令，先找到要刪除的資料

 sqlstr="Select * From 產品基本檔 Where 產品編號=' "&ItemNo&" ' "
```

圖 10.22 （續）

```
        rs.open sqlstr,Tr_conn,2,2        '*** 避免錯誤,指標類型為 adOpenDynamic(=2)
                                          '*** 採取  悲觀鎖定(=2)

        RS("單價")=Price                   '*** 將要修改的資料填入,悲觀鎖定由此開始
        RS("單位")=UNIT
        RS("內容")=CONTENT
        RS("備註")=REMARK
        RS.Update                          '*** 更新資料庫,解除鎖定

        IF Err<>0 Then
          Tr_conn.RollBackTrans            '*** Translaction 取消並恢復所有改變
          Session("Message")="修改失敗!"
        ELSE
'*** 若成功則 Commit Transaction,真正更新資料進資料庫
          Tr_conn.CommitTrans
          Session("Message")="修改完成!"
        END IF

        Tr_conn.close
        On Error Goto 0

        All="/產品/產品管理.ASP"
        Response.redirect ALL
      END IF
         rs.close
         conn.close
         response.end
end if
%>
```

圖 10.22　(續)

資料庫基本理論與實作

圖 10.23　訂單管理作業訂單管理畫面

```
<%
IF Session("Message")<>Empty　Then
%>
<script language="VBScript">
  Msgbox"<%=Session("Message")%>"
</script>
<%
Session("Message")=Empty
END IF
%>
<html>
<head>
<title>S/C訂單管理</title>
</head>
```

圖 10.24　訂單管理.asp 原始碼

366

```html
<body bgcolor="#FFFFFF" background="/bg2.gif">
<center>
<FONT FACE="標楷體" LANG="標楷體" COLOR=red><H2>S/C訂單管理</h2>
</font>

<table border=2>
<TR align=center><TD><INPUT TYPE=RESET VALUE="S/C 訂 單 新 增 " OnClick="window.location='訂單新增.asp'"> </TD>
<TR align=center><TD><INPUT TYPE=RESET VALUE="S/C 訂 單 查 詢 " OnClick="window.location='訂單查詢.asp'"> </TD>
<TR align=center><TD><INPUT TYPE=RESET VALUE="S/C 訂 單 修 改 " OnClick="window.location='訂單修改.asp'"> </TD>
<TR align=center><TD><INPUT TYPE=RESET VALUE="S/C 訂 單 刪 除 " OnClick="window.location='訂單刪除.asp'"> </TD>
</table>
</center>
</body>
</html>
```

圖 10.24　(續)

資料庫基本理論與實作

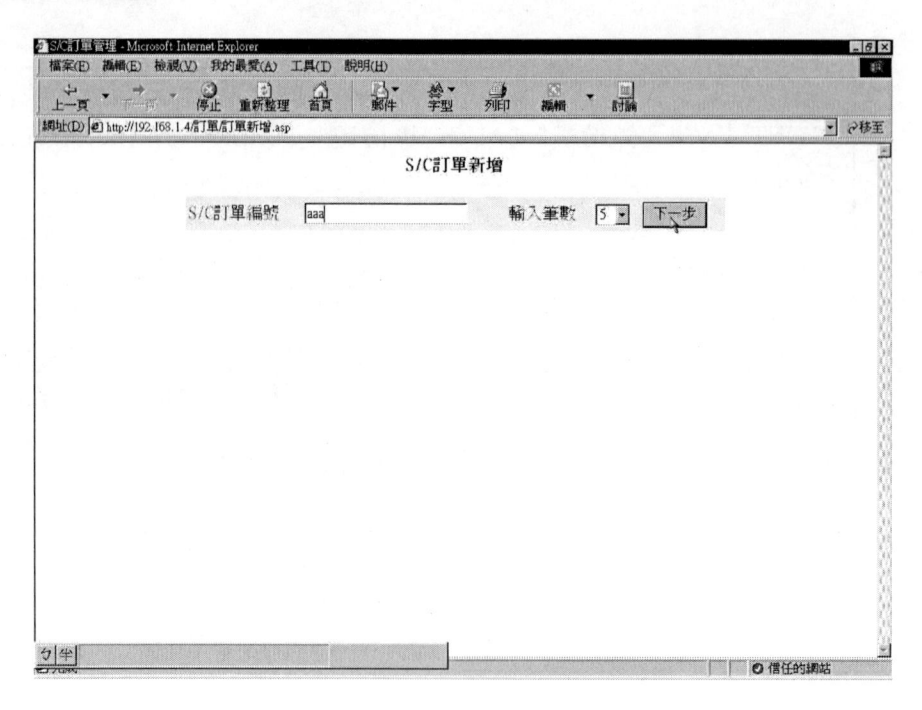

圖 10.25　訂單管理作業訂單新增畫面

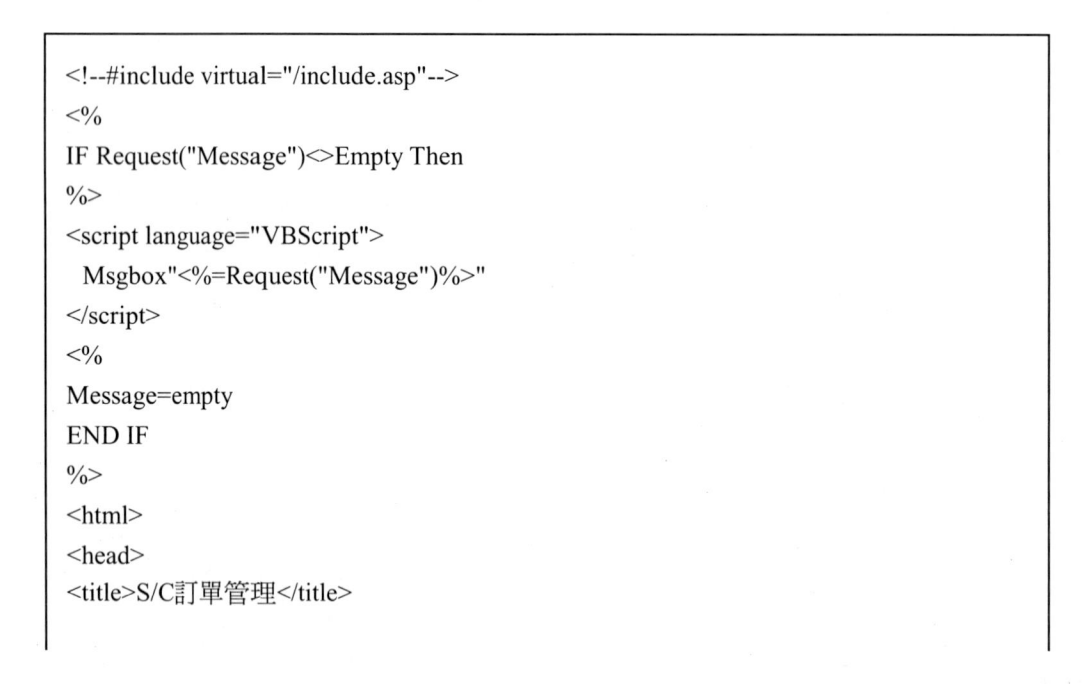

```
<!--#include virtual="/include.asp"-->
<%
IF Request("Message")<>Empty Then
%>
<script language="VBScript">
  Msgbox"<%=Request("Message")%>"
</script>
<%
Message=empty
END IF
%>
<html>
<head>
<title>S/C訂單管理</title>
```

圖 10.26　訂單新增.asp 原始碼

368

```html
</HEAD>
<body bgcolor="#FFFFFF">
<center>
<B>S/C訂單新增</B>
<form method="POST" action="訂單新增步驟一.ASP ">
    <table border="0" width="640" bgcolor="#E9ECFC">
        <TH colspan=4></TH>
        <TR><Td>S/C訂單編號</TD><TD><input type="text" size="20" maxlength="50" name="SCNo" > </TD>
        <Td>輸入筆數</TD>
            <TD><select name="Qua" size="1">
                <option value="5">5</option>
                <option value="10">10</option>
                <option value="15">15</option>
                <option value="20">20</option>
                <option value="25">25</option>
                <option value="30">30</option>
            </select></TD>
        <TD ><input type="submit" value="下一步"></td>
    </table>
</Form>
</center>
</body>
</html>
```

圖 10.26　(續)

圖 10.27　訂單管理作業訂單新增步驟一畫面

```
<!--#include virtual="/include.asp"-->

<%
SCNo=Request("SCNo")
IF Request.Form("ACTION")=Empty Then

  IF SCNo=Empty Then
    Session("Message")="訂單已經刪除!"
    All="/訂單/訂單新增.ASP"
    response.redirect ALL
  END IF
```

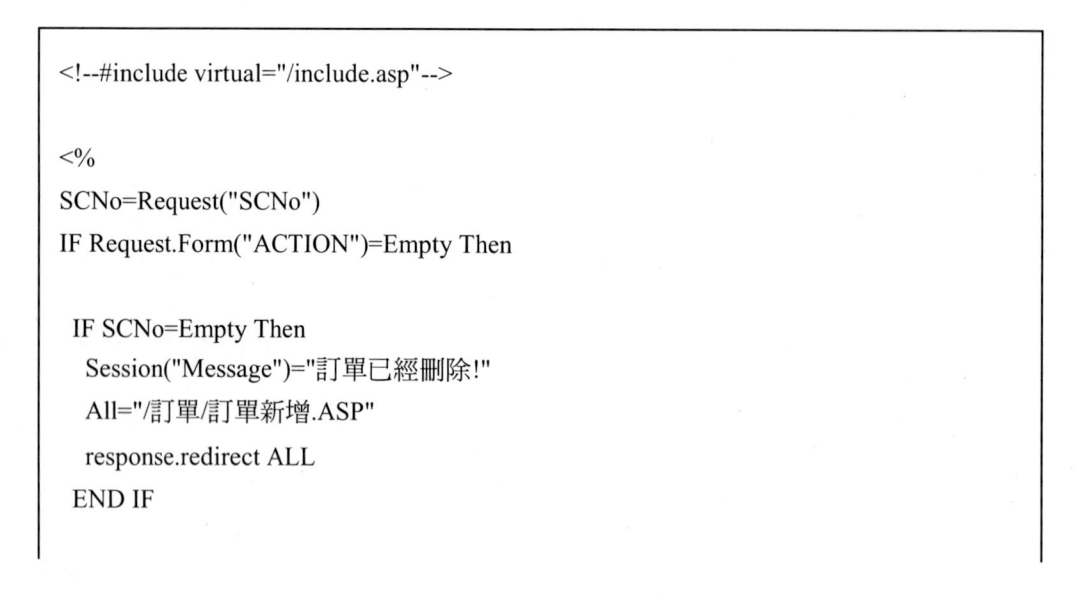

圖 10.28　訂單新增步驟一.asp 原始碼

370

```
   SET  CheckRS=conn.Execute("Select  *  from  訂單基本檔  where  訂單編號=' "&SCNO
&" ' ")
 IF Not CheckRS.EOF Then
   Session("Message")="訂單編號已存在！"
   All="/訂單/訂單新增.ASP"
   response.redirect ALL
 END IF
%>


<html>
<title>訂單新增</title>
<body bgcolor="#FFFFFF">
<center>
<form method="POST"    action="訂單新增步驟一.ASP ">
     <input type="hidden" name="SCNo" value="<%=SCNo%>">
     <table border="0" bgcolor="#E9ECFC" width=640>
        <tr><th colspan="4">新增訂單步驟一</th>
        <tr><td>S/C訂單編號</td>
            <td><%=SCNo%></td><td>客戶</td>
            <td><select name="CustomerNO" size="1">
            <%
               sqlstr="select * from  客戶基本檔"
               set rs=conn.Execute(sqlstr)
               do until rs.EOF
            %>
               <option value="<%=rs("客戶編號")%>">
               <%=rs("客戶編號")&"   "&rs("客戶簡稱")%></option>
            <%
                rs.movenext
               loop
            %>
            </select></td>
        <tr><td>日期</td>
            <td><input type="text" size="8" maxlength=10 name="OrderDate"
               Value="<%=date%>"></td>
```

圖 10.28　（續）

```
                    <TD>交期</TD><TD><input type="text" size="8" maxlength=10
                                name="DELIVERY"></td>
        </table>
        <P>
        <table border="0" bgcolor="#FCFEE2" width=640>
            <th>產品編號</th><th>數量</th><th>單價</th>
 <% For i=1 to Request("QUA") %>
        <TR align=center><td><select name="ItemNO" size="1">
                        <option value="0">不指定</option>
                <%
                    sqlstr="select * from  產品基本檔  order by  產品編號"
                    set rs=conn.Execute(sqlstr)
                    do until rs.EOF
                %>
                    <option value="<%=rs("產品編號")%>"><%=rs("產品編號")%>
                    </option>
                <%
                    rs.movenext
                loop
                rs.close
                %>
            </select></td>

        <TD><input type="text" size=10 name="Quantity"></TD>
        <TD><input type="text" size=10 name="PRICE"></TD>
<% Next %>
        <TR><td colspan=4 align=center>
            <input type="submit" name="ACTION" value="下一步"></td>
            </tr>
        </table>
</form>
<%
ELSE
  On Error Resume Next
```

圖 10.28　（續）

```
   SCNo=request("SCNo")
   CustomerNo=request("CustomerNo")
   IF (Not ISDATE(request("OrderDate")) ) or (Not ISDATE(request("Delivery")) )Then
%>
<html>
<script language="VBScript">
        Msgbox"日期 或 交期 格式有誤!"
</script>
<center>
<INPUT TYPE=RESET    VALUE="回訂單新增畫面"  OnClick="window.location='訂單新增.ASP' "
<P>
<INPUT TYPE=RESET    VALUE="回首頁" OnClick="window.location='/default.asp' ">
</center>
</html>
<%
   response.end
   END IF

   OrderDate=cdate(request("OrderDate"))
   Delivery=cdate(request("Delivery"))

   IF DateDiff("D",Delivery,OrderDate)>0 Then
%>
<html>
<script language="VBScript">
        Msgbox"交期不可在S/C訂單日期前!"
</script>
<center>
<INPUT TYPE=RESET    VALUE="回訂單新增畫面"  OnClick="window.location='訂單新增.ASP' "
<P>
<INPUT TYPE=RESET    VALUE="回首頁" OnClick="window.location='/default.asp'">
</center>
</html>
<%
   response.end
   END IF
```

圖 10.28　（續）

```
   For j=1 to Request.Form("ItemNo").Count
     IF Request.Form("ItemNo")(j)<>"0"    Then
      IF  (Not  ISNumeric(Request.Form("Quantity")(j)))  or  (Not  ISNumeric(Request.Form("Price")(j)))  Then
%>
<html>
<script language="VBScript">
  Msgbox"第<%=j%>項 之 數量 或 單價 有誤！"
</script>
<center>
<INPUT TYPE=RESET    VALUE="回訂單新增畫面" OnClick="window.location='訂單新增.ASP' "
<P>
<INPUT TYPE=RESET    VALUE="回首頁" OnClick="window.location='/default.asp' ">
</center>
</html>
<%
       response.end
     END IF
    END IF
   Next

   SQL="Select * From  客戶基本檔  Where  客戶編號=' "&CustomerNo&" ' "
   Set RS1=conn.Execute(SQL)

   '*** 建立新的  Connection  物件

   Set Tr_conn=Server.CreateObject("ADODB.Connection")
   Tr_conn.open "資料庫管理系統","sa"

   Tr_conn.beginTrans                              '***  開始  Transaction
```

圖 10.28 （續）

```
'*****************************************************************
'***
'*** 利用 新的 Connection 物件 建立 Recordset 物件,準備新增資料
'***
'***              新增 訂單基本檔 資料
'***
'*****************************************************************

Set SaveOrderRS=Server.CreateObject("ADODB.Recordset")
sqlstr1="訂單基本檔"         '*** 因為要新增資料,所以只要表格名稱就好了
SaveOrderRS.open sqlstr1,Tr_conn,2,2 '* 避免錯誤,指標類型為 adOpenDynamic(=2)
                                     '* 採取 悲觀鎖定(=2)
SaveOrderRS.AddNew       '*** 將目前資料錄移到 Recordset 最底端準備新增資料
SaveOrderRS("訂單編號")=SCNo
SaveOrderRS("日期")=OrderDate
SaveOrderRS("客戶編號")=CustomerNo
SaveOrderRS("客戶名稱")=RS1("客戶名稱")
SaveOrderRS("客戶地址")=RS1("地址")
SaveOrderRS("國別")=RS1("國別")
SaveOrderRS("交期")=DELIVERY
SaveOrderRS.Update              '*** 將資料寫入資料庫,解除鎖定
SaveOrderRS.Close

no=0

'*****************************************************************
'***
'*** 利用 新的 Connection物件 再建立新的 Recordset 物件,準備刪除資料這部
'*** 分是用來確保資料庫內容的正確性,尤其在 Web 資料庫新增資料時不會因
'*** 為 USER 多按了幾次『重新整理』而多增加了重複的資料,或產生其他錯
'*** 誤也可在上面 新增訂單基本檔 部份增加判斷機制,以決定是否為重複資料
'*** 若是重複資料則 不執行 AddNew,讓整個部份由『新增』變成『修改』
'***
'*****************************************************************
```

圖 10.28 (續)

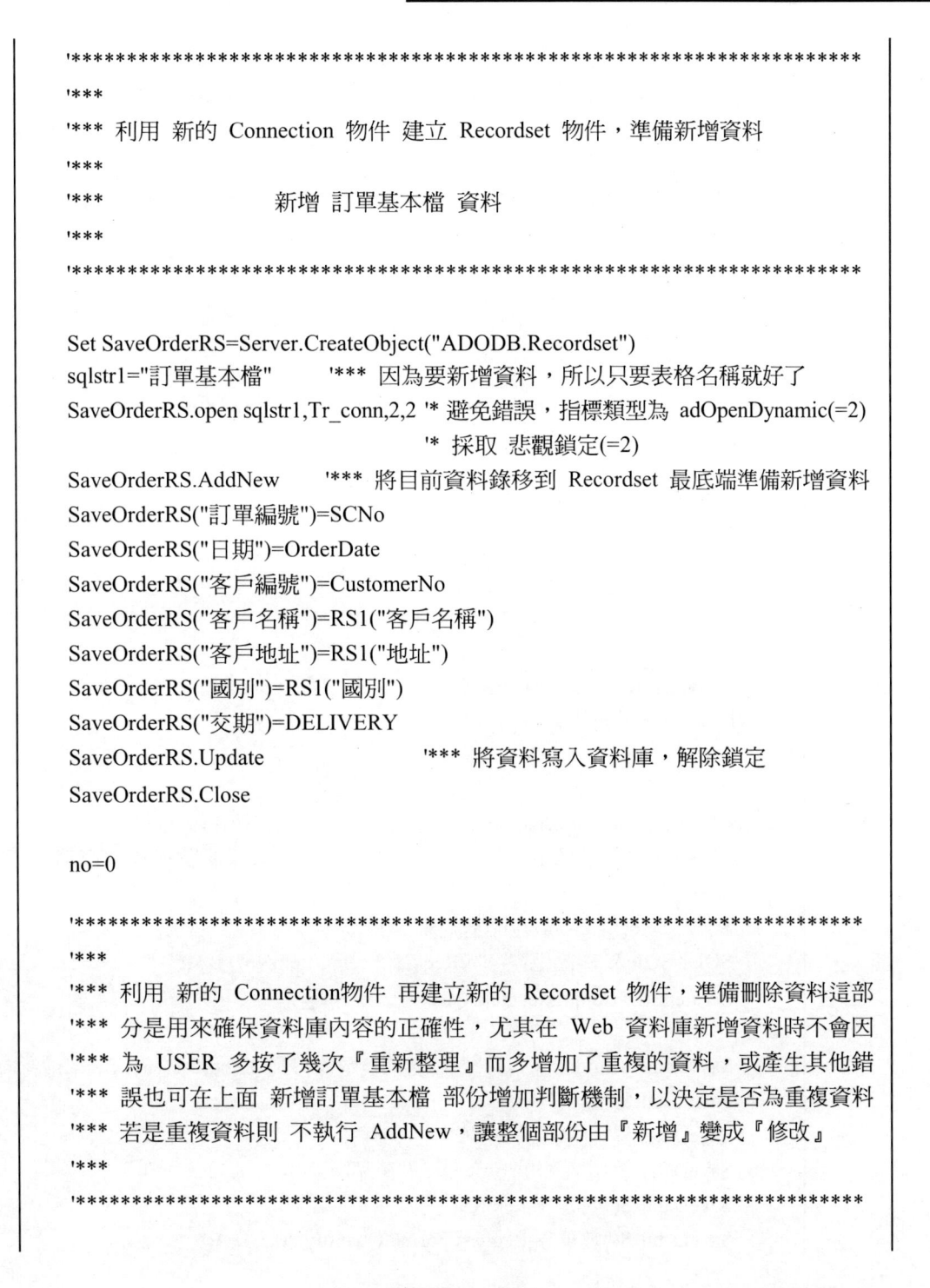

```
Set DataRS=Server.CreateObject("ADODB.Recordset")
sqlstr2="Select * From 訂單明細 where 訂單編號='"&SCNo&"' "    '*** 先找到資料
DataRS.open sqlstr2,Tr_conn,2,2                              '*** 悲觀鎖定

Do While Not DataRS.EOF        '*** 把 和這張訂單相關的明細 一筆筆全部刪除
  DataRS.delete                                              '*** 刪除資料
  DataRS.MoveNext
LOOP
DataRS.close


'*****************************************************************
'***
'*** 利用 新的 Connection 物件 再建立新的 Recordset 物件，準備新增資料
'***
'***                   新增 訂單明細
'***
'*****************************************************************

Set SaveDataRS=Server.CreateObject("ADODB.Recordset")
sqlstr3="訂單明細"
SaveDataRS.open sqlstr3,Tr_conn,2,2

For k=1 to Request.Form("ItemNo").count    '*** 重複執行新增動作
 IF Request.Form("ItemNo")(k)<>"0" Then    '*** 若產品編號不是『不指定』則繼續
    no=no+1
    SQL="Select * From 產品基本檔 Where"
    SQL= SQL &"產品編號='"&Request.Form("ItemNo") (k)&"' "
    Set ItemRS=Conn.Execute(SQL)

    SaveDataRS.AddNew      '*** 將目前資料錄移到 Recordset 最底端準備新增資料
    SaveDataRS("編號")=no
    SaveDataRS("訂單編號")=SCNo
    SaveDataRS("產品編號")=ItemRS("產品編號")
    SaveDataRS("內容")=ItemRS("內容")
    SaveDataRS("數量")=Request.Form("Quantity")(k)
```

圖 10.28 (續)

```
        SaveDataRS("單位")=ItemRS("單位")
        SaveDataRS("單價")=Request.Form("PRICE")(k)
        SaveDataRS.Update              '*** 將資料寫入資料庫,解除鎖定
      END IF
    Next

    SaveDataRS.Close

    IF Err<>0 Then
      Tr_conn.RollBackTrans            '*** 訂單新增失敗,取消 Transaction
      Session("Message")="訂單新增失敗!"  '*** 恢復 Transaction 中所有的異動操作
    ELSE
      Tr_conn.CommitTrans              '*** 訂單新增成功,正式寫入資料庫中
      Session("Message")="訂單新增成功!"
    END IF

    Tr_conn.close
    On Error Goto 0
    All="/訂單/訂單管理.ASP"
    Response.redirect ALL
END IF
    conn.close
%>
</center>
</body>
</html>
```

圖 10.28　(續)

資料庫基本理論與實作

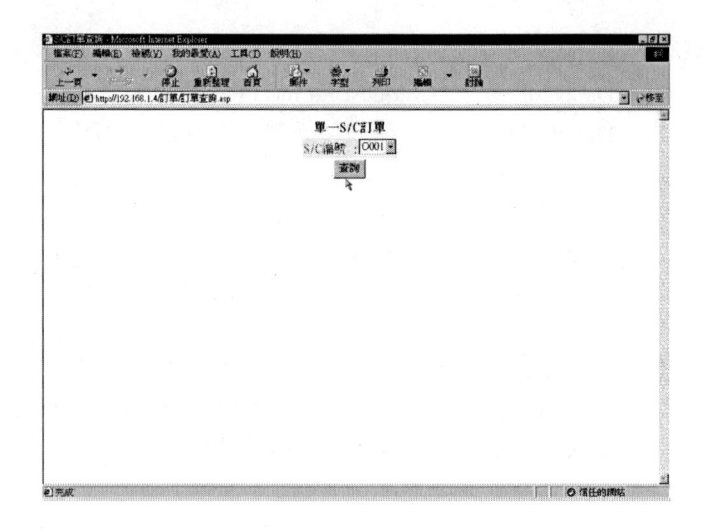

圖 10.29　訂單管理作業訂單查詢畫面

圖 10.30　訂單管理作業訂單查詢結果畫面

```asp
<!--#include virtual="/include.asp"-->
<%
IF Request.Form("ACTION")=Empty Then
%>
<html>
<head>
<title>S/C訂單查詢</title>
</head>
<body bgcolor="#FFFFFF">
<center>

<form method="POST" action="訂單查詢.ASP">
     <table border="0">
        <tr>
            <th>單一S/C訂單</th>
        <tr bgcolor="#E9ECFC"><td align=center>S/C編號：
            <select name="SCNO" size="1">
 <% set PORS=conn.execute("select 訂單編號 from 訂單基本檔 order by 訂單編號 ")
            do while Not PORS.EOF %>
              <option value=<%=PORS(0)%>><%=PORS(0)%></option>
              <%
              PORS.Movenext
              Loop%>
            </select>
        </tr>
    </table><input type="submit" name="ACTION" value="查詢"></td>
</form>
</Html>

<%
ELSE
%>
<HTML>
<title>訂單查詢</title>
<CENTER>
```

圖 10.31　訂單查詢.asp 原始碼

```asp
<%
   SCNO=request("SCNO")
   SQL="Select * From 訂單基本檔 where 訂單編號='"&SCNo&"'"
   Set RS=conn.Execute(SQL)
   SQL="Select * From 訂單明細 Where 訂單編號='"&SCNo&"' order by 編號"
   Set RS1=conn.Execute(SQL)
%>

<H2><U>訂單</U></H2>

<TABLE border="0" width="893" >
   <TR><TD width=29>To:</TD><TD width="605"><%=RS("客戶名稱")%></td>
   <TR><TD width="29"></TD><td width="605"><%=RS("客戶地址")%></td>
        <TD align=right width="105">OUR REF.</TD><TD width="8">:</TD>
        <TD width="111"> <%=SCNo%></TD>
   <TR><TD width="29"></TD><td width="605"><%=RS("國別")%></TD>
        <TD align= right width="105">DATE</TD><TD width="8">:</TD>
        <TD width="111"><%=RS("日期")%></TD>
   <TR><TD width=29>交期：</TD><TD width="605"><%=RS("交期")%></td>
</TABLE>

<TABLE border="0" width="893" >
<TR><TD colspan=6 ><HR color="#000000"></TD>
<TR><TH width="100">產品編號</TH><TH width="300">內容</TH>
     <TH colspan ="2">數量</TH>
     <TH>單價</TH><TH>總價</TH>
<TR><TD colspan=6 ><HR color="#000000"></TD>
<%
   Total_Amount=0

   Do While Not RS1.EOF
    Quantity=RS1("數量")
    Price=RS1("單價")
    Amount=Round(Quantity*Price,2)
    Total_Amount=Total_Amount+Amount
```

圖 10.31　（續）

```
%>
<TR><TD> </TD>
<TR valign="top">
    <TD valign="top" rowspan=2><%=RS1("產品編號")%></TD>
    <TD width="300"></TD>
    <TD align=right valign="top"><%=FormatNumber(Quantity,2)%></TD>
    <TD align=left valign="top"><%=RS1("單位")%></TD>
    <TD align=right valign="top">$<%=FormatNumber(Price,2)%>  </TD>
    <TD align=right valign="top">$<%=FormatNumber(Amount,2)%></TD>
<TR valign="top">
    <TD valign="top" colspan=5><%=ChangeData(RS1("內容"))%></TD>
<%
   RS1.MoveNext
  LOOP
%>
<TR><TD colspan=6 ><HR color="#000000"></TD>
<TR><Td    valign=top align=center colspan=5>TOTAL:</Td>
    <Td valign=top align=right >$<%=FormatNumber(TOTAL_AMOUNT,2)%></Td>
<TR><TD colspan=6 width="881"><HR color="#000000"></TD>
</Table>

<%
  RS.Close
  RS1.Close
  Conn.Close
END IF
%>
```

圖 10.31　（續）

資料庫基本理論與實作

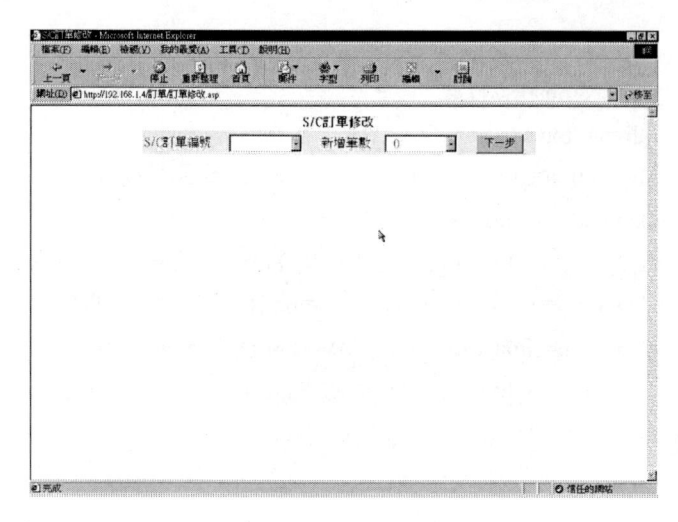

圖 10.32　訂單管理作業訂單修改畫面

```
<!--#include virtual="/include.asp"-->
<%
IF Session("Message")<>Empty Then
%>
<script language="VBScript">
  Msgbox"<%=Session("Message")%>"
</script>
<%
  Session("Message")=Empty
END IF
%>
<html>
<title>S/C訂單修改</title>
<body bgcolor="#FFFFFF">
<center>
<B>S/C訂單修改</B>

<table border="0" width="640" bgcolor="#E9ECFC">
        <TH colspan=4></TH>
        <TR><Td>S/C訂單編號</TD><TD>
<object id="SCNO" name="SCNO"
  classid="clsid:8BD21D30-EC42-11CE-9E0D-00AA006002F3"
align="center" border="0" width="120" height="30"></object></td>
<TD>新增筆數</TD><TD><object id="QUA" name="QUA"
                classid="clsid:8BD21D30- EC42-11CE-9E0D-00AA006002F3"
```

圖 10.33　訂單修改.asp 原始碼

382

```
align="center" border="0" width="120" height="30"></object></TD>

<form method="get">
<script language="VBScript">
<!--
<%
'-----列出所有訂單
Set rs=Server.CreateObject("ADODB.Recordset")
sqlstr="Select 訂單編號  From 訂單基本檔  order by 訂單編號"
rs.open sqlstr,conn,3
do until rs.EOF
%>
SCNO.additem "<%=rs("訂單編號")%>"
<%
     rs.movenext
loop
%>
QUA.additem "0"
QUA.additem "2"
QUA.additem "5"
QUA.additem "8"
QUA.additem "11"
QUA.additem "15"
QUA.additem "20"
QUA.text="0"
sub check()
if SCNO.text = " " then
msgbox "一定得選一件訂單", vbOKOnly, "提示"
else
window.location="訂單修改步驟一.ASP?SCNO="&SCNO.text&"&QUA="&QUA.text
end if
end sub
--></script></p>
         </td>
         <td><input type="button" value="下一步" onclick="check()"></td>
      </tr>
   </table>
   </FORM>
</center>
</body>
</htm>
```

圖 10.33　（續）

資料庫基本理論與實作

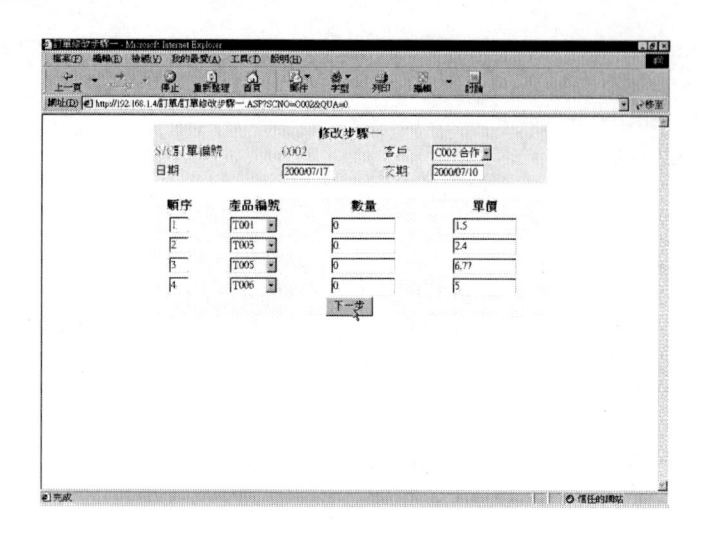

圖 10.34　訂單管理作業訂單修改步驟一畫面

```
<!--#include virtual="/include.asp"-->
<%
IF Request.Form("ACTION")=Empty Then
  QUA=Request("QUA")
  SCNo=Request("SCNo")

  IF SCNo=Empty Then
    Session("Message")="請選擇一張訂單！"
    ALL="/訂單/訂單修改.ASP"
    response.redirect ALL
  END IF
  SET CheckRS=conn.Execute("Select * from 訂單基本檔 where 訂單編號='"&SCNO&"' ")
  IF CheckRS.EOF Then
    Session("Message")="查無此訂單！"
    ALL="/訂單/訂單修改.ASP"
    response.redirect ALL
  END IF
%>
<html>
<center>
```

圖 10.35　訂單修改步驟一.asp 原始碼

384

```
<%
   SQL="Select * From 訂單基本檔 where 訂單編號='"&SCNo&"'"
   Set RS=conn.Execute(SQL)
   SQL="Select * From 訂單明細 Where 訂單編號='"&SCNo&"' order by 編號"
   Set RS1=conn.Execute(SQL)
%>
<html>
<title>訂單修改步驟一</title>
<body bgcolor="#FFFFFF">
<center>
<form method="POST"   action="訂單修改步驟一.ASP ">
 <input type="hidden" name="SCNo" value="<%=SCNo%>">
 <table border="0" bgcolor="#E9ECFC" width=640>
           <tr><th colspan="4">修改步驟一</th>
           <tr><td>S/C訂單編號</td><td><%=SCNo%></td>
            <td>客戶</td><td>
                <select name="CustomerNO" size="1">
                <%
                SQL="Select * From 客戶基本檔 Where 客戶編號='"&rs("客戶編號")&"'"
                Set RS3=conn.execute(SQL)
                IF Not RS3.EOF Then%>
                <option value="<%=RS3("客戶編號")%>">
                   <%=RS3("客戶編號")&"   "&RS3("客戶簡稱")%>
                </option>
                <%
                END IF

                Set rrs=Server.CreateObject("ADODB.Recordset")
                sqlstr="select * from 客戶基本檔 order by 客戶簡稱"
                rrs.open sqlstr,conn,3,2
                do until rrs.EOF
                %>
                  <option value="<%=rrs("客戶編號")%>">
                     <%=rrs("客戶編號")&"   "&rrs("客戶簡稱")%></option>
                <%
```

圖 10.35　（續）

```
                    rrs.movenext
                loop
                rrs.close
                %>
                </select></td>
            <tr>
              <td>日期</td><td><input type="text" size="8" maxlength=10
                        name="OrderDate" Value="<%=date%>"></td>
              <Td>交期</Td><td><input type="text" size="8"   maxlength=10
                        name="DELIVERY" Value="<%=RS("交期")%>"></td>
</table>
<P>
<table border="0" bgcolor="#FCFEE2" width=640>
    <th>順序</th><Th>產品編號</Th><Th>數量</Th><Th>單價</th>
<%
 n=0
 Counter=0
'****************************  舊的資料  ******************************
 Do While Not RS1.EOF
  n=n+1
%>
   <TR align=center><td><input type="text" size=2 name="order" value="<%=n%>"></td>
      <td><select name="ItemNO" size="1">
      <option value="<%=RS1("產品編號")%>"><%=RS1("產品編號")%></option>
      <option value="0">不指定</option>
      </select></td>
      <TD><input type="text" size=10 name="Quantity" value="<%=RS1("數量")%>"></TD>
      <TD><input type="text" size=10 name="PRICE" value="<%=RS1("單價")%>"></TD>
<%
  RS1.MoveNext
 Loop
'****************************  新增的資料  ******************************
 For i=1 to QUA
  n=n+1
%>
```

圖 10.35　（續）

```asp
      <TR align=center><td><input type="text" size=2 name="order" value="<%=n%>"></td>
        <td><select name="ItemNO" size="1"><option value="0">不指定</option>
        <% Set rrs=Server.CreateObject("ADODB.Recordset")
            sqlstr="select * from 產品基本檔  order by 產品編號"
            rrs.open sqlstr,conn,3,2
            do until rrs.EOF
        %>
            <option value="<%=rrs("產品編號")%>"><%=rrs("產品編號")%></option>
        <%
            rrs.movenext
          loop
          rrs.close
        %>
            </select></td>
        <td><input type="text" size=10 name="Quantity"></td>
        <td><input type="text" size=10 name="PRICE"></td>
<%
 Next %>
    <TR><td colspan=4 align=center><input type="submit" name="ACTION" value="下一步"></td>
  </table>
</form>
<%
  RS.Close
  RS1.close
  RS3.Close
  conn.close
ELSE

  SCNo=request("SCNo")
  CustomerNo=request("CustomerNo")
  IF (Not ISDATE(request("OrderDate")) ) or (Not ISDATE(request("Delivery")) )Then
%>
<html>
<script language="VBScript">
  Msgbox"日期 或 交期 格式有誤!"
```

圖 10.35　（續）

```
</script>
<center>
<INPUT TYPE=RESET  VALUE="回訂單新增畫面" OnClick="window.location='訂單新增.ASP' "
<P>
<INPUT TYPE=RESET  VALUE="回首頁" OnClick="window.location='/default.asp' ">
</center>
</html>
<%
    response.end
   END IF

   OrderDate=cdate(request("OrderDate"))
   Delivery=cdate(request("Delivery"))

   IF DateDiff("D",Delivery,OrderDate)>0 Then
%>
<html>
<script language="VBScript">
  Msgbox"交期不可在S/C訂單日期前!"
</script>
<center>
<INPUT TYPE=RESET  VALUE="回訂單新增畫面" OnClick="window.location='訂單新增.ASP' "
<P>
<INPUT TYPE=RESET  VALUE="回首頁" OnClick="window.location='/default.asp' ">
</center>
</html>
<%
    response.end
   END IF

'********************************************************************
'***
'***       為讓大家試驗 Transaction 的威力，特別將判斷 單價是否為數字 的判別式取
'***       消大家可以在輸入訂單明細時 故意將最後一樣產品 單價欄位 輸入文字，則
```

圖 10.35　（續）

第十章　Active Server Page 使用者介面設計

```
'***    資料庫更新發生錯誤時 Transaction RollBack 所有應該已經被刪除的資料都會
'***    恢復原狀（包含訂單基本檔資料）就和沒修改過一樣，所有這張訂單資料都
'***    會同生共死喔。
'***
'*********************************************************************
On Error Resume Next              '*** 忽略錯誤

   SQL="Select * From 客戶基本檔 Where 客戶編號='"&CustomerNo&"'"
   Set RS1=conn.Execute(SQL)

'*** 建立新的 Connection 物件以供 Transaction 使用

   Set Tr_conn=Server.CreateObject("ADODB.Connection")
   Tr_conn.open "資料庫管理系統","sa"


   Tr_conn.beginTrans              '*** 開始 Transaction


   '*********************************************************************
   '***
   '*** 利用 新的 Connection 物件 建立 Recordset 物件，準備修改資料
   '***
   '***                修改 訂單基本檔 資料
   '***
   '*********************************************************************

   Set SaveOrderRS=Server.CreateObject("ADODB.Recordset")

   sqlstr1="Select * From 訂單基本檔 Where 訂單編號='"&SCNO&"'"
'*** 尋找要修改的資料

   SaveOrderRS.open sqlstr1,Tr_conn,2,2   ' 避免錯誤，指標類型為 adOpenDynamic(=2)
                                          ' 採取 悲觀鎖定(=2)
   SaveOrderRS("日期")=OrderDate         '*** 鎖定開始
   SaveOrderRS("客戶編號")=CustomerNo
   SaveOrderRS("客戶名稱")=RS1("客戶名稱")
   SaveOrderRS("客戶地址")=RS1("地址")
```

圖 10.35　（續）

```
SaveOrderRS("國別")=RS1("國別")
SaveOrderRS("交期")=DELIVERY
SaveOrderRS.Update                          '*** 更新資料、解除鎖定
SaveOrderRS.Close

no=0

'******************************************************************
'***
'*** 利用 新的 Connection 物件 再建立新的 Recordset 物件，準備刪除資料這部
'*** 分是用來確保資料庫內容的正確性，尤其在 Web 資料庫新增資料時不會因
'*** 為 USER 多按了幾次『重新整理』而多增加了重複的資料，或產生其他錯誤
'***
'******************************************************************

Set DataRS=Server.CreateObject("ADODB.Recordset")
sqlstr2="Select * From 訂單明細 where 訂單編號=' "&SCNo&" ' "

DataRS.open sqlstr2,Tr_conn,2,2

Do While Not DataRS.EOF                     '*** 一筆筆開始刪除訂單明細
  DataRS.delete                             '*** 刪除資料
  DataRS.MoveNext
LOOP
DataRS.close

'******************************************************************
'***
'*** 利用 新的 Connection 物件 再建立新的 Recordset 物件，準備新增資料
'***
'***                  新增 訂單明細
'***
'*** 為何要刪除全部資料再新增，而不直接一筆筆更新訂單明細？
'***   理由：1. 方便：更新資料狀況有時是 插入一筆新資料、有時刪除一筆資
'***              料、有時是更新，若不這樣作就要一筆筆判斷....麻煩！
'***       2. 正確：只要將要的資料讀出來，資料庫相關訂單明細資料全部刪
```

圖 10.35　（續）

```
'***                       除,加上新增資料,一起全部新增回去就是所有正確資料
'***                       了,不會有重複或遺漏的情形。
'***             3. 實驗:為了驗證 Transaction Rollback 給大家瞧瞧
'***
'***********************************************************************

Set SaveDataRS=Server.CreateObject("ADODB.Recordset")
sqlstr3="訂單明細"
SaveDataRS.open sqlstr3,Tr_conn,2,2

For order=1 to Request.Form("order").count          '*** 排列順序 1 2 3 4 .
  For n=1 to Request.Form("order").count            '*** 資料順序
    IF cint(Request.Form("order")(n))=order Then    '*** 當排列順序=資料順序
      IF Request.Form("ItemNo")(n)<>"0" Then        '*** 資料有無使用
        no=no+1
        SQL="Select * From 產品基本檔"
        SQL=SQL&" Where 產品編號='"&Request.Form ("ItemNo")(n)&"'"
        Set ItemRS=Conn.Execute(SQL)
        SaveDataRS.AddNew                           '*** 新增資料
        SaveDataRS("編號")=no
        SaveDataRS("訂單編號")=SCNo
        SaveDataRS("產品編號")=ItemRS("產品編號")
        SaveDataRS("內容")=ItemRS("內容")
        SaveDataRS("數量")=Request.Form("Quantity")(n)
        SaveDataRS("單位")=ItemRS("單位")
        SaveDataRS("單價")=Request.Form("PRICE")(n)
        SaveDataRS.Update       '*** 此處若採批次樂觀鎖定則為 UpdateBatch
                                '*** 並將之移到迴圈外面
      END IF                    '*** 資料有無使用
    END IF                      '*** 當排列順序=資料順序
  Next                          '*** 資料順序
Next                            '*** 排列順序 1 2 3 4 .

SaveDataRS.Close

IF Err<>0 Then
```

圖 10.35 (續)

```
        Tr_conn.RollBackTrans              '*** 訂單修改失敗,Transaction RollBack
        Session("Message")="修改失敗!"       '*** 所有異動恢復原狀
    ELSE
        Tr_conn.CommitTrans                 '*** Transaction Commited  正式寫入資料庫
        Session("Message")="修改完成!"
    END IF


    Tr_conn.close
    On Error Goto 0                         '***  恢復錯誤偵測


    All="/訂單/訂單管理.ASP"
    Response.redirect ALL


END IF
%>
</center>
</body>
</html>
```

圖 10.35　（續）

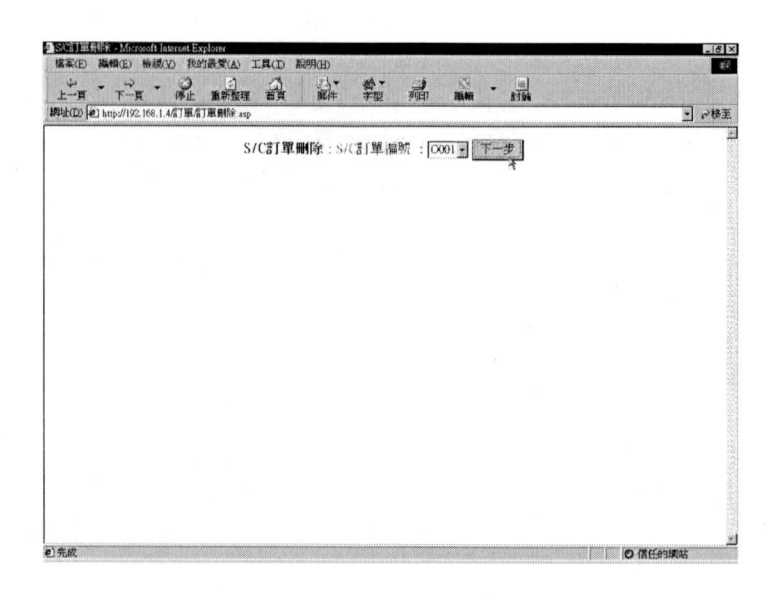

圖 10.36　訂單管理作業訂單刪除畫面

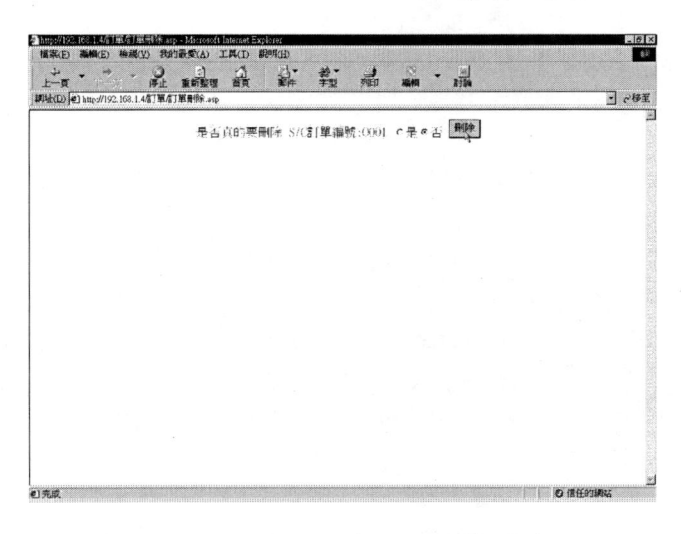

圖 10.37　訂單管理作業訂單確認刪除畫面

```
<!--#include virtual="/include.asp"-->
<%

SCNo=Request.Form("SCNo")
Func=request("func")

IF Func="2" Then
  Session("Message")="訂單刪除取消!"
  All="/訂單/訂單管理.ASP"
  response.redirect ALL
END IF

IF SCNo=Empty Then
%>
<html>
<head>
<title>S/C訂單刪除</title>
</head>
<body bgcolor="#FFFFFF">
<center>
```

圖 10.38　訂單刪除.asp 原始碼

393

```
<form method="POST" action="<%=Request.ServerVariables("PATH_INFO")%>">
    <Table>
        <tr>
            <td><B>S/C訂單刪除</B></td>
            <td>:</td>
            <td>S/C訂單編號 :</td><TD>
            <select name="SCNo" size="1"><option value=></option>
<% set SCRS=conn.execute("select 訂單編號 from 訂單基本檔 order by 訂單編號 ")
            do while Not SCRS.EOF %>
              <option  value=<%=SCRS("訂單編號")%>><%=SCRS("訂單編號")%></option>
                <%
                SCRS.Movenext
              Loop%>
            </select></td>
            <td colspan="5"><input type="submit" name="ACTION" value="下一步"></td>
        </tr>
    </table>
</form>
<%
END IF

IF SCNo<>Empty and Func=Empty Then
%>
<form method="POST" action="<%=Request.ServerVariables("PATH_INFO")%>">
  <input type="hidden" name="SCNO" value="<%=ScNo%>">
  <center>
  是否真的要刪除 S/C 訂單編號:<%=ScNo%>
  <input type="radio" name="func" value="1" >是 <input type="radio" name="func" value="2" checked>否
  <input type="submit" name="ACTION" value="刪除">
  </center>
</Form>
```

圖 10.38 （續）

```
<%
END IF

IF SCNo<>Empty and Request.Form("ACTION")="刪除" and Func="1" Then
  conn.BeginTrans
    SQL1="Delete From 訂單明細  Where 訂單編號=' "&SCNo&" ' "
    SQL2="Delete From 訂單基本檔 where 訂單編號=' "&SCNo&" ' "
    Conn.Execute(SQL1&";"&SQL2)
  Conn.CommitTrans
  conn.close

  Session("Message")="訂單已經刪除!"
  All="/訂單/訂單管理.ASP"
  response.redirect ALL

END IF
%>
</center>
</html>
```

圖 10.38 （續）

Chapter 11

資料分析

資料庫系統的強大資料存取能力,促使各企業組織都競相將其導入並用於該企業組織的資訊管理系統 (MIS) 中。資訊管理系統所用的技術我們稱之為**線上交易處理** (On-Line Transaction Processing, OLTP) 的技術,而其相關技術我們已經於前幾章介紹過。資訊管理系統能將資料快速和安全地放入資料庫中,然而由於系統環境的複雜、資料未經整合且資料經過正規化處理和經過長久的累積,造成資料量過於龐大,所以資訊管理系統無法及時和有效的表達出分析的結果,提供資訊給決策者參考。而只能利用傳統**查詢** (query) 方式和傳統的報表工具 (reporting tools) 來產生固定式的報表,供決策者使用。

在當前電子商務蓬勃發展環境下,企業組織經營決策制定的時效性愈發顯得重要,越是競爭性高的產業越是如此。所以在 90 年代,便發展出**線上分析處理** (On-Line Analystical Processing, OLAP) 和**資料採掘** (data mining) 的技術,分析出各種有用的資訊,供決策者參考。而在分析處理過程中,最主要的基礎結構便是資料倉儲。資料倉儲系統將整個企業體內部和外部的所有資料,整合後存於儲存區中,以供各種分析的應用。本章將對資料倉儲、資料採掘和線上分析處理的觀念做簡單的介紹。

11.1 資料倉儲 (Data Warehouse)

資料倉儲從企業內部資訊管理系統的資料庫和外部其他系統中收集決策所需的資料,以作為管理決策擬訂的依據。資料倉儲能擷取出資料庫中特定的資料,利用各種分析方式,將資料轉換成易於觀察的資訊,使決策者很容易了解某特定時間內整體的狀況。一般而言,資料倉儲系統是由資料倉儲本身、資料匯出與匯入和資料分析的應用等三個主要元件所構成。

- **資料匯出與匯入**：撰寫或利用現有系統之介面程式，從現有系統中抽出所需的資料，匯入資料倉儲的資料庫中；事實上，目前許多商用的資料倉儲軟體都有提供此一功能。當我們要使用各種資料分析的方法和工具時，則必須從倉儲的資料庫匯出所需的資訊，同樣的，目前許多商用的 OLAP 和資料採掘軟體也都有提供此一功能。

- **資料分析的應用**：利用存放於資料倉儲內的資料，分析出訂定決策所需的資訊。雖然一般書上都用資料採掘應用來直接描述資料倉儲系統的第三個元件，但基本上，資料採掘和 OLAP 是有差距的，所以我們用資料分析的應用來取代資料採掘。

- **資料倉儲本身**：是由實體資料庫所構成，為倉儲系統的核心也是最重要的元件。此資料庫用於儲存不同來源的大量資料。在資料載入資料倉儲之前，要完成所有分析設計的工作。資料倉儲所儲存的資料可能來自於企業內外不同平台的資料，這些資料包含了企業機構內過去的歷史資料和近期的資料；同時，更包含從企業機構外部所取得相關資料。儲存資料時，並非將所有資料都直接存入資料倉儲中，資料必須經過有系統的整理和彙集後方可存入，以便往後的運用。這些整理和彙集的動作有下列幾項：

    ♦ 資料萃取 (data extraction)：
    　　依據資料倉儲架構，針對企業中資料庫管理系統取出有效的資料。例如，資料表中有十多個**欄位** (field)，並非每一項都具有分析價值，此步驟就是抽取每個**資料表** (table) 中有分析價值的欄位。

    ♦ 資料轉換 (data transformation)：
    　　由於資料可能儲存在不同的資料庫管理系統中，需將這些異質性資料加以轉換成為資料倉儲中的資料格式。例如：有些資料庫管理系統中日期資料是以字元型態儲存，但是資料倉儲中日期資料都是以日期型態儲存就需透過資料轉換。

♦ **資料淨化** (data cleaning)：

由於資料值可能發生異常、錯誤或是重複項目，此步驟最主要是提昇資料的精確度與可信性。例如：交易資料中包含許多的紀錄，這些紀錄無法與顧客資料對應，此筆記錄就不代表任何意義，所以不需寫入資料倉儲中。

♦ **資料合併** (data consolidation)：

許多需要應用的資料可能會分別存在不同的資料庫系統或資料表中，為了以後分析及系統效能的考量，可將所需的資料欄位合併成為一份資料表。

♦ **資料衍生** (data derivatives)：

由於早期受到硬體設備的限制，在製作資料庫管理系統時經常為了節省儲存空間，所以許多的資料都採取合併或直接不紀錄方式以減少資料量，但資料分析時，常常會發現資料庫中資料欄位的不足，以致無法分析；此時，適當的衍生資料欄位可解決這樣的問題。

總結而論，依據 Bill Inmon 在 Building the Data Warehouse 一書中及相關論文所述，資料倉儲的資料應涵括整個企業的使用範圍且所有資料都會採用一致的表示方式。同時，由於倉儲內的資料是用來作為決策支援資訊的來源，所以其內容僅包括決策過程中所需的相關近期或歷史資料，所以當資料一旦存入資料倉儲後，即不許輕易被改變，資料僅可被載入和讀取。

資料超市 (Data Mart)

資料倉儲結構包含企業內部及外部資料，因此資料量十分龐大，整合及建置困難度甚高且成效緩慢，所以，企業體考量預算及成效時，一般都以資料超市方式建構支援決策系統，主要原因是資料超市建置成本較低、成效可在短時間呈現出來,企業體可直接見到建置資料超市的成果;資料超市是針對企業的某一特定需求或特定部門,根據特殊部門擁有資料及需求,收集資料庫管理系統內的資料設計及產生決策所需參考的資訊。與資料倉儲不同的是,資料超市通常只為了特定的決策支援應用程式或使用群組,通常是由下到上利用部門的資源來建置。資料超市通常有特定主題的彙總或詳細資料。而資料超市中的資料卻可以是資料倉儲的一個子集合或者可能直接使用來自運作中的資料來源,所以資料超市也稱為**部門資料倉儲** (departmental or divisional data warehouse)。

無論是資料倉儲或資料超市,其組成與維護的程序是相同的,使用的技術元件也都類似。資料超市主要功能仍包含資料萃取、資料轉換、資料淨化、資料合併、資料衍生。所以資料超市可以定義為「一個資料量及功能較少、限制範圍較多,提供企業組織內部單一部門業務運用之資料倉儲系統」。資料超市建置的時間短、簡易與低成本很容易使一般企業體會誤認為資料超市就可取代資料倉儲,以技術面及整體架構而言,資料超市並沒有真正的為企業體彙整資料庫,只是針對特殊需求而建置的。

11.2 線上分析處理

企業都希望能利用電腦獲取相關的資訊,從各種角度去分析資料,以了解市場與客戶的動向。所以決策者或行銷部門常會詢問每個月(每一季或每一年)某些產品或某類產品在各地區銷售的情形如何?這個查詢問題屬於多層次、**多維度** (dimension) 和彙整型的複雜分析問題。它包含了時間、地理位置和產品類別三個不同的維度,而每一個維度又包含了多層次的彙整累計數量或金額的動作;例如:時間這個維度可以分為星期、月、季和年份等幾個層次。而此多面向的架構通常稱之為**方塊** (cube)。在有些線上分析處理系統中,如微軟 SQL Server 的 Analysis Services,會將資料庫內的資料以方塊的方式儲存,來加快查詢,但其背後的付出代價卻是造成資料的重複儲存，需要較多的儲存空間。然而在以往，資料可能存於各部門的電腦系統中，或是這些歷史資料都已經備份到其他地方，因此傳統的資料庫系統在設計時，通常都用於線上交易處理系統，例如：銀行日常交易系統和一般公司的資訊管理系統。而並未考慮到如何來即時回答這些分析多層次、多維度和彙整型的複雜分析問題。因此，便發展出資料倉儲和線上分析處理的技術，希望能即時分析出各種有用的資訊，供決策者參考。

11.2.1 星狀架構

然而就如同 Michael J. A. Berry 依據其多年的實務經驗在 Mastering Data Mining 書中所言：資料倉儲在設計時通常會加以**正規化** (normalized)，讓任何的資料都僅需儲存一次即可。這樣對儲存大量資料時會變得非常有效率；然而，卻會導致系統必須要有強大的能力來處理和解決這類大量資料查詢，才能即時獲取這些有用的資訊。否則，在執行這些查詢動作時，系統將變得非常沒有效率。例如，當我們要 JOIN 兩個都含十幾萬筆資料的關係表時，我們可能需要執行上百億次的計算。為解決這個問題，我們會利用資料超市的方式來支援線上分析處理的動作。此時，在資料超市中，資料庫限制資料只有一種儲存方式，其設計方式與傳統資訊管理系統內資料庫架構設計方式是完全不同的。此時，資料超市的資料都未經正規化處理，藉此增加查詢的速度。

由於線上分析處理的查詢問題屬於多層次、多維度和彙整型的複雜分析問題。所以在對這類資料庫設計時，我們會採用**星狀架構** (star schema) 或**多維度模型** (dimensional model) 來設計其資料模型。在星狀架構中，會利用一個**事實** (fact) 的表格和多個維度未經正規化處理的表格來表示出要表達的重要事件。如圖 11.1 所示，在事實的表格中，除了利用外鍵與各維度的表格相連接外，其主要是儲存我們要累計的數值資料，如：數量和金額。而各維度的表格都只有一個主鍵與事實的表格相連接，每個維度的表格都用來描述一件簡單的事件，同時並用來管理每

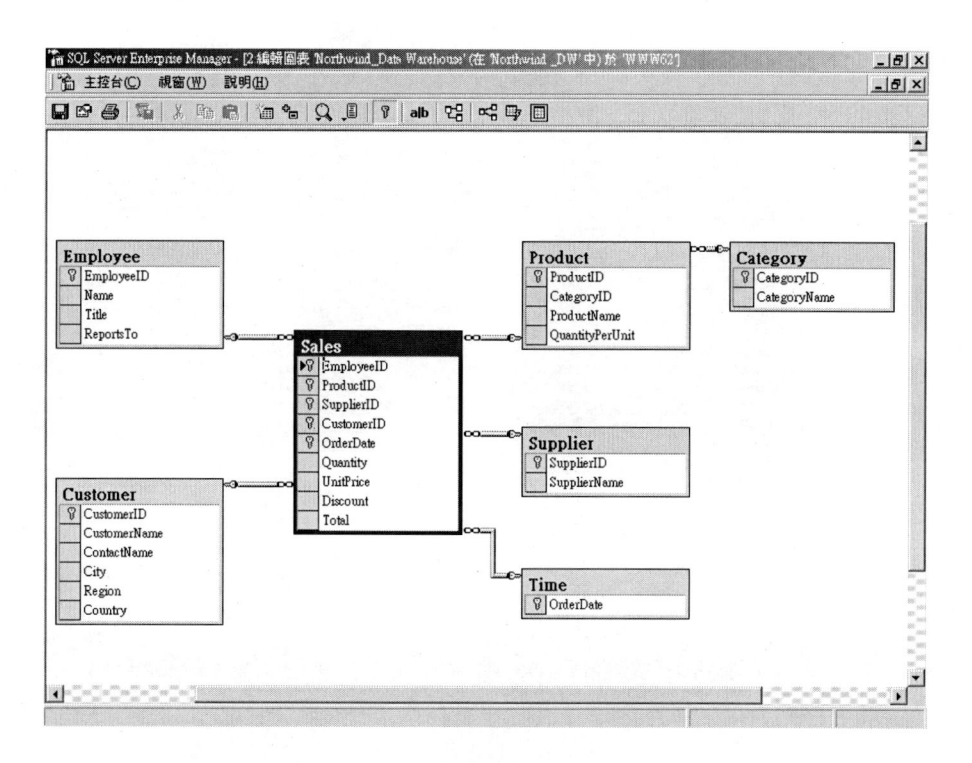

圖 11.1

個維度的層次。例如，在時間這個維度中，我們將時間分為月、季、和年份三個層次。

11.2.2 案例介紹

我們以 SQL Server 2000 的 OLAP 為例，進入 OLAP 之後的畫面如圖 11.2 所示。

如果我們想分析 1997 年 Beverages 分類產品的銷售量，我們可以執行以下步驟：

1. 在圖 11.2 上將上方的 [Time] 維度拖曳至下方的 [+Country] 之上，如圖 11.3 所示。

2. 將 [Product] 拖曳至 [所有的 Time] 之上，這時候時間維度會以產品再加以細分。

資料庫基本理論與實作

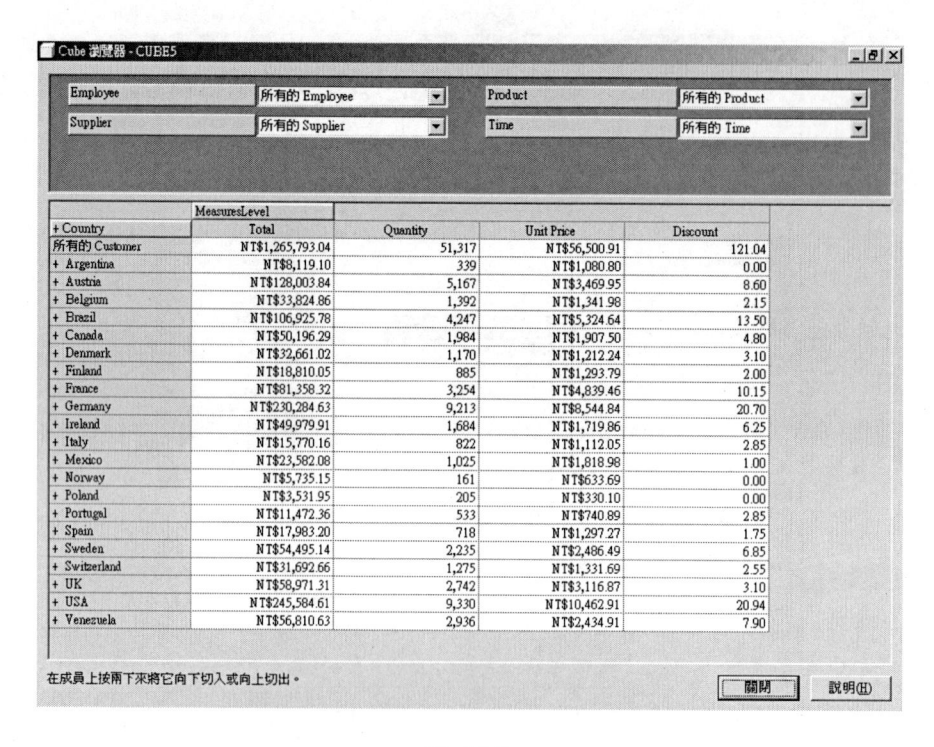

+ Country	Total	Quantity	Unit Price	Discount
所有的 Customer	NT$1,265,793.04	51,317	NT$56,500.91	121.04
+ Argentina	NT$8,119.10	339	NT$1,080.80	0.00
+ Austria	NT$128,003.84	5,167	NT$3,469.95	8.60
+ Belgium	NT$33,824.86	1,392	NT$1,341.98	2.15
+ Brazil	NT$106,925.78	4,247	NT$5,324.64	13.50
+ Canada	NT$50,196.29	1,984	NT$1,907.50	4.80
+ Denmark	NT$32,661.02	1,170	NT$1,212.24	3.10
+ Finland	NT$18,810.05	885	NT$1,293.79	2.00
+ France	NT$81,358.32	3,254	NT$4,839.46	10.15
+ Germany	NT$230,284.63	9,213	NT$8,544.84	20.70
+ Ireland	NT$49,979.91	1,684	NT$1,719.86	6.25
+ Italy	NT$15,770.16	822	NT$1,112.05	2.85
+ Mexico	NT$23,582.08	1,025	NT$1,818.98	1.00
+ Norway	NT$5,735.15	161	NT$633.69	0.00
+ Poland	NT$3,531.95	205	NT$330.10	0.00
+ Portugal	NT$11,472.36	533	NT$740.89	2.85
+ Spain	NT$17,983.20	718	NT$1,297.27	1.75
+ Sweden	NT$54,495.14	2,235	NT$2,486.49	6.85
+ Switzerland	NT$31,692.66	1,275	NT$1,331.69	2.55
+ UK	NT$58,971.31	2,742	NT$3,116.87	3.10
+ USA	NT$245,584.61	9,330	NT$10,462.91	20.94
+ Venezuela	NT$56,810.63	2,936	NT$2,434.91	7.90

圖 11.2

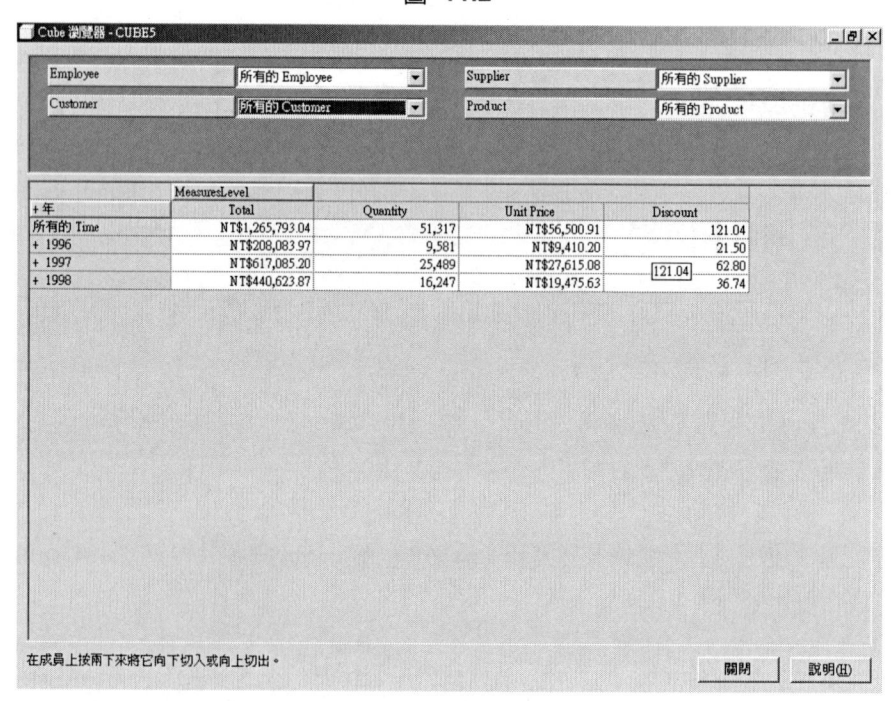

+年	Total	Quantity	Unit Price	Discount
所有的 Time	NT$1,265,793.04	51,317	NT$56,500.91	121.04
+ 1996	NT$208,083.97	9,581	NT$9,410.20	21.50
+ 1997	NT$617,085.20	25,489	NT$27,615.08	62.80
+ 1998	NT$440,623.87	16,247	NT$19,475.63	36.74

圖 11.3

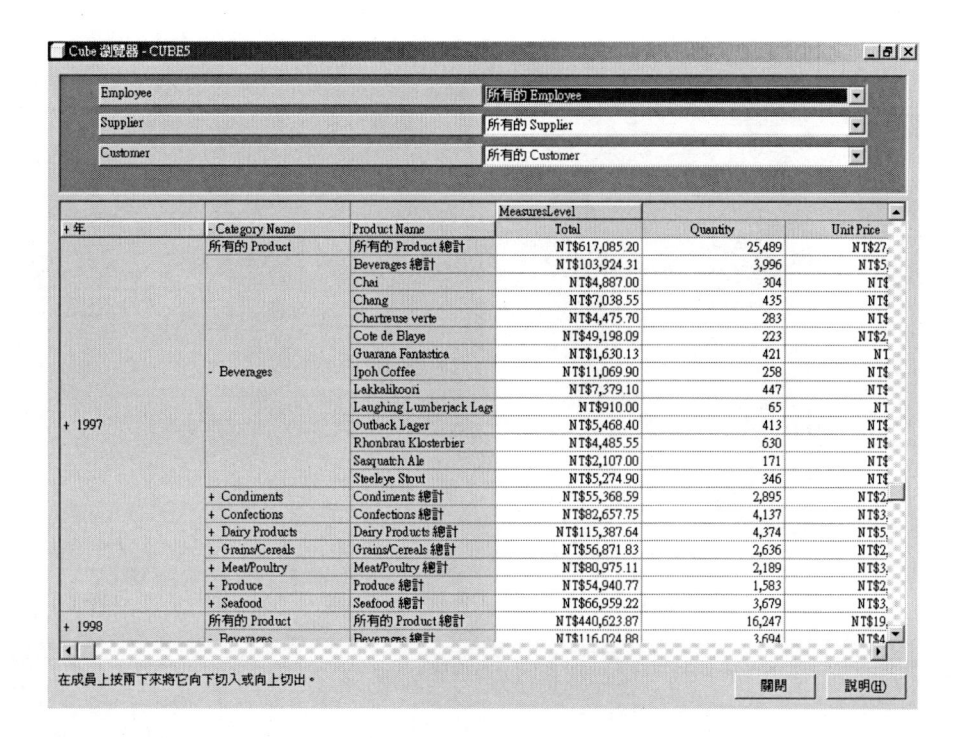

第十一章　資料分析

	Cube 瀏覽器 - CUBE5

図 11.4

3. 向下捲動下方的子視窗。

4. 展開 [+1997] 的 [+Beverages] 產品分類，如圖 11.4 所示。

我們再看個例子，假設我們要分析 Andrew Fuller 這位員工在 1998 年第一季在 Canada 的 Beverages 銷售狀況，我們可以執行以下步驟：

1. 在圖 11.2 上將上方的 [Employee] 維度拖曳至下方的 [+Country] 之上，如圖 11.5 所示。

2. 將 [Time] 拖曳至 [所有的 Employee] 之上，這時候員工維度會以時間再加以細分。

3. 展開 [Andrew Fuller] 的 [+1998] 下的 [Quarter 1] 產品分類。

4. 點選 [Customer] 下拉式選單的 [Canada] 選項。

405

資料庫基本理論與實作

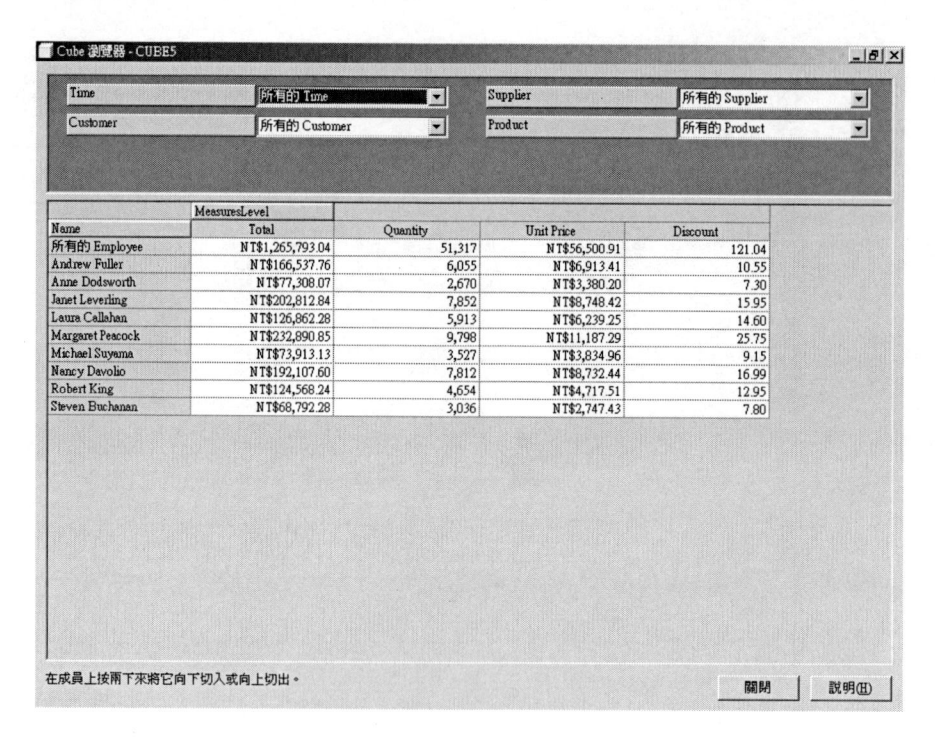

圖 11.5

5. 點選 [Product] 下拉式選單的 [Beverages] 選項，最後的結果如圖 11.6 所示。

同時，我們亦可將 OLAP 所建立的 Cube 資料輸出至 Excel 2000 中的樞紐分析表，如圖 11.7 所示。

我們看個例子，假設我們要分析所有的員工在 1997 年的銷售狀況，我們可以執行以下步驟：

1. 點選 [年▼] 下拉式選單。

2. 將 1996 前面的核取方塊取消。

3. 將 1998 前面的核取方塊取消，如圖 11.8 所示。

4. 點選 [確定] 按鈕，即得到所有的員工在 1997 年的銷售狀況圖表，如圖 11.9 所示。

406

第十一章　資料分析

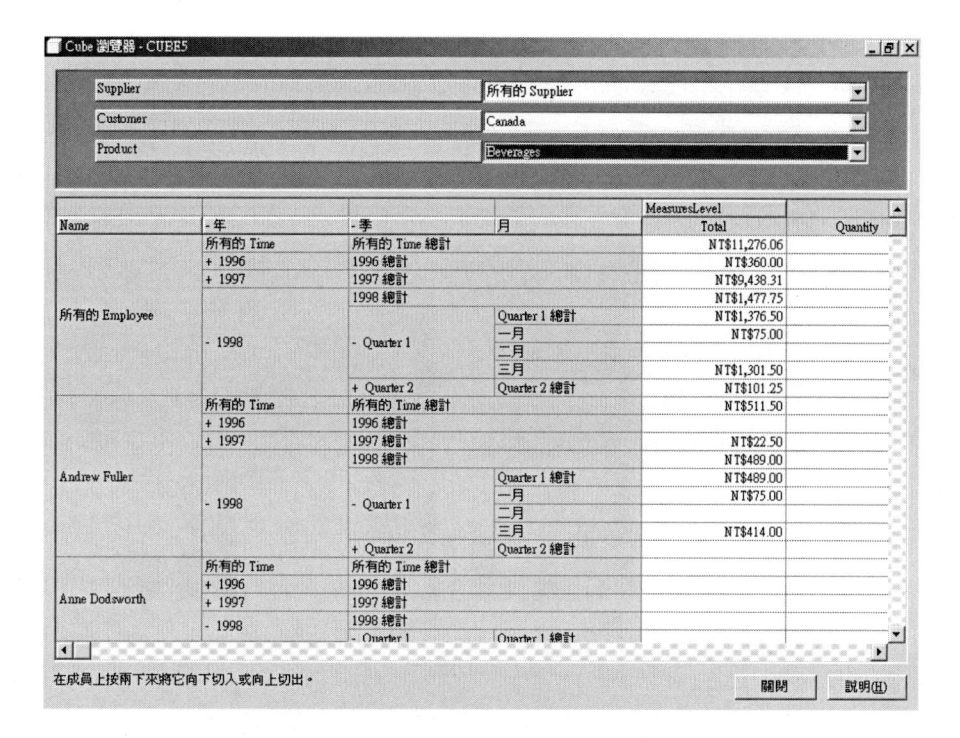

圖 11.6

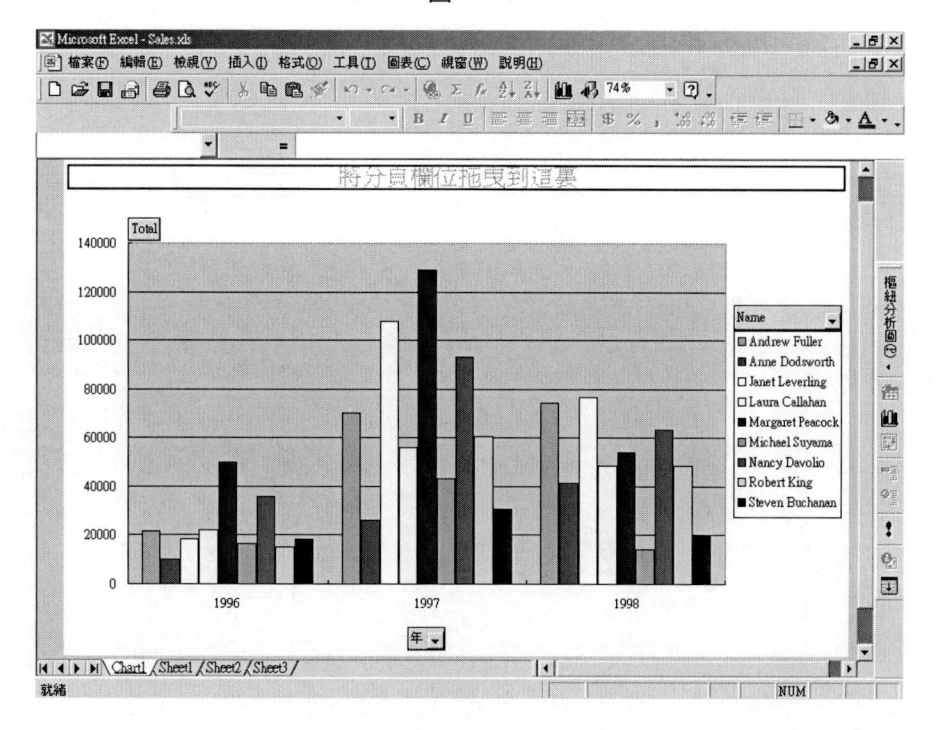

圖 11.7

407

資料庫基本理論與實作

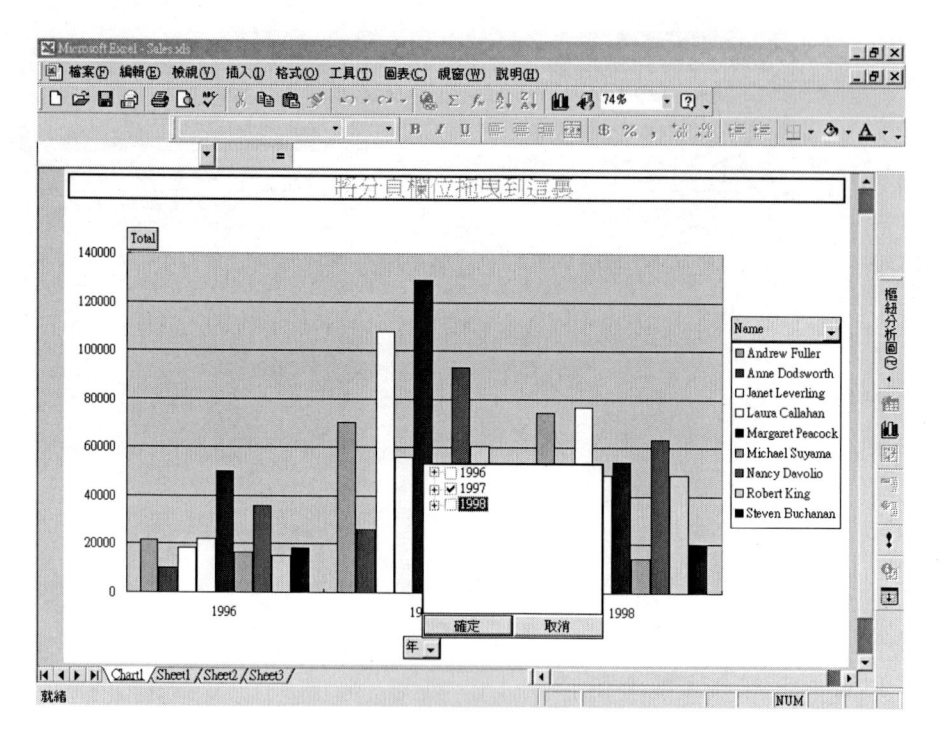

圖 11.8

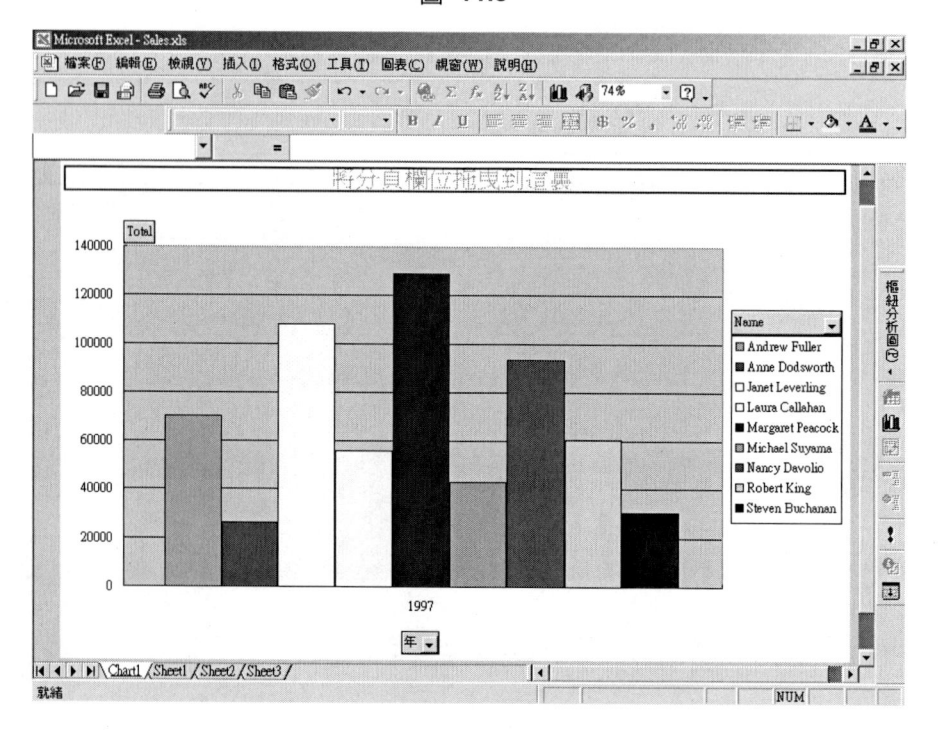

圖 11.9

408

如果我們想更進一步查看更詳細的資料,我們亦可以**深聲細節**（drill down）的方式瀏覽資料,例如我們想分析所有的員工在 1997 年第一季的銷售狀況,我們可以執行以下步驟:

1. 點選 [年▼] 下拉式選單。

2. 點選 1997 前面的 [+] 展開。

3. 將 Quarter 2 前面的核取方塊取消。

4. 將 Quarter 3 前面的核取方塊取消。

5. 將 Quarter 4 前面的核取方塊取消,如圖 11.10 所示。

6. 點選 [確定] 按鈕,即得到所有的員工在 1997 年第一季的銷售狀況圖表,如圖 11.11 所示。

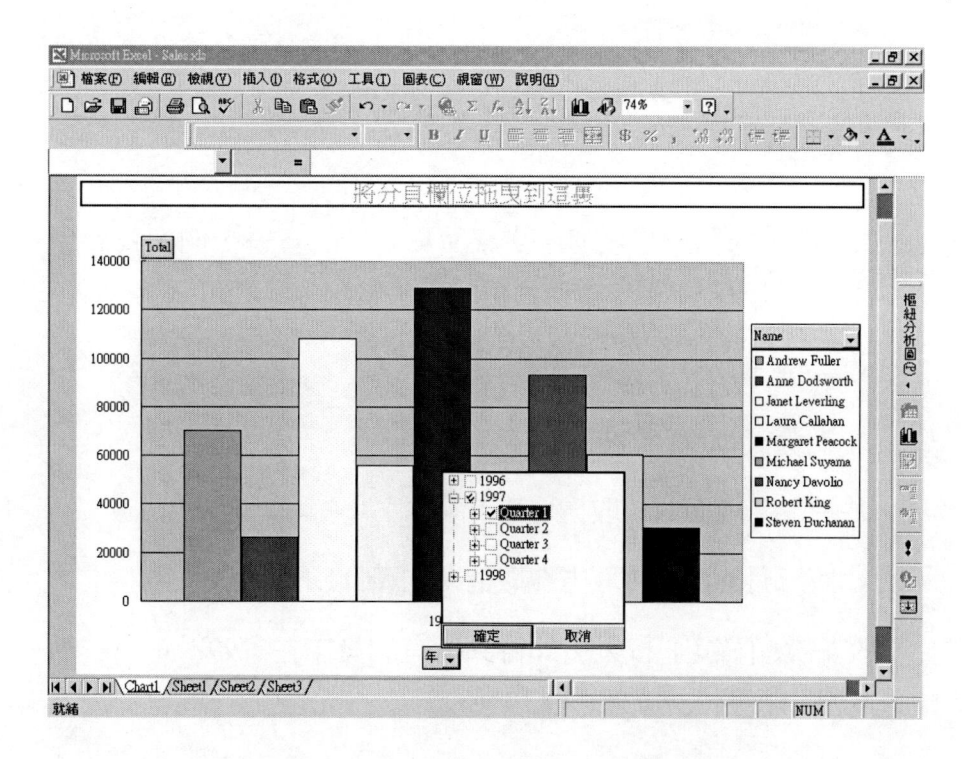

圖 **11.10**

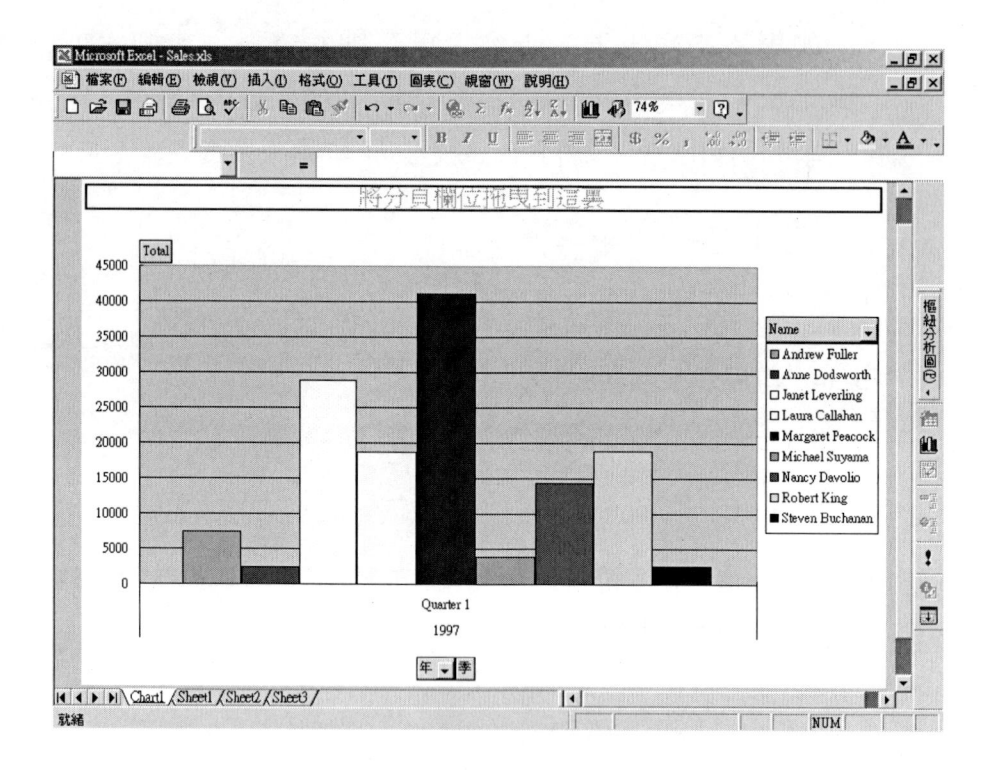

圖 11.11

　　如果我們還想更進一步查看更詳細的資料，例如我們想分析所有的員工在 1997 年第一季一月份的銷售狀況，我們可以執行以下步驟：

1. 點選 [年▼] 下拉式選單。

2. 點選 Quarter 1 前面的 [+] 展開。

3. 將二月前面的核取方塊取消。

4. 將三月前面的核取方塊取消，如圖 11.12 所示。

5. 點選 [確定] 按鈕，即得到所有的員工在 1997 年第一季一月份的銷售狀況圖表，如圖 11.13 所示。

第十一章　資料分析

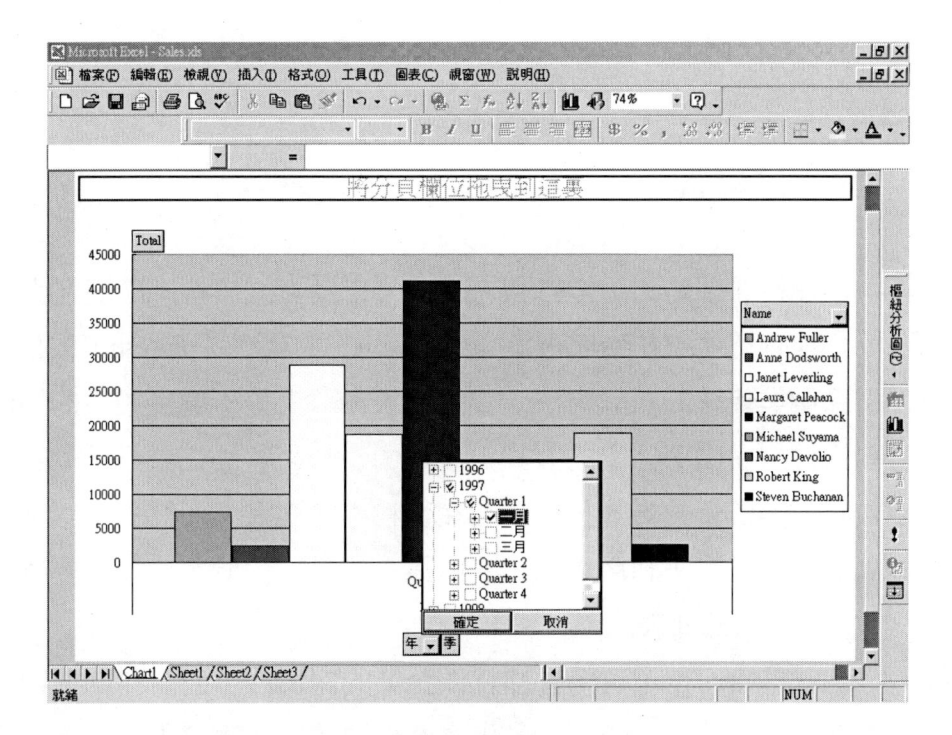

圖 11.12

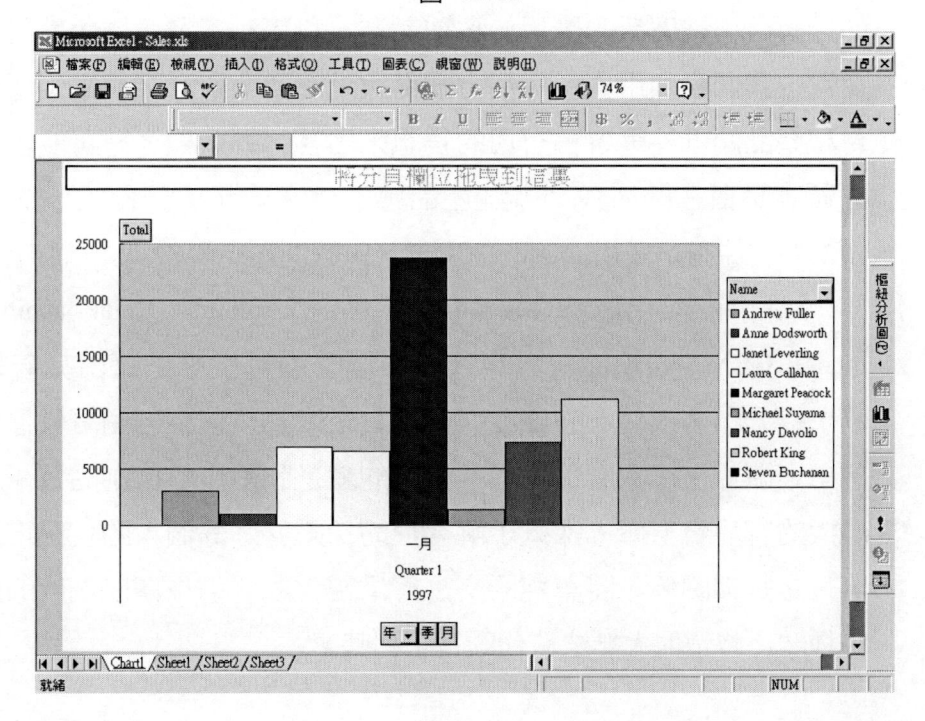

圖 11.13

411

11.3 資料探掘

資料探掘是利用全自動方式或半自動方式發掘出隱藏在大量資料中的各種有意義和**可採取行動** (actionable) 的**樣型**（pattern）或是法則。資料探掘與傳統的統計方法、查詢報表和線上分析處理最大的不同處是資料探掘採用由下往上的方式，直接由資料來啟動知識發掘的動作，利用監督或非監督的方式找尋隱藏在資料中的知識；而其他方式則是採取由上而下的方式，利用人的相關知識、假設或預測，直接啟動驗證的過程或產生相關的報表。

就整體而言，資料倉儲就像企業的記憶體，而資料探掘則提供**商業智慧** (business intelligence) 供企業作決策。而事實上，目前，資料探掘的技術已經被廣泛的應用於各種商業、科學和工業領域。就商業應用面而言，我們會利用資料探掘方式從大量的商業資料中發掘出顧客採購行為和產品關聯性等各種有用的資訊來回答：哪些顧客有可能會流失？哪些顧客是潛在的客戶？哪些產品應該放在一起或作促銷，提高銷售業績？哪些罪犯是使用偽照的信用卡？…等問題。

以目前商場上最新的**顧客關係管理** (Customers Relationship Management，CRM) 觀點而言，現代企業經營的目標應是藉由完善的顧客服務，提升顧客價值、忠誠度與利潤貢獻度，以建立一個更長遠，更忠誠的主客關係。客戶關係管理所強調的就是利用資料探掘的技術，來分析龐大的客戶資料庫，深入了解客戶的採購喜好等個人的資訊，以建立與客戶之長期關係，將單純的交易行為轉化成一種長期忠誠度的關係，而這種關係將是他人無法取代的真正利基。

11.3.1 資料探掘計劃的執行步驟

就在商業上的觀點而言，我們可以將資料探掘計劃的執行步驟分為四個階段：確認問題、資料分析、採取行動和評估成果。現就這四個階段作簡單的介紹。在確認問題這個階段，我們主要是要了解資料可提供哪些分析及其價值。通常，我們是經由與企業主管交談或經由觀察資料來發現一些企業所遇到的問題。然後再針對每一個問題，利用這些資料來解決這些問題。例如，銀行主管會希望預先知道哪些顧客有可能會流失？如果我們無法從過去的歷史資料分析出此類顧客的行為模式，我們將永遠無法預先知道哪些顧客有可能會流失，而只有等到顧客來銀行將其所有的帳戶都結束時，銀行才知道他們即將又要流失了一名顧客。通常此時再對該顧客作任何遊說或行動，都將無法挽回該顧客，而永久的流失該顧客。若此顧客又是一位非常重要或是非常好的顧客時，對銀行而言，失去該顧客將是一項重大的損失。

在作資料探掘工作之前，我們必須先對資料作前置處理的工作，這些工作包含資料的選取、轉換和淨化的工作，而建立資料倉儲將是個非常好的啟始工作。事實上，依據一般的相關文獻報導，在開發此類系統時，約有 50% 到 80% 的工作都在作資料轉換、整合，預處理…等工作。在分析資料這個階段，我們會利用各種資料探掘方式建立並選取最好的模型，從大量的歷史資料中發掘出各種有用的資訊來提供決策者作決策。由於並非依據資料探掘的結果都是有用的，此時，我們必須進一步來判斷，將沒有用的資訊排除掉，而只保留有用的資訊。然後依據這些有用的資訊，設定新的市場行銷策略，採取行動。當我們在採取行動時，會與顧客產生互動，此時必須記錄各種有關的**回饋**（feedback）資訊。最後我們可利用評估成果的結論和這些回饋資訊對行銷策略作進一步的改進。

例如，依據過去的歷史資料分析出已流失的顧客的行為模式，然後

413

再依據其行為模式，比對現有的客戶行為，找出有可能會流失的顧客名單；此時，若能配合顧客價值分析的結果，採取適當的預防範措施，將可避免重要或是好顧客的流失，進而增加企業的獲利能力。由於顧客流失的原因有許多種，所以在與顧客互動的過程中，我們可以了解到顧客離開的原因。此時，我們更可進一步的依據各種狀況，訂定不同的策略，並配合各種的客戶服務持續與顧客保持互動，另其有受到重視的感覺而保留住顧客。

11.3.2 資料採掘的方法

在建構資料採掘模型時，我們常用方法有：類神經網路、購物籃分析、記憶基礎理解、自動群集偵測和決策樹等技術。由於資料採掘本身就是一個專門的領域，所以在此我們僅就決策樹的技術做簡單的介紹，然後在配合案例的討論，希望能讓讀者很容易的對資料採掘的觀念有初步的了解。

在決策樹中比較知名的演算法有下列三種：ID3 或 C4.5、CART、CHAID 分別敘述如下：

- **ID3 或 C4.5**

    ID3 是由 Quinlan 在 1983 年所提出的演算法，這個系統也稱之為觀念學習系統。它是使用決策樹來解決分類問題的各種演算法中最典型的一個方法。ID3 的意思就是「Interactive Dichotometer 3」，交互作用二分法的意思。由 ID3 名稱我們可以清楚知道它的邏輯包括決定它的特徵，如果有顯著的特徵，然後就把資料分為二類，這二類中又有一個有特殊特徵，再分為二，以此類推，反覆運作，直到所有資料成為了一類為止。其做法是：首先選擇一個最佳的特徵作為根節點，由根節點開始，把所有的訓練資料依照這個特徵的特徵值分配到它所有的分支上面去，如果在某一個分支上所有的訓練資料都屬於同一個類別，則這個分支就形成一個樹葉，也就是一個分類法則，對於這個分支的推導就可以結束了。否則，尚未形成樹葉的節點就要繼續往下推導，再選出次佳的特徵作為這個節點的特徵，依照其特徵值繼續把分配到這個節點的訓練資料分配到下一層的節點上面去，一直到所有節點中，所有的訓練資料都屬於同一個類別，則決策樹的推導就算是全部完成了。

C4.5 為 ID3 的改良版，其運作的原理和 ID3 一樣，只不過 C4.5 可以處理遺漏值的預測子和含有連續值的預測子；此外，C4.5 還加入修剪決策樹的功能和將決策樹轉換成法則等功能。

● CART

CART 的全名是「Classification and Regression Tree」，分類和回歸樹的意思。這是由 Leo Breiman、Jerome Friedman、Richard Olshen 和 Charles Stone 在 1984 年所提出的演算法，CART 的最大優點之一就是演算法會自動檢驗模型，找出最佳的一般模型。CART 的方式是先建立一棵非常複雜的樹，再根據交互簡易或測試集檢驗的結果，將決策樹修剪成最佳的一般樹。和 ID3 不同的是，ID3 只根據訓練集資料，來決定修剪的結果；然而 CART 是根據各種版本對測試集資料的效能，來決定修剪的結果。然而最複雜的樹不見得是最好的樹，因為該決策樹會有過度適應的情形發生。

● CHAID

CHAID 的全名是「Chi-Square Automatic Interaction Detector」，卡方自動互動偵測的意思。是由 J. A. Hartigan 在 1975 年首先提出的演算法，這是此三種決策樹當中最古老的一種演算法，CHAID 是從 1963 年 J. A. Morgan 和 J. N. Sonquist 所提出的一套自動互動偵測系統 AID 所衍生出來的。CHAID 的原理是偵測變數之間的統計關係，藉此建構一棵決策樹，和 CART 不同的是，CART 使用熵（entropy）決定最佳的分割，而 CHAID 是利用連續卡方（chisquare）測試，來決定哪一類的預測子最不受預測值影響。

資料採掘知識中,大家最常見及應用的就是決策樹,雖然決策樹的建立及演算法可能相當的複雜,但是結果我們可以很輕易地將知識清楚的表達使人理解,這也就是為何在資料採掘中決策樹常被使用的原因。決策樹的形式是由根節點開始往下展開,每個節點代表一個分類的問題,決策樹的樹葉,則是代表著類別,就是經由決策樹分類的問題得到最後的結果;我們由決策樹的根節點開始,按照每個節點的分類的問題往決策樹的下層走,經過每一層的條件分類,最後值會因為具有相同的特性而到達決策樹底部樹葉,此樹葉部份就是我們想要得到結果。

我們來看個例子,我們想利用決策樹的技術來找出影響打高爾夫球的因素(外觀、溫度、溼度、有風),以便從過去的資料(經驗)當中尋找出一些規則。舉例來說,我們以過去的 14 筆資料(包括當天的天氣外觀、溫度、溼度、有風以及最後的決策──打或不打高爾夫球),如圖 11.14 所示。

外觀	溫度	溼度	有風	打高爾夫
晴天	85	85	否	不打
晴天	80	90	是	不打
陰天	83	78	否	打
雨天	70	96	否	打
雨天	68	80	否	打
雨天	65	70	是	不打
陰天	64	65	是	打
晴天	72	95	否	不打
晴天	69	70	否	打
雨天	75	80	否	打
晴天	75	70	是	打
陰天	72	90	是	打
陰天	81	75	否	打
雨天	71	80	是	不打

圖 11.14

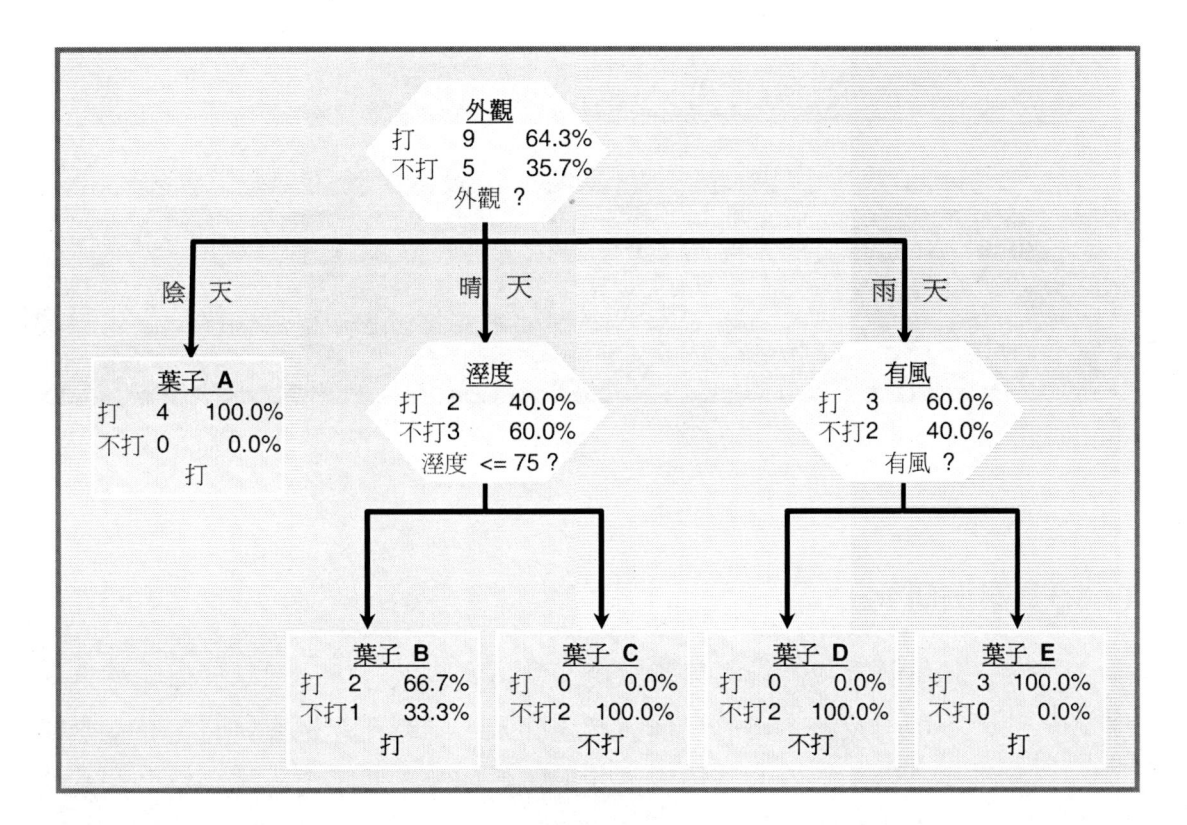

```
                          外觀
                       打   9    64.3%
                       不打  5    35.7%
                          外觀 ?

         陰 天              晴 天              雨 天

      葉子 A              溼度                  有風
   打   4   100.0%     打   2    40.0%      打   3    60.0%
   不打  0    0.0%     不打  3    60.0%     不打  2    40.0%
         打           溼度 <= 75 ?            有風 ?


              葉子 B         葉子 C         葉子 D         葉子 E
           打   2   66.7%  打   0    0.0%  打   0    0.0%  打   3  100.0%
           不打  1   33.3%  不打  2  100.0%  不打  2  100.0%  不打  0    0.0%
                 打            不打           不打            打
```

圖 **11.15**

　　我們將上述 14 筆資料輸進決策樹演算法後即可得到如圖 11.15 所示的決策樹。

　　最後，我們便可由圖 11.15 的決策樹得到以下五條法則，如圖 11.16 所示。

法則一　IF　外觀=陰天　THEN　打（預估 100%）
法則二　IF　外觀=晴天　&　溼度<=75　THEN　打（預估66.7%）
法則三　IF　外觀=晴天　&　溼度>75　THEN　不打（預估100%）
法則四　IF　外觀=雨天　&　有風=是　THEN　不打（預估100%）
法則五　IF　外觀=雨天　&　有風=否　THEN　打（預估100%）

圖 11.16

11.3.3　案例研究

　　此案例是我們針對某連鎖企業會員資料做分析。但基於保密協定，我們不能提及該企業的名稱與業務範圍，同時在介紹案例時，有些數據和結果亦做了部份的修飾或消除。雖然如此，並不會影響到整個觀念的介紹。在接觸該公司時，該公司已經進行會員卡促銷積點贈品活動一段時間了。消費者只要填寫個人基本資料即可免費申請會員卡成為該企業的會員；成為會員的好處除了在消費時，可依據消費金額來累計點數換取贈品外，並可在其他配合廠商促銷時享有不同的折扣。雖然在活動的初期該企業的業績有大幅度的成長，但由於其競爭對手在該企業推出促銷活動後，也推出類似的促銷活動，造成該期間企業的業績成長減緩且有部份會員流失。所以該企業希望了解是哪類型的會員流失了，以改進促銷活動的方式，來保留客戶。

　　也許有人會問：為何要保留客戶？事實上，就顧客關係管理的觀點和 80/20 的法則而言，一般企業八成的營收是來自二成重要的顧客，同時企業可從原有的客戶群上獲取該企業的九成營收；而且保留既有顧客的成本遠比招攬新顧客的成本低了許多。同時，當客戶流失後，大部份的客戶都很難再挽回。所以企業體如果能找出可能流失的客戶和流失的原因，在發現有客戶可能會流失時，便可即刻依據客戶對企業體的價值，提出不同的名單，然後再依據客戶對企業體的價值，提出不同的策略，避免或降低顧客的流失的可能性。所以我們可以了解到企業為何這麼重視這個問題。

由於該公司尚未建構資料倉儲，所有的資料必須從其原有的資訊管理系統擷取。但由於當初在設計系統時，並未考慮到決策支援的功能，所以資料庫中雖然十多萬筆的會員資料，但是有關於客戶基本資料的記載明顯不足。還好該企業的 POS (point of sales) 系統已經將會員的代號與其消費記錄結合在一起。只要是會員來消費，該系統便會記錄是哪一個會員在什麼時候採購了哪些產品與金額。所以在進行資料採掘時，我們決定針對客戶的消費行為做分析，希望能找出流失會員的消費特性。

由於原始可用的欄位不足，整個資料庫中真正可利用的原始欄位不到 10 個，所以我們利用資料倉儲觀念解決資料品質不佳的問題。我們花了將近百分之八十的時間在研究如何彙整資料、合併資料和衍生資料，希望能利用這些資料建立出有效的顧客流失預測模型。事實上，到最後我們大約衍生出五十幾個欄位。在這個案例中，我們利用決策樹來建立預測模型。我們利用兩個月的資料當作訓練資料，然後再利用一個月資料做測試資料。圖 11.17 即是我們分析出來的其中一個結果。

在圖 11.17 決策樹的子葉區隔中，「1」代表無流失現象，「0」代表流失。我們可以看出在決策樹所區隔出的第一個子葉中，有 3490 個流失的會員具有相同的行為特徵；換言之，當顧客屬於第 1 類型和其消費週期大於或等於 16 天時會有 3490 個流失的會員，佔據有這些行為的會員有 35.1%。同時，在進一步分析，不具有這些行為的會員只有 10 位流失。依據此模型產生的結果，我們再利用一個月的資料做驗證，發現其準確度達 84.8%。依據此結果，我們可以利用新的行銷策略，縮短這些客戶的消費週期，來降低流失率。

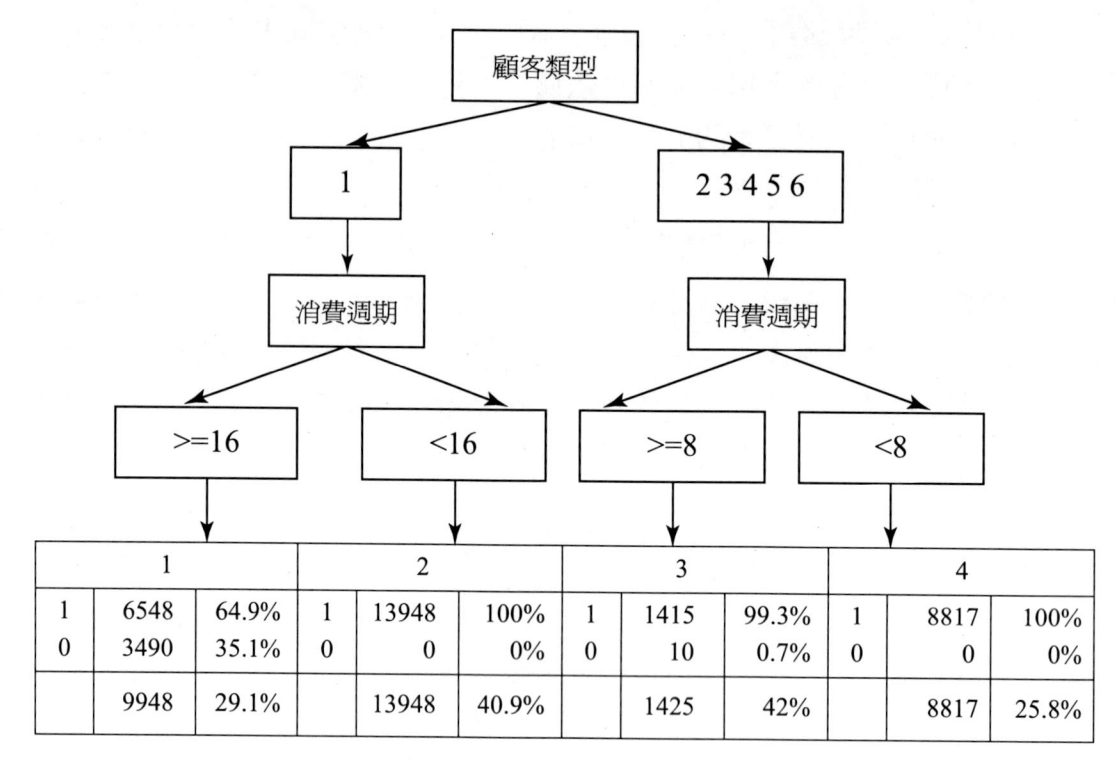

```
                    顧客類型
                   ↙      ↘
                  1        2 3 4 5 6
                  ↓              ↓
               消費週期         消費週期
              ↙      ↘         ↙      ↘
          >=16      <16      >=8      <8
           ↓         ↓        ↓        ↓
```

	1			2			3			4	
1	6548	64.9%	1	13948	100%	1	14150	99.3%	1	8817	100%
0	3490	35.1%	0	0	0%	0	10	0.7%	0	0	0%
	9948	29.1%		13948	40.9%		1425	42%		8817	25.8%

圖 11.17

11.4　結　論

　　雖然資料採掘可找出其他方式所不能找出的法則、知識和行為模式，但在實際運用上，我們仍需搭配統計方法和線上分析處理產生的資訊，才能夠達到最佳的效益。事實上，就商業角度而言，去區分資料採掘和線上分析處理之間的差異性是毫無意義的。所以依據 Michael J. A. Berry 書中所言：在未來，這些相關的技術一定會互相加以整合。目前 2002 年以我國的現狀而言，在未來的幾年中，各企業為提升其競爭力，一定會著重於資料分析的工作。事實上，現在已有許多企業已經完成資料倉儲和線上分析處理系統的建立，而少部份的企業也在進行資料採掘的工作。我相信最快在今年開始，這些許多的企業一定都會再進一步運用資料採掘的技術，來解決各種問題。